暗闇のなかの光

ブラックホール、宇宙、そして私たち

ハイノー・ファルケ
イェルク・レーマー
吉田三知世 訳

LIGHT IN THE DARKNESS

Black Holes, the Universe, and Us

HEINO FALCKE JÖRG RÖMER
MICHIYO YOSHIDA

AKISHOBO

暗闇のなかの光——ブラックホール、宇宙、そして私たち

LICHT IM DUNKELN

SCHWARZE LÖCHER, DAS UNIVERSUM UND WIR

by Heino Falcke with Jörg Römer

Japanese edition published by arrangement
with Michael Gaeb Literary Agency, Berlin, through Tuttle-Mori Agency, Inc., Tokyo

暗闇のなかの光——ブラックホール、宇宙、そして私たち　もくじ

装丁　杉山健太郎

前書き

二〇一九年四月、遠い彼方の銀河の中心にある巨大ブラックホールの画像が公開されると、当然のことながら、人々の注目を大いに集め、好奇心をそそった。本書は、その画像がいかにして生み出されたかの物語である。まず、大勢の科学者——天文学者、電波望遠鏡や電波受信器の専門家、そしてデータ処理のスペシャリスト——が集まった。次に、資源（資金、電波望遠鏡、コンピュータ設備）の管理責任者を説得して、このプロジェクトに十分足りるだけの提供を得た。そして最後に、観測が行われ、データの解析を経て画像が生み出された。本書は、このプロジェクトのリーダーの一人であり、約二〇年という長きにわたり、昼夜を問わずこれに取り組んだその人が記した、プロジェクトの総括的解説である。

私自身、いくつかの国際プロジェクトに取り組んできた経験から、参加組織の数が三乗に増えるたびにプロジェクトは一層複雑になるという古くからの格言は、結構正しいと思う。手続きの慣習の違い、背景の違い、言語の違い、見通しの違い、そして目標の違いは、無数の落とし穴をこっそり準備して、無頓着なプロジェクト・リーダーを不意打ちする。各分野の重鎮が大勢参加しているに違いない、この規模のプロジェクトを指揮すること自体、偉業以外の何物でもない。

一九七〇年代から一九八〇年代にかけてX線天文学に携わった天文学者たちは、思わぬ早さでブラックホールの存在を受け入れざるを得なくなった。確かに、当時発見されたブラックホールは恒星程度の質量のもので、銀河の中心に存在する巨大ブラックホールに比べはるかに小さい。しかし、ブラックホールの存在を受け入れ、この物理理論は正しいと認めることは、大きな一歩だった。そのような次第で、ブラックホールといういまだ謎めいたものと五〇年ほど付き合ってきた者としては、楕円銀河M87の中心にあるブラックホールの画像を巡るこの騒ぎを、ちょっと醒めた目で見ている。しかし、これほど大勢の科学者と専門家からなるグループが一丸となり、協力を続けて、この画像の撮影に成功したことは、じつに感慨深い。

ブラックホールのような性質を持つものは（そのものずばりの名称で呼ばれていない場合も含め）、ずっと以前から私たちを惹きつけてきた。たとえば、C・S・ルイスの『新訳　ナルニア国物語――1　ライオンと魔女と洋服だんす』（河合祥一郎訳、角川文庫など）。あの洋服だんすは、今の私たちから見れば、異なる世界の異なる季節の異なる時刻に子どもたちを連れていく、時空の橋だ。時空の橋は、ブラックホール（物を吸い込む）がホワイトホール（物を吐き出す）につながっていれば形成され得る。このようにつながったものを、ジョン・ホイーラーが「ワームホール」と名づけた。また、ジョドレルバンク天文台周辺を舞台とするアラン・ガーナーの『ボーンランド』（未訳）も、ブラックホールをはっきりと想起させるものではないが、摩訶不思議な時空のひずみを示唆する。さらに、ブラックホールのさまざまな性質を詳しく述べている本がたくさんある。

宇宙物理学者であれば、宇宙はいかにして（あるいは、なぜ）生まれたのか、宇宙が終焉したあとには何が存在するのか、そして、ほかにも宇宙は存在するのかなどの大きな疑問を完全に避けることはできない。ブラックホールが開けている不気味な口を思えば、宇宙は決して心地よい場所ではなく、実存を脅かす難問が潜んでいるのだと痛感せざるを得ない。だが、いくつもの締め切りや、その他の日々の雑事を放ってはおけないし、粛々とこなしていかねばならぬ仕事は山積みなので、これらの疑問が私たちの心の真んなかを占める時間は長くはないだろう。

宇宙に最終的な説明を与えることも、宇宙を完全に理解することも、どうやら不可能なようだ——宇宙はどこから来たのかや、宇宙はなぜ始まったのかなどの疑問には、科学的な答えはなさそうだ。神、あるいは、創造主としての神を信じる人もいれば、信じない人もいる。キリスト教徒もいれば、ほかの宗教の信者もいるし、また、どんな宗教も信じない人もいる。しかし、自分の理解／信仰／神学のなかで、誰もがいつかは、「わからない」、「理解できない」と言わねばならないところに到達するのではないかと私は思う。私たちは生き続け、働き続けるが、それは、そうしなければならないからであり、最善を尽くさなければならないからだ。不確かさや不完全さ、そして、そのような「すっきりしない状態」で生きるのが上手な人もいれば、そうでない人もいる。

ファルケは彼自身の理解を本書の最後のセクションで明確に述べている。私は彼の努力と、これを実際に行っていることに敬服する。しかし、おそらくそれは、私たちのためというより、彼自身のためだろう！　信仰体系は、ある程度「調整可能」だ。私たちは、自分の個性や必要に応じてそれを調整できるし、実際にそうしている。

本書は軽快な文体で、読みやすく書かれている――著者がこの素晴らしい宇宙に惚れ込んでいることは間違いない。

ジョスリン・ベル・バーネル

プロローグ

本当に見えますよ

ブリュッセルにある欧州委員会本部の大きな記者会見室の照明が消えていく。待ちに待った日、私たち全員が何年にもわたり、疲労困憊するまで努力して実現を目指してきたその瞬間がついに訪れるのだ。二〇一九年四月一〇日水曜日の午後三時六分二〇秒。あと四〇秒だ。そうすれば、世界中の人々は超大型ブラックホールの画像を初めて目にし、驚嘆する。そのブラックホールは、地球から五五〇〇万光年離れた、メシエ87銀河――略称M87――の中心に位置する。ブラックホールの深い闇は、人類の目には完全に、そして永遠に隠されたままだろうと、長いあいだ思われていたが、今日その闇が初めて、まばゆい昼間の光の下に歩み出るのだ。

記者会見は始まったが、いったいどんな展開になるのか、私たちはまださっぱりわからない。私たちの知識の限界に至る、一〇〇〇年にわたる人類の発見の旅。時間と空間に関する革命的な理論。最先端の技術。新世代の電波天文学者たちの研究。そして、私の科学者人生のすべて――今日これらすべてが、この一枚のブラックホールの画像に収束する。天文学者、科学者、報道関係者、そして政治家たちが、固唾を呑んで見守っている。ここ、ブリュッセルと、世界数ヵ所の主要都市にいる私たちメンバーが、何をこれから明らかにしようとしているのか、見届けようと待ち構えている。このとき、世界中の数百万の人々がそれぞれの画面に釘付けになっており、そして、たった数時間のうちに、四〇億人近くが私たちの画像を目にするとは、私はあとになるまで知らない。

会場の最前列には、名だたる科学者たち、私の学生の多くを含む若手科学者たちが座っている。何年ものあいだ、私たちは密に連携して働いてきた。一人ひとりが、自分を限界まで追い込んで、自らの、そして私の想像をはるかに超えることを成し遂げた。その多くが、ときには命を危険に晒して世界各地の辺境まで旅した――すべてこの一つの目標のためだ。そして今日、その成果、彼らの努力の頂点が、世界の注目の的になっている。その間彼らは、暗いなかで席についている。私は今すぐ彼らに感謝の意を伝えたくてたまらない。彼らの一人ひとりが、このブレークスルーを可能にするために尽力してくれたのだから。

だが、時間は刻々と過ぎる。私は、まるでトンネルにいるような気分だ。すべてがただの印象となって、私を通り過ぎていく。レーシングカーのドライバーを通過する風のように。三列目のスマートフォンのカメラが自分に向けられているのにも気づかない。この動画はこのあと、子ども向けの人気ウェブサイトのトレンド・トピックとしてアップされる――アメリカの大統領のお尻についてのお下品なジョークと、有名なラッパーの最新シングルのニュースにはさまれて。報道関係者たちは緊張し、何も見逃すまいとしている。私自身、緊張しているのを感じ始める。誰の目にも期待が満ちあふれている。私の心臓は激しく鼓動している。すべての視線が私に注がれている。

欧州連合サイエンス・コミッショナーのカルロス・モエダスが私の直前に話した。「話が長くなり過ぎないように」と私たちは彼に釘を刺していた。モエダスは聴衆の好奇心をかき立てるような発言をしたが、話し終えるのが早すぎた。私は、時間を埋めるために即興で言葉をつながねばならない。しかも、自分がどれだけ緊張しているかを隠しながら。

この人類初の画像は、世界中で同時に公開されることになっている。中央ヨーロッパ標準時の午後三時七分、画像はこのホールの巨大なスクリーンの上に現れる。同時に、ワシントン、東京、サンティアゴ・デ・チレ、上海、台北にいる同僚たちが、このブラックホールの画像を公開し、コメントを発表し、報道陣からの質問に答える。あらゆる大陸のコンピュータ・サーバーが、学術論文とプレス・リリースを世界中に発信するようプログラムされている。時間は容赦なく過ぎていく。私たちは、最大限の正確さで、すべてを事前に計画し、調整した――極わずかでもずれがあれば、すべての調整が台無しになってしまう。観測データを収集する活動の最中とまったく同じだ。そして今私は、話し始める。

巨大銀河の中心へとペースを上げながらズームしていく動画を背にして、まずは二言三言前置きをしゃべる。しょっぱなから、ばかな言い間違いをする。光年とキロメートルをごちゃまぜにしてしまったのだ。天文学者にとっては由々しきことだが、今口ごもっている時間はない。話し続けるしかない。

画面が切り替わる——午後三時七分ちょうどだ。私たちの宇宙の無限の闇の奥底から、M87銀河の中心から、輝く赤い輪が現れる。その輪郭はぼんやりと見分けられ、少しぼけてはいるが、画面に留まる。その輪は輝いている。見ている者は皆、魅了される。捉えることなど不可能だと考えられていたこの画像が、五垓キロメートルを旅した電波によって、地球にいる我々の元についに届けられたのだという感覚を、多少なりとも得て。

超大質量ブラックホールは、宇宙の墓場だ。燃え尽き消えゆく、死んだ恒星からできる。しかし、宇宙空間からも、巨大ガス星雲、惑星、そしてさらなる恒星などが集まってきて、この特異な天体の形成に関与する。超大質量ブラックホールの質量のみの効果によって、周囲の空間は極度に湾曲し、また、時間の流れさえ止まってしまうようだ。ブラックホールに近づきすぎたものはすべて、その拘束から逃れることは決してできない——光線すらそこから逃れられないのだ。

だが、私たちにブラックホールの内側から光が届くことは全くないのなら、いったいどうすればブラックホールが見えるというのだろう？　このブラックホールが、超大質量になるプロセスにおいて、太陽六五億個分の質量を一点に圧縮させたなんて、どうしてわかるのだろう？　なにしろ、この輝く輪に囲まれた内側は、漆黒の深い闇で、そこからは光も言葉も一切出てこないのだ。

「これが人類初のブラックホールの画像です」。その栄光に満ちた姿がついに画面に現れると、私はこう言った[1]。自然に拍手が沸き起こり、会場を包む。ここ数年、私の肩に積もった緊張が一気に解け去る。私は自由を感じる――秘密がついに明かされたのである。宇宙規模の謎の存在が初めて、誰でも見ることができる形と色を得たのだ[2]。

翌日新聞各紙は、私たちが科学史に新たなページを書き加えたと報道する。私たちは、人類に全員で分かち合える喜びと驚きの瞬間を与えたのだと。やっぱり存在するのだ、この超大質量ブラックホールというものは！　ＳＦ作家たちが頭のなかででっちあげた作り話ではなかったのだ。

この画像が実現したのは、ひとえに、世界中の人々が、あらゆる困難とあらゆる違いを克服して、同じ一つの目標を目指し、何年もの時間をささげたからだ。私たち全員が、物理学の最大の謎の一つ、ブラックホールを追いつめて捉えたいと思っていた。この画像は、人類の知識の限界まで我々を導いた。そんなばかな、と思われるかもしれないが、観測し研究する私たちの能力は、ブラックホールの縁で尽き果てる。そして、人類が今後この境界を越えられるかどうかは大いなる疑問だ。

この、物理学と天文学における新章は、私たちに先立つ何世代もの科学者たちから始まった。二〇年前はまだ、ブラックホールの画像を捉えることなど、現実離れした夢だと考えられていた。当時、ブラックホールを探し求めていた若手科学者だった私は、たまたまこの企てに出会い、それ以来今日まで、この野望に夢中で取り組んできた。

それがいかにわくわくする仕事で、私の人生をいかに変えてしまうかなど、予想だにできなかった。それは時間と空間の果てまでの旅、数百万の人々の心のなかへの旅となった。最後の最後まで、私自身はそのことに気づかなかったのではあるが。世界の力添えがあって、私たちはこの画像を捉えることに成功した。今私たちはそれを世界と共有し、世界はそれを喜んで受け入れている。私が可能だと思ったよりもはるかに心の底から喜んで。

私にとって、このすべては五〇年近い昔に始まった。少年時代に初めて夜空を見つめてからずっと、私は子どもだけにできるやり方で天空を思い描いてきた。天文学は、最も古く最も魅力的な科学分野の一つで、今なおドラマチックな新しい洞察を我々に与えてくれている。天文学の始まりから今日に至るまで、天文学者は好奇心と必要に駆り立てられて、私たちの世界観を根底から変え続けている。今日私たちは、私たちの頭脳によって、数学と物理学によって、そして、常に高度化する望遠鏡によって、宇宙を探求する。最先端の技術を武器に、地の果てまで、そして宇宙にまで、未知なるものの探求を目指して我々は探検に出発する。宇宙の計り知れない遠方に、無限の宇宙に、そして神が与えた宇宙に、知識と神話、信仰と疑いが、極めて密に織り込まれているため、今日、夜空を見つめて、次のように自問しない人はいない。「この広大な暗い宇宙のなかに、この先何が私たちを待ち受けているのだろう?」

本書について

本書は、私と一緒に宇宙を——この宇宙を——旅してみませんかという、皆さんへの招待状だ。まず第一部では、地球の上から出発して、私たちの季節、日、そして年の経過を決めている月と太陽をサッと通過し、惑星たちの傍を進みながら、天文学の歴史を学ぼう。この科学の一分野は、今日なお、私たちが世界をどう捉えるかを大きく左右している。第二部では、現代天文学の発展の歴史を旅しよう。空間と時間が相対的になる。恒星が生まれ、死に、そして、なかにはブラックホールになるものもある。最終的には、私たちの天の川銀河を離れ、さらにどんどん進んで、想像を絶する広大な宇宙が見えるところまで行こう。いくつもの銀河と、巨大なブラックホールが無数に見えるはずだ。銀河たちは、時空の始まり、すなわちビッグバンのことを私たちに教えてくれる。ブラックホールのほうは、時間の終焉を表している。

人類が初めて撮影したブラックホールの画像は、数百人の科学者が何年にもわたり協力して実現した偉大な科学的成果だ。この画像を撮ろうという話は、ほんの小さな案から始まって、やがて大規模な実験へと成長した。そこには、世界中の電波望遠鏡へのわくわくするような訪問と、最終的にこの画像が実現し公表されるまでに費やされた、神経をすり減らす、努力と忍耐の時間とがあった——これは、この冒険的大事業のなかで私自身が経験したことだが、その詳細は第三部でご説明しよう。

最後の第四部では、今日なお科学者たちに立ちはだかる、究極の難問のいくつかを敢えて見てみよう。ブラックホールは終点なのだろうか？　時空が始まる前には何が起こったのであり、終わりには何が起こるのだろう？　そして、この何の変哲もないと同時に奇跡的な惑星、地球に存在している、ちっぽけな人間である我々にとって、この知識は何を意味するのだろう？　自然科学の勝利は、まもなく人類がすべてを知り、観測し、予測できるようになることを意味するのだろうか？　不確実さ、希望、疑い、そして神が存在する余地は、まだ残っているのだろうか？

第1部

空間と時間のなかを進む旅

私たちの太陽系と、
天文学の初期の歴史の概要

第1章　人類、地球、そして月

カウントダウン

さあ、空間と時間を超える心おどるような旅に、一緒に出掛けよう。一機のロケットが、威風堂々とした姿で、緑の景色を見下ろして立っている、この地球が出発点だ。技術の粋を集めたこの傑作の周囲を、小鳥たちが狼狽して、いたずらに飛び回っている。嵐の前の重々しい静寂。明け始めた夜の暗さがまだ打ち上げ場を覆っている。ものの数秒で、地獄の業火と見まがうものが地上で放たれるなど、大自然はまだ露とも知らない。

疲労の色は見えるものの、興奮している関係者や見物人たちが展望台の上に集まっている。ここから見ると、すべての物体、すべての人間、いや、それどころか、景色全体が、まるでジオラマで演じられているかのように可愛らしく見える。見物人の一人がスマートフォンを取り出し、このイベント全体を、漢字と点滅するロゴだらけのウェブサイトでストリーミング配信し始める。

地球の反対側の、緑深いアイルランドの田園地帯にある朝食付き宿泊施設の心地よい部屋に座り、感謝の気持ちと希望で胸がいっぱいになりながら、私がオンラインで見ているのは、このストリーミング動画である。進展する状況に、私は釘付けになっている。

突然、どこか画面の外側から、声が鳴り響く。途切れ途切れの聞き分けられない金属音で、鳥肌が立つほど神経に障る。その声は、淡々とカウントダウンを始める。知らない言語なのに、私も一緒にカウントする。轟き渡る破裂音と共に、ロケットの最下部に出現した赤みを帯びた黄色の光が闇を照らす。推進装置の点火は、こののどかなアイルランドにおいてさえ耳をつんざく轟音を立てる——私のラップトップからの音声にすぎないにもかかわらず。大地は揺れ、架台は外れ落ち、ロケットは解放されて、厳かに上昇していく。輝く高温の尾を後ろに引きながら。さながら、猛スピードで宇宙の彼方へと遠ざかりつつ、視界から消えてゆく彗星のように。

スペースシャトル・ディスカバリーの打ち上げの瞬間に戻ったかのような感覚に、私は囚われる。一九九七年二月一一日の早朝、くたくたに疲れながらも興奮している家族と共に、ケープ・カナベラルから見守ることができたのだった。今もなお、その前日に四歳の娘が、聳《そび》え立つロケットを遠くから見たときの、誇らしげな表情がありありと目に浮かぶ。娘の目の輝きのなかに、私自身の目の輝きも映っているのが、私にはわかった。

二一年後の二〇一八年五月二〇日、私は中国から送られてくる、ノイズ混じりのぎくしゃくしたライブストリームを見ているだけだ。それでもやはり、今そこにいればどう感じるかはよくわかる。それに、この打ち上げは格別なのだ。そのロケットには、私の一部が搭載されているのである。何を隠そう、それは、オランダはナイメーヘンのラドバウド大学で私のチームが行う実験のことだ。私は、子どもに戻ったような気分だ。ロケットの目的地も特別な場所である――月の裏側だ。

心のなかで、私はそれと一緒に飛んでいる。月へと、そして、そのはるか向こうへと。これまでにも幾度となくやったように。自分のあこがれが昔からいつも引っ張っていってくれるところへ飛ぶ。宇宙の彼方へと。

宇宙で

天空の静寂。宇宙に到達して最初に気づくのは、まったき静けさだ。エンジンはもうすべて停止した。船外の音はふっつり鳴りやむ。ハッブル宇宙望遠鏡は、地球の表面の五五〇キロメートル上に浮かんでいる――エヴェレストの七〇倍近い高さだ。ハッブル宇宙望遠鏡が周回している高さでは、大気は地表の約五〇〇万分の一の薄さである(1)。空気がこれだけ希薄だと、空気の振動である音波は、人間の耳にはもう聞こえない。物がこすれる音も、言葉も、地上で最も激しい爆発の音も、この高さでは聞こえない。

天文学者である私は、地球を周回する宇宙望遠鏡を利用し、宇宙に行った宇宙飛行士たちの話を聞き、それらの望遠鏡や宇宙飛行士たちが送信してくる画像を見る。頭のなかでは、私はハッブル宇宙望遠鏡に乗って、宇宙で静かに浮かんでいる。無重力状態にあるのを感じながら。しかし、実際ハッブル宇宙望遠鏡は、地球の周りを時速二万七〇〇〇キロメートルという猛烈な速さで回っている。そんな速さで回っていれば、ものすごい遠心力で周回軌道から放り出されそうだが、地球の重力による強力な引力がこの遠心力と釣り合っているので、軌道から外れることはない。これが、すべての天体の軌道運動の背後にある秘密である。無重力状態は、重力による引力が及んでいないということではない。軌道上では、重力が常にかかっているのだが、遠心力と重力が完全に釣り合っているため無重力に感じるのだ。実際、軌道運動しているものはすべて自由落下している。だが、地球の周囲を非常に大きな軌道――巨大なコンパスで描いたかのような、見事な軌道――に沿って運動しているため、落下しながら地面との衝突を免れつづけている、というわけだ。もしも周回速度が落ちようものなら、軌道はどんどん小さく、急峻になっていき、ついにはその自由落下は、地表に衝突しクレーターとなって終わってしまうだろう。だが、もちろんそんなことは誰だってご免だ。

ハッブルと同じ軌道を周回する宇宙船に乗っているとすると、この宇宙船が受ける、希薄な大気からの摩擦は微々たるもので、ほとんど妨害されずに地球を何周も回ることができる(2)。ロケットに点火する必要すら、全くない。

軌道を周回している限り、私たちはこの高みからしか見られない特別な地球の姿を楽しむことができる。黒いベルベットのような宇宙を背景にした、この青い真珠を、神のような視線で見おろす。大陸、雲、そして大洋が、色と色との奔放なじゃれ合いを見せてくれる。夜には、稲光、都会の照明、そして、輝きつつ揺らめくオーロラが、地球という舞台を照らす——壮観だ。国境は消え失せる。この包括的な視点からは、地球は全人類が共有する家にしか見えない。この高みに昇って初めて、厳しい宇宙環境から地球を守り、生命の存在を可能にしてくれている大気層がいかに薄いかに気づく。天気の変化や気候は、地球の上の、ごく薄い層のなかだけで起こっているのだ。この誇り高き惑星が、突然、あまりにも脆く、あまりにも傷つきやすいものに見えてくる。宇宙から、こんな素晴らしい眺望——と、洞察——が得られるのも、現代の科学技術のおかげだ。しかし、私たちは地上でそれを無配慮に使い、この無二の青い惑星における自分たちの命の基盤そのものを破壊しつつある。

私は、地球の美しい画像を見るたびに、世界中で感じられている孤独と虚無感、痛みと苦しみも感じる。「神は聖なる山を茫漠としたさかいに横たわらせ／大地を空虚の上につるされた」(新共同訳聖書ヨブ記26・7)。数千年前、悲しみに打ちひしがれたヨブはそう叫んだ(3)。黒いカンヴァスのように広がった天空の空虚。その只中に、私たちの地球！　聖書執筆者は、上空からこの有様を見ることができたわけではないのに、彼の心眼は地球全体をすでに把握していた。人類の古くからの洞察は今日、現代の科学技術が提供する膨大な数の新しい画像によって証拠付けられている。カメラやセンサーを搭載した夥しい数の人工衛星が、常に地球に向けられており、雲、大陸、海洋を、息を呑むほどの詳しさで捉えているのである。

ヨブは、空虚の上に地球がつるされているのを見て、悲しみを神に訴える。ヨブの経験は極めて人間的だ。「意味のない苦しみ」というのがそれである。今日なお、この惑星、地球は、苦しみと美が複雑に交じりあっている。一人の人間を宇宙から見ることはできない。苦しみは、間近でしかわからない。遠くからは、地球上のすべては荘厳で比類なく見える。宇宙にいるときは、個人個人の苦しみからは遠く離れてしまう。はるか下では、数十億の人間の苦しみが繰り広げられているというのに。宇宙からは、私たちの俗世の問題など理解不能だ。この「全知の神的視点」は、人間そのものを見過ごしてしまいがちではないのだろうか？

じつのところ、この冷徹で専門的な研究が、鍛え抜かれた宇宙旅行者にまで、後々まで残るような変化を起こし得ることは、極めて驚異的だ。一九六一年にユーリ・ガガーリンが人類初の宇宙飛行士となって以来、五五〇人以上の人々が宇宙を訪れている。そのほぼ全員が、地球が崇高なまでに儚いことに対する驚嘆が深い印象となって残り、人間としての自分が大きく変わったと報告している。地球全体を凝視するという経験は、陶酔状態に近いようだ。この現象を心理学的に詳細に研究し記述した、宇宙哲学者にして著述家のフランク・ホワイトは、これを「概観効果」と呼んだ。地球の姿を見ることが、私たちの心に何を呼び起こすのだろう？　それによって、私たちはどのように変わるのだろう？　この効果をどのように活用すればいいのだろう？「概観効果」が初めて記述されて以来、学者たちはこの効果の研究を続けている。地球は唯一無二だ。私たちが知る限り、それに比肩し得るものは宇宙にはない。宇宙飛行士たちはまさにこの印象を持っている。天使のように地球の上に浮かんで、高みからすべてを見ることが、私たち人間に何の感銘も与えないわけがない。そのような次第で、個の存在としての人間を見過ごさないようにして、宇宙から送られてきたこれらの新しい画像にインスピレーションをもらおう。

時間は相対的である

軌道に到達するや否や、私たちの空間と時間の認識が変わる。私たちの故郷である地球という惑星を異なる見方で捉えているだけではない。日、月、そして年をいかに捉えるかも変わっている。「千年といえども御目には／昨日が今日へと移る夜の一時にすぎません」（新共同訳聖書　詩編90・4）[4]と、有名な古い賛美歌にもあるとおりだ。時間は相対的である。まさに時間が始まったときから、人々はそうではないかと思ってきたのだが、宇宙空間ほど、これを劇的に経験する場所はほかにない。

私がハッブル宇宙望遠鏡の観測プログラムを作成したとき、コマンド・シーケンスを九五分ずつのブロックに分けなければならなかった。というのも、ハッブル宇宙望遠鏡は九五分で地球を一周するからだ。九五分ごとに太陽が昇っては沈む。ハッブル宇宙望遠鏡にとっては一日は九五分なのだ。国際宇宙ステーションの宇宙飛行士たちも、九五分間隔で日の出を経験する。私は、観測プログラムを作りながら、自分の机で九五分ごとの日の出を経験し、頭のなかで宇宙に浮かんだ。

しかし、時間が相対的だというのは、一日の長さが変わるだけでは済まない。宇宙では、時計は地球上にあるときとは違った動きをするのである――そんなことがあり得ると思う人などほとんどいないとしても。地球の上空二万キロメートルの軌道では、時計は一日当たり三九マイクロ秒速く進む。したがって、七〇年のあいだに、地球の時計は宇宙の時計より一秒遅くなる。たいした遅れではないと思えるが、このような極わずかな違いも、今日の私たちには易々と測定できるのである。この一見どうということもなさそうな違いは、アルベルト・アインシュタインの一般相対性理論の重要な側面を明らかにしている。時間は本当に相対的だという側面を。じつのところこの理論は、私たちの太陽系のみならず、ブラックホールや全宇宙の時空の構造についても記述しているのだ。

この発見に至る道は、途方もなく長かった。それは広い意味では、私たちの太陽系の構造や、それを支配する法則などの基本的な発見から始まり、宇宙全体の構造や法則の理解にまで到達している。狭い意味では、この発見への道は、光が波動と粒子の両方として振る舞うという奇妙な性質の理解に始まり、アインシュタインの名高い相対性理論として結実した。

そのすべての鍵は、光の驚異的な性質を正確に理解することだ。とりわけ驚くべきは、光は私たちが見ることを可能にし、その結果地球、月、そして恒星たちの発見を可能にしただけではないということである。じつのところ、光、時間、空間、そして重力はすべて密接に結びついているのだ。

少し時間を割いて、近代物理学の歴史を振り返ってみよう。万有引力の法則を発見したアイザック・ニュートンにとって、光は微粒子——すなわち、最も小さな粒子——のみからなるものだった。やがて一九世紀になると、スコットランドの物理学者ジェームズ・クラーク・マクスウェルがマイケル・ファラデーの素晴らしい先駆的研究を基盤に、光や、その他のすべての放射は電磁波だという理論を構築した。Wi-Fi、携帯電話、カーラジオに不可欠な電波信号。暗視ゴーグルが検出する熱放射。皮膚の下にある骨を見るために私たちが使うX線。そして、私たちの目が捉える可視光。マクスウェルの理論によれば、これらはすべて電場と磁場の振動である。それらの違いは、振動数と、それらを発生させる方法と検出する方法だけにすぎない。根底においては、これらの振動はすべて同じ現象——光——の現れである。電波、赤外線、X線、可視光、すべて電磁波であり光である。

携帯電話に使われる範囲の振動数では、波は毎秒一〇億回振動し、波長は二〇センチメートルを超える。可視光の波は毎秒一〇〇兆回振動し、波長は髪の毛の直径の一〇〇分の一だ。特定の色や振動数の光波は、常に同じペースで振動しているので、光は時計の速さを調整するのに最適であり、時間を合わせる際には標準として使われる。今日最も正確な光学時計は、10^{-18}秒まで計れる精度で較正されている[5]。現在の宇宙の年齢にあたる長さ、すなわち約一四〇億年という時間のうちに、この精度の時計はたった〇・五秒しかずれないのだ！　昔の人々が夢にも思わなかったほどの精度と言えよう。

だが、光の波動と呼ばれるものでは、いったい何が振動しているのだろう？　長いあいだ、宇宙全体はエーテルと呼ばれるもので満たされていると考えられていた。これは、化学溶剤のエーテルではなく、電磁波、すなわち光や電波が、そのなかで運動し、広がっていく仮説上の媒体のことだ。音波にとっての空気と同じように。

物理学者たちにとって、マクスウェル方程式の最も驚異的で不可解な側面の一つが、真空を伝わる光は、どの色であっても、常に一定の同じ速度で運動するはずで、それは観測者がどんな速度で運動していようが変わらないということだった。このことが驚異的で不可解なのは今日なお変わらない。X線は、電波やレーザービームと同じ速さであり、マクスウェル方程式では、光速は光の発信者、受信者いずれの速度にも依存しなかった。光の速度が有限であることは、遅くとも一七世紀にオーレ・レーマーとクリスティアーン・ホイヘンスが木星の衛星の動きを観測して、それを時計として使ったときには知られていた。(6) しかし、摩訶不思議なエーテルのなかを高速で運動しているときと、エーテルに対して静止しているときでは、光の速度は変化するはずではないだろうか?

たとえば、私は海でサーフボードに乗っているとしよう。陸に向かって強風が吹いており、私は波の線に垂直に沖に向かって進んでいるとする。波は猛スピードで私に向かって押し寄せてくる——実際、岸に打ち付けるのと同じぐらいのスピードでやってくる。だが、私が向きを反転し、風と波と一緒になってサーフィンし始めると、私はサーフボードの下の波と全く同じ速さになる。このとき、サーフボードに対しては、波の速度は小さい。しかし、岸に対しては、波の速度は猛烈である。

音波についても全く同じことが成り立つ。私が追い風で自転車に乗っているとしよう。このとき、私の後ろで自動車がクラクションを鳴らしているとすると、その音は風がないときよりも少し早く私に届き、私は少し早くクラクションを聞く。もしも私が向かい風のなか自転車を漕いでいるとすると、後ろからのクラクションは、少し遅く届く。これは、音が風に向かって進まなければならないからだ。私が風に対して超音速で自転車を漕ぐことができたとすると、私にはクラクションは決して聞こえないだろう。私がそれよりさらに速くペダルを漕ぐことができて、自分自身の音波よりも速く進めたとすると、私は音の壁を破って、大爆音を立てるだろう。というのも、私が生み出す多数の音が、それを聞いている人にすべて同時に届くからだ。とはいえ、ジェット機のパイロットとは違って、自転車乗りで、このソニックブームという爆音現象を起こした人は誰もいない。

電波も同じように振る舞うに違いないと、一〇〇年以上昔の人々は考えた。エーテルが、空虚に見える宇宙の空間を満たしており――大気圏を空気が満たしているように――、地球は、太陽の周囲を時速一〇万キロメートルで回りながら、私の自転車やサーフボードのように、エーテルという媒体をかきわけるように進んでいるのだ、と。したがって、太陽を回る地球の運動に沿った向きに光の速さを測定したなら、この「光速」は、この向きに垂直な方向や、正反対の向きに測定したときの値と全く違うはずだ。別の言い方をすれば、地球がエーテルのなかを、向かい風の向きか、それとも追い風の向きに運動しているかで、光速の測定値は変わるはずだ。

アメリカの二人の物理学者、アルバート・A・マイケルソンとエドワード・W・モーリーが一九世紀の終盤に証明しようと躍起になったのが、まさにこの効果だった。そのため二人は、互いに垂直な二本のパイプのなかで光の相対速度を測定した。実験は見事な失敗だった。光速に有意な違いがあるとは、彼らには証明できなかったのである。こうして、エーテルが存在するという明確な証拠は全く存在しないことが判明した――エーテルは全くの幻想にすぎなかったのだ。

失敗が突破口を開くこともあり得る。この失敗は、物理学と天文学の歴史を、現在も続く流れへと転向させた数件の重要な実験の一つとなる。というのも、エーテル説が、思いがけずも完全に崩れ去ったおかげで、理論体系全体がぐらつき始めたので、古い思考パターンを捨て去り、新しいアイデアの模索を始めることが可能になったからだ。そして登場する最善のものが、若きアルベルト・アインシュタインによる新たなアイデアだった(8)。彼は、すべてを根本から考え直し、物理学を新しい理論的基盤の上に据え直す心構えができていた。ほかの物理学者たちが、まだ無駄骨を折り続けているうちに、アインシュタインは脇目も振らずに、時間と空間がもはや絶対的なものとしては存在しない新しい時代へと突進していた。一つの大胆な理論が出現した――相対性理論だ。そして、それによって彼は、何世紀にもわたって主流だった、物理学的世界観を事実上捨て去ったのだった。

月を夢見る少年

もう地球は十分何度も周回したので、そろそろ私たちの宇宙カプセルの次のミッション・プロトコルへと進み、月へと進路を向けよう。月への旅は、太古から人類の夢だった。一九六九年七月二〇日、ニール・アームストロングが月面に降り立ち、人間が踏み出した最も有名な一歩と呼べるであろうものを記し、その夢は実現した。数年経ってもなお、その瞬間の重みを私は感じ続けていた。

一九七一年の、ある暑い夏の日、ノルトライン＝ヴェストファーレン州のベルギッシェス・ラント地域にあるシュトロームバッハというのどかな町でのことだ。なだらかな緑の丘と森が地平線に連なるこの町の、数軒の家が集まった小さな集落で、子どもの一団が道端で楽しそうに遊んでいる。バケツとスコップ、後ろから押してもらえるハンドルが付いた三輪車一台、そしてボールが二、三個あれば子どもたちはご機嫌だ。大人たちは家の前庭の芝生の上に置かれた椅子に腰かけて、くつろいだ様子で子どもらを見守っている。

ところが、一人、ほかの子どもたちと遊んでいない、ちょっとぽっちゃりしたほっぺたの、小さな少年がいた。暗い部屋でただ一人、大型のブラウン管方式のテレビに映っている、チカチカ点滅する、ぼやけた白黒画像を食い入るように見つめている。アポロ一五号の月着陸船ファルコンがまさに月に着陸したところで、その画像を地球に送信しているのだ。じつのところ、彼が属するファルケ家では、最初の何回かの、目を見張るような大成功を収めた宇宙ミッションのあとは、月着陸を巡る大興奮は急速に冷めてしまっていた。

たった一人テレビを見ているその少年は、画面から目を離すことができない。五歳になる直前という幼さで、宇宙がどんなに広いのかも、NASAの宇宙飛行士たちが月に行くためにどれだけの距離を旅しなければならないのかも、彼にはまだ見当もつかない。この専門技術の粋を集めた偉業にどれだけのエネルギーが必要なのか、あるいは、この科学の成果がどれだけ重要なのかも、想像だにできない。それでも、心の奥底のどこかで、この大胆な取り組みが、どんなに素晴らしく、どんなに大きいかということは感じている。この少年は、この冒険の一瞬一瞬を食い入るように見つめ、一秒ごとに想像力が活性化される。人間が月面を歩き、月面で飛び跳ね、自動車を乗り回す（アポロ一五号で実際に行われた）ことまでできる今、ほかに何ができるだろう？この限りなく広い空のなかで、人類はほかに何を発見するのだろう？

もちろん、その少年とは私である。私たちは数日間、大叔母のゲルダの家に滞在していた。当時、ディヴィッド・スコット船長の命令に従って任務をはたしている宇宙飛行士たちは、私には漫画のヒーローのように見えた。彼と、搭乗員のジェームズ・アーウィンは着陸船ファルコンに乗って、月最大の山脈の一つ、アペニン山脈の近傍に着陸した。そのあいだ、三人目のメンバー、アルフレッド・ウォーデンは、司令船に残って月を周回した。月面に降り立ったとき、スコットは人間の心の奥底にあることに触れた。「我々の本性の根源的な真理に、私は気づいた。人間には探検が必要だ！」「そうだ！」と、私は思った。「ぼくにも探検が必要だ！」そして今日、これはすべての人間について言えることだろう。

多くの子どもがそうであるように、私も宇宙飛行士になりたかった。やがて、一種直観的に、自分はあまりそれには適していないのだと思い知った。私は結構何でも、よくできるほうだった。運動は得意だったし、ほかの人々と協力できたし、理論研究も実験もうまくこなせた。技術には明るかったし、ストレスにも負けなかった。しかし、私の手はすぐに震え始めて、プレッシャーがかかる場面では、間違ってばかりだった。何年ものちになって、ある宇宙旅行についての会議で、二人のドイツ人宇宙飛行士、ウルリヒ・ヴァルターとエルンスト・メッサーシュミットと共に、このことについて話す機会に恵まれた。彼らは、傲慢さのかけらもなく、自分たちの能力を知っていた。「我々宇宙飛行士は、終わりのない選択プロセスを経験しなければなりません――すべてのパラメータが正しくなければならないのです」彼らの一人が言った。私の場合、すべてのパラメータが正しいというわけではなかったのだった。それでもやはり――月に近づきたいという夢を、私は決して捨てなかった。

月がその楕円軌道のどこにあるかに応じて、宇宙船がそこに到達するには、三五万六〇〇〇から四〇万七〇〇〇キロメートルの距離を進まなければならない。たいていの自動車は、それだけ走り切る前に壊れてしまうが、光ならたった一・三秒で、これだけ進んでしまう。天文学的な観点から見ると、最高性能の自動車ですら、一光秒より遠くまで走ることなどめったにできないのだとわかり、気が引き締まる。この「一光秒」というのは、天文学では重要な単位だ。

光速は、宇宙のなかで唯一真に不変な尺度である。したがって、宇宙の大きさを光に関連する単位で表すのは理にかなっている。「光年」は、「年」という言葉が含まれているため時間の単位かと思われるかもしれないが、実際には長さの単位だ。宇宙について話しているとき、何十億光年という距離を口にすることも珍しくないという事実から、宇宙に存在する途方もなく長い距離を実感することができる。天文学者にとって月は、私たちの宇宙の前庭でもなければ裏庭でもない。せいぜい、宇宙への旅に出かけるときに越える境界線のようなものにすぎない。

一光秒と少し離れているということは、地球上で私たちが月について見ることはすべて、常に一秒と少し前に起こったということを意味する。宇宙を見るとき、私たちは常にその過去を見ている。月の場合、それは一秒より少し長い時間を意味するが、私たちが研究している銀河の場合、それらを見るときには、数百万年、あるいは、数十億年という長い時間を振り返っているのである。

このように、光は常に「遅れて」私たちに届く。地球上の光源の場合は、小さな遅れにすぎないが、宇宙の彼方から届く光の場合は、途方もなく大きな遅れになる。その結果、ほかの場所で、まさにこの瞬間、何が起こっているかを正確に知ることは決してできない——宇宙でも、地球上でも。

ちなみに、月からの光が遅れて到着することを、観測で確かめ、経験する、非常に実際的な方法がある。私のオランダ人の同僚の一人が、電波望遠鏡の制御室で結婚式を挙げ、自分の「誓います」の言葉を、電波に乗せて送った。その電波は月面で反射し、二・六秒後に制御室に戻ってきた。そのすべてはあっという間に起こったので、花嫁はそのあいだに逃げ去ることなどできなかった——晴れて正式な結婚が成立したというわけだ。おそらくこれは、世界初の「月面反射」婚であろう[9]。

こういうお祝いの目的ではなく、純粋に科学的・技術的な理由でも、今日私たちは、たびたび月面にレーザービームを照射している。レーザービームは、アポロ計画で設置された何枚もの鏡に当たって反射する。NASAは月着陸などしたことはないと、陰謀論者たちが主張しているのとはうらはらに。これらの鏡は、設置当時と変わらず機能している。光のエコーの遅れから、月の運動と距離を非常に正確に測定することができ、それを利用して、一般相対性理論による予測を検証することが可能だ。

　また、毎年、月が四センチメートルずつ地球から遠ざかっており、地球の自転が少しずつ遅くなっていることもわかる。重力が地球と月を結びつけているのだが、潮汐力のおかげで、月と地球は互いに相手の回転を少しずつ遅らせているのである。毎年、一ヵ月の長さと、一日の長さは、数ミリ秒ずつ長くなっている。理屈の上では、私たちが年を取るペースは少しずつゆっくりとなっていくわけだが、少しずつ早く死ぬとも言える――私たちの年齢を月と日で表すとすればそうなる。四五億年前、一日の長さはたった六時間だった[10]――私のような仕事人間には、想像するだけで恐ろしい。

　月の自転は、すでにほぼ完全に停止している。月は、地球の周りを公転するあいだに、ちょうど一回自転するので、私たちには常に同じ面を向けている。月にいる優しい人がいつも笑顔で私たちを見下ろしているように見えるのは、そのためだ。月の裏側が見えるようになったのは、最初の月探査ミッション以降だ。しばしば「月の暗黒面」と呼ばれることがあるが、その呼び名は正しくない。なぜなら、毎月二週間にわたって太陽がそちらの面を照らすからだ。とはいえ、月の裏側は、摩訶不思議な、ほぼ全く未踏の世界に留まっている。

　私は、自分自身の月への夢を完全にあきらめてしまったことは一度もない。ある意味、この夢は、オランダのLOFAR電波望遠鏡[11]として実現したのである。私はしばらくのあいだ、この電波望遠鏡のリーダーを務めたのだ。LOFARは、「低周波アレイ（low-frequency array）」を意味し、低周波用のアンテナを多数配置したものだ。アンテナは、一つの観測装置となるように連携されている――一台のスーパーコンピュータがデータを結びつけて、一つの仮想望遠鏡を形成する。ビッグバンの瞬間の間近まで時間をさかのぼって観測し、宇宙に存在する活動中のブラックホールをすべて発見できるようにする目的で設計されている。

現在、LOFARのネットワークは、ヨーロッパ全土のさまざまな地点に設置された合計三万基のアンテナからなる。LOFARは大陸望遠鏡になった。しかし、干渉を受けずに宇宙電波を受信するのに理想的な場所は、月の裏側なのだ。その理由は、地球上では地上波ラジオ送信機から生じた迷放射線と、大気圏の最上層である電離圏から宇宙電波に及ぶ歪曲効果が、最大の難問として天文学者たちを苦しめていることにある。地球から月の裏側を見ることは決してできない。そのため、地球からの迷放射線が月の裏側で電波観測に干渉することはないのである。「月は、電波天文学をやる、地球で最善の場所かもしれないよ」と、私はしょっちゅう冗談交じりに話している。しかし、月の裏側にアンテナを立てるなど実現不可能な夢だと、私は長年思っていた。

宇宙旅行でも科学でも、忍耐強くなければならない。そうすれば、ときどき予期していなかった何かが起こる。私がそういう経験をしたのが、二〇一五年一〇月、中国の国家主席習近平がオランダを公式訪問した際、オランダ国王ウィレム＝アレクサンダーとのあいだで、宇宙開発で協力する合意が交わされたときのことだ。合意の一環として、中国は、LOFAR計画のために我々が開発したアンテナを中国の探査機で月面に運ぶことを提案したのである。これが、中国の月面探査ミッションに加えられた最初のオランダ製の装置となった。二〇一八年五月、中国の宇宙機関CNSAが作ったロケットが、このアンテナを搭載して、西昌《せいしょう》衛星発射センターから打ち上げられた。私がアイルランドで休暇を過ごしながらライブストリームで見守った、あのロケットである——同時に、最初のブラックホールの画像も出来上がるところだった。あのとき、私の全エネルギーがこの一つの画像に注がれていた。私の科学者人生で最も多忙な時期だった。そのため、しぶしぶながら、少年時代からの夢を、同僚たちの手に委ねなければならなかったのである。

我々のアンテナ、低周波電波探査装置は、中国の中継衛星鵲橋《じゃっきょう》に配備されている。LOFARのステーションが一つ、鵲橋に搭載されているとも言える。「かささぎの橋」を意味する鵲橋は、月の裏側からの電波信号を地球へと中継することだ。しかし、二〇一九年の秋には、アンテナを展開し、月の裏側の高度四万から八万キロメートルの位置に留まっている。鵲橋の主な仕事は、月の裏側それ以来私たちは、宇宙からの信号に耳を傾けている。最近私たちは、百億年以上前、初代星（訳注：宇宙で最初に生まれた星。金属を全く含まないとされている）が誕生する前の、宇宙の暗黒時代のある時点に出現したはずだと最新の理論が予測する、非常に微弱な電波ノイズを探している。そこには、時空の始まり、「ビッグバン」の電波エコーが含まれている。データ解析は困難を極め、何年もの時間がかかるだろうし、何かを発見できるのは未来のミッションだけだという可能性が非常に高い。

ところが、早くも月に到着する前に、中継衛星鵲橋は、特別な光景を私にプレゼントしてくれた。搭載された小型カメラが、鵲橋が月の軌道に入ろうとしているときに一枚の比類ないスナップショットを撮影することに成功したのだ。月と、その後方に、月とほぼ同じ大きさの地球が写った写真だ。写真の隅には、我々のアンテナが、まだ展開されていない状態で見えている。

この写真を見たとき、古い白黒テレビの前に座っていた少年に戻ったような感覚に陥った。私の眼前に、謎めいた月の裏側が迫っており、その後ろに、今私が座っている、我々の青い惑星が、小さくピンぼけで見えていた。私自身は月に行ったことはないが、この瞬間、私は月の我が家に帰ったように感じた。それ以来、月を見上げるたびに、あそこに私の小さな一部があるのだと思っては悦に入っている。

第2章　太陽系と進化する宇宙モデル

太陽：私たちに一番近い恒星

月をあとにした私たちの、次なる目標は太陽だ。地球からは一億五〇〇〇万キロメートルの距離を旅しなければならない。光なら八分で進める距離だ――したがって、私たちは太陽から八光分（訳注：「光分」は、「一分間に光が進む距離」で定義される長さの単位）の距離にいるわけである。太陽を見る人は誰でも、八分前の姿を見ていることになる。

太陽は、ほとんどすべての点で私たちに命を与えてくれる恒星だ。ほかのどの天体にもまして――地球を除いてだが――人間の生活を可能にしている。天気を左右し、人間の文化に持続的な影響を及ぼし、昼夜のリズムを通して私たちの日々の活動を秩序づける。太陽なしでやっていかねばならない状況に陥って初めて、私たちは太陽がいかに重要かを理解し始める。だとすれば、日食が先史時代や古代の人々や社会に大きな驚きと恐怖を与え、今日なお多少そのような効果を及ぼしているのも当然である。

一九九九年の夏。私は、地域の小学校の校長先生の前に立って、私を娘と一緒に旅行させてほしいと、泣き付かんばかりに訴えている。八月一一日の朝のことだ。この日、ドイツとフランスの一部が皆既日食で真っ暗になるのである。もう何日も、メディアがこのイベントのことをしきりに報道している。日食観賞用の保護サングラスは売り切れになり、ドイツ全土がこの宇宙の掩《えん》蔽《ぺい》が起こるのを待ち構えている。娘と私にとって、これは生涯に一度きりの機会だ。なにしろ、次にこれほどの日食が私たちの近くで起こるのは二〇八一年のことで、そのころには私はもう生きていないはずだからだ。

だが、ドイツの義務教育の厳格な規則は、そんな感傷的な事情など酌んでくれない――我が国の教育法では、高温注意報が発令された日なら学校を休みにできるが、日食ではだめだ。校長先生は、こちらを思いやって、耳を掻くような仕草をして、あることを教えてくれる。学校の規則によれば、一〇〇年に一度の天文イベントであっても、子どもを休ませることはできず、それは天文学者の子どもでも同じだ。「ですが」と、校長先生は意味ありげに続ける。「職業上の理由で一時的に転居しなければならない場合は、出席の義務は課せられません。ですから、あなたはヤナを連れていくことができます」。教えてくださったことに礼を言い、私はその日のあいだ転居することにする――とにかく、書類上で。

好奇心いっぱいで、わくわくしながら、私は六歳の娘と一緒に車に乗り込む。科学者はときに、自分の好奇心を満たすために、宇宙の不思議を探し求めて地球の果てまで旅したいと思う。私たちだけの小さな探検が、今始まる。

日食の本影が見えるのは、正午ごろ、南西部のいくつかの地域を覆う細長い帯状の範囲だけだ。私はそこへ行きたいのだ、なにしろ皆既日食の最も感動的な場面が経験できるのはそこだけなのだから。不吉な闇があたりを支配すると、世界は突如、昼のさなかに真っ暗になるという、あの場面。この瞬間を経験したものは皆、私たちの命や、あらゆる命にとって、日光がいかに大切かという感覚を永遠に忘れないだろう。だが、問題が一つだけある。天文学者なら嫌というほどよく知っている。天気は味方をしてはくれないのである。今、ドイツ全土が雲に覆われている。

自宅があるフレッヒェンはケルンの近郊だが、そこから西へと車を飛ばす——日食観測にぴったりの場所を、絶えず目で探し求めながら。あちらこちらで雲の切れ間から日光が降り注ぐたびに、太陽を求めてそちらを目指し、必死になって走り回る。とうとう私たちは、フランスに入ってしまった。ここは、メッスの町に近い原っぱだ。日食が始まるまでに、もう二、三分しかないと思ったその瞬間、青空が開けて、太陽が姿を現す。人生では、運に任せるしかない場面が往々にしてある。小さな科学者でもそれは同じだ。ゆっくりと、厳かに、丸い月の影が太陽の前をなめらかに進んでいき、やがて完全に覆い隠す。私たちは、最適な時間に最適な場所に来たのだ。それは並々ならぬことで、素晴らしい。暗闇の只中で、一緒に光に照らされるという、正真正銘の、希少な瞬間が私たちに与えられたのだ。

日食は、私たちの太陽系で起こっている、素晴らしいいくつもの偶然の一致の一つの現れだ。はるかに小さい月が、地球から丁度いい距離だけ離れているからこそ、月は太陽の大きな円盤の全体を覆い隠すことができるのである。少しでもその距離が近かったなら、月は太陽の円盤よりも広い範囲を覆ってしまうだろう。逆に少しでも遠かったなら、目もくらむようなまばゆい輝きが外周に残ってしまうだろう。しかし、月は太陽の灼熱の円盤だけをきっちり覆い、私たちに特別なものを見せてくれる。太陽のコロナだ。それは、数百万度の高温のガス層で、ときどき部分的に数千万度に達して爆発を起こし、巨大なプラズマ噴流となる。

日食の際には、ほんのしばらくのあいだではあるが、太陽が静穏な星ではないことが目で確かめられる。静穏などころか、実際には、魔女のキッチンにある魔法の大釜のように、沸きかえり、泡だっているのだ。だが、それだけではない。太陽表面の大小の爆発のさなかに、やはり魔法めいたことがほかにも起こっている。そこでは、極めて小さな、幽霊粒子（ニュートリノ）が形成され、宇宙に放出されているのである。これらの粒子は、太陽の熱でずたずたに分離された原子のかけらの残骸で、その後は、太陽系のなかを高速で駆け巡る。原子の中心部である原子核は、正の電荷を持った重い陽子と、同じぐらい重いが電気的に中性の中性子でできている。その周囲を、負の電荷を持った、はるかに軽い電子が、一つまたは複数の殻を作って取り巻いている。

太陽系のなかを高速で駆け巡る高エネルギー粒子は、誤解を招きかねない「宇宙線」という名称で呼ばれている。宇宙線――ここでは「宇宙粒子」と呼ぼう――が地球大気に入ってくると、さまざまなことを引き起こすが、とりわけ、ラップランドやアラスカの暗い夜空を背景に、輝き揺らめき動き回る神秘的なオーロラの壮観をもたらす。宇宙粒子より一層強烈な太陽嵐では大量の粒子が降り注ぐが、これはまた別の理由で人間にとって重要だ。太陽嵐は、人工衛星の壊れやすい電子部品を破壊し、地球の磁場を変え、電波の伝達を妨害する。とりわけ激しい太陽嵐では、送電網に過剰電圧がかかり、いくつもの都市で停電が起こる恐れがある。幸い、このような事象はまれにしか起こらないし、今では「宇宙天気」が定期的に公開されるので、事前に予防措置を取ることができる。

宇宙線をなす粒子が生まれる場所を肉眼で観察できるのは、日食のあいだだけだ。その光景を前にすると、私は一種特別な印象を受ける。自分が取り組む研究で得た理解から、私にはよくわかる――今娘と共に観察している、太陽の縁《ふち》で起こっている素粒子物理学の現象と同じものがブラックホールの縁でも起こっているのだと。ただし、ブラックホールでの現象のほうが、途方もなく大きなスケールなのだけれど。磁場と猛烈な乱流との相互作用が、これらの帯電した微粒子とのあいだで交互に影響を及ぼし合うことにより、粒子たちはあちらこちらに振り飛ばされ、ますます大きなエネルギーを持つようになる。このように加速され、磁場のなかで方向を曲げられた電子は、太陽や、ブラックホールのごく近傍の周辺を、電波周波数域の光で輝かせる。恒星の爆発によって生じた宇宙粒子や、ブラックホールの近傍で生じた宇宙粒子の場合は、太陽によって生じた粒子よりもさらに高いエネルギーレベルに達し、私たちの銀河系や、その外の宇宙の、荒れ狂う磁場のなかをあてどもなく飛ぶ。

その一部は、地球の大気に突入し、観測される。私が今も参加している、アルゼンチンのピエール・オージェ観測所が実施しているものも含む、いくつかの大規模な実験で、数千平方キロメートルの広さに配置された多数の検出器を使い、これらの粒子を観測している。

太陽の物理学と宇宙線の物理学を理解していなければ、ブラックホールの物理学も理解できない。宇宙の隅々まで、すべてのものが共通の諸プロセスによって結びつけられており、同じ諸法則にしたがって展開しているとは、何と驚くべきことだろう。ブラックホールからの放射、太陽表面で起こる爆発、そして地球に現れるオーロラ――これらはすべて、宇宙全体に広がる物理学を織りなしている糸の一部なのだ。

八月一一日の日食のあいだ、このすべてが私の眼前に見えているように感じる。娘にとっては、冒険心と好奇心が交ざった、子ども時代の楽しい遠出だ。このあと娘は、知っている人全員のために、アルミ箔で眼鏡を作り、これを使って太陽を見てくださいと勧める。近所の人々は、何と思うだろう?

太陽をわが子と一緒に見つめるとき私は、宇宙のさまざまな力に畏敬の念を抱かずにはおれない。私は、覆われて暗くなった太陽の輪郭に沿って、もやのような薄い雲を通して赤く輝く光に、とりわけ魅了される。この揺らめく輪には、何か強力で、ほとんど催眠術をかけられそうな魅力がある。のちに、ブラックホールの電波画像がどのようなものになるかを予測する我々の論文に添える画像の色を選ぶ際に、この日食の輪が私にインスピレーションを与えることになるのである。

私は、ありがたいことに、どんな天文学的メカニズムで日食が起こるのかを知っているが、石器時代から今日に至るまで、人々はこの現象に恐怖を感じてきた。とりわけ、古代の人々は、このような出来事を、神の力によって送られたお告げだと受け止め、そのように経験した。四〇〇〇年以上前のいくつもの記録に、そのような日食の一つが説明されている。当時、中国の宮廷の天文学者たちは、彼らが行った天体観測のデータを利用して、日食全般の現象を予測しようとした。しかし、それは必ずしも成功しなかった。古代中国のある伝説によると、二人の天文学者が、日食がいつ起こるかを正確に予測できず、実際に日食が起こったときには酔いつぶれていたため、帝命により処刑されたという[1]。もちろん、この有名な逸話は、実際には起こらなかった可能性も高い。ともかく今日では、天文学者は日食を正確に予測できるし、身の危険を感じることもない。だからといって、今の私たちが、知られていることの限界付近を研究するとき、間違えることも結構多いのだということを否定するわけではない。しかし、ありがたいことに、死刑を恐れる必要はもはやない（訳注：紀元前二〇〇〇年ごろの夏《か》の時代の逸話。『書経』に記載あり）。

　太陽は、何の変哲もない一つの恒星だが、もちろん、それは私たちの恒星であり、したがって、ほかのどの恒星よりもはるかに近く、はるかに明るい。この高温の巨大な天体がなければ、私たちの月も、ほかのどの惑星も、空に見えることは決してない。これらの天体は、太陽の光を反射して輝いているだけだからだ。太陽は非常に大きく、私たちの太陽系の全質量の九九パーセント以上を占めている。太陽の重力が私たちの太陽系を一体に保っており、また、私たちが恒星や重力の働きについてこれまでに詳しく知ることができたのも、何よりもこの太陽系のおかげである。

　太陽はとてつもなく大きく、人を寄せ付けない灼熱のガスの球で、その内部では核反応の炎が燃えている。太陽の圧倒的な主成分である水素がその燃料だ。この最も軽い元素は、熱い恒星の中心部、コアで核融合を起こし、ヘリウムになる。コアの温度は、想像を超えた、摂氏一六〇〇万度である。太陽表面は、約六〇〇〇度で、これでもなお相当高温である。この熱の放射が、地球上の私たちのすべてのエネルギーの本源であり、重力と、その結果である太陽のコアの高温がなければ、生み出されることはなかっただろう。太陽光なしには、植物は成長できない。植物は光合成によってエネルギーを得ているのだから。私たちもまた、太陽に依存して食物を得ている。ヴィーガンであれ、ベジタリアンであれ、肉食を好む人であれ。なにしろ、動物にしたって、太陽光で育つ植物を食べて生きているのだ。

木を燃やすとき、私たちは太陽に由来するエネルギーを燃やしている。石油、天然ガス、石炭は、地球に生物が誕生したとき以来の、生物学的プロセスの残り滓だ——すなわち、蓄積された太陽エネルギーである。ところが我々は、ごく短い時間のあいだに、地球に埋蔵されたこのエネルギー資源をすべて破壊し、数百万年にわたって蓄積された物質とエネルギーを一気に消費して、地球の気候に大きな負担をかけている。この状態が続けば、良い結果にはならないだろうことは、気象科学者でなくても理解できる。

太陽がなければ、私たちは電気を生み出すこともできない。太陽がなかったら、太陽光発電は決して発明されなかっただろうというのはもちろんだが、水力発電にしても、太陽が常に水を蒸発させて雨を降らせ、湖や川を満たしてくれるからこそ可能なのだ。風力タービンも、太陽が大気を暖め、地域による温度差を作り出し、その結果風が起こるからこそ作動する。潮汐発電施設だけは、エネルギーを月から引き出しており、また、原子力発電所は、ブラックホールや中性子星の誕生と共に宇宙で生み出される元素からエネルギーを引き出す。それでもやはり、そもそもこれらの元素が私たちのところにやってきたのは、ひとえに太陽の重力のおかげだ。しかし、太陽、月、恒星、そして元素が持っているエネルギーはどれも、ビッグバンが究極の源だ。ビッグバンは、宇宙の究極のエネルギー源なのである。

　太陽は、抽象的な思考が可能な二足歩行動物に至る、我々の進化を加速させた。太陽からやってくる宇宙線は、地球に降り注ぎ、生物細胞の突然変異の発生率を上げている。これらの細胞がさらに発達できたことも、進化が進んだことも、小型哺乳動物からヒトが進化したことも、すべては太陽のおかげだ。私たちは、ある意味、宇宙の突然変異体《ミュータント》だ。しかし、突然変異率が高まれば、がん細胞も生じ、それに伴って、死と衰弱ももたらされる。人間としての私たちの存在は、苦難の末に、深い苦しみという代償を払って獲得されたものである。だが、これらの潜在的危険性をはらむ遺伝子の変化がなければ、私たちはまだ単細胞生物だっただろう。

　ほかの、もっと荒々しい恒星に比べれば、太陽はかなり穏やかで、特に大きくもなく、特に素晴らしくもなく、非常に活動的というわけでもなく、恒星としてはごく普通である[2]。誕生してから四六億年で、壮年期にある。その総質量からすると、太陽のコアの核融合炉は弱火で稼働中だといえる。単位体積当たりのエネルギー産出量は、人間の代謝よりもかなり低い。人体は常にフル稼働している優秀なマシンなのだ。私たち全員ができる限り密になって立てば、それは小さな恒星になるだろう[3]。

　しかし、その大きさのおかげで、太陽は、何よりも明るく輝く。太陽と同じだけのエネルギーを生み出すには、世界人口がほとんど一〇〇〇兆倍にならなければならない。

太陽は、いわば自らを燃やしている。水素を融合してヘリウムを作る過程で、物質がエネルギーに変換される。その結果、太陽は毎秒四〇億キログラムずつ軽くなる。膨大な量のエネルギーを放出するわりには、それに使う質量は、太陽の全質量のうちのごくわずかで、非常に効率的である。これまでに人間が作った機械で、これほどわずかな燃料で、これほど多くのエネルギーを生み出すことのできるものはない。もしも人体が太陽と同じぐらい効率的で経済的だったなら、人間一人あたりが生涯に必要とする食料は〇・五グラム以下だっただろう。しかし、広い宇宙では、質量をエネルギーに変える効率に関しては、恒星よりもブラックホールのほうがはるかに優れている。

とはいえ、この一連の話には、ちょっと悲しい知らせが伴っている。いつかは太陽の燃料タンクも空っぽになるのだ。燃料補給という選択肢はない。太陽の炎は燃え尽き、それと共に、地球上の生命も消滅する――それまで生物が生きながらえていればの話だが。しかし、そこまでの道はまだまだ長い。現在の予測では、太陽はさらに五、六〇億年は存続するという。それだけの時間があれば、私たちはソーラーパネルにもっと投資できる!

天空の神々：惑星軌道の謎

太陽をあとにし、その周囲を公転する惑星たちに目を向けるとすぐに、私たちが使う距離の単位は、光分から光時に変わる。この惑星たちのあいだにこそ、私たちが重力を理解し、近代的な世界観を獲得することを可能にした手がかりがある。人間が作った宇宙船は、これらの惑星に何機も到達し、その少し先まで進んだ。太陽系の外側については、私たちは望遠鏡で観察するほかない。

太陽に最も近い惑星、水星は、太陽から約六〇〇〇万キロメートルしか離れていないが、最も遠い惑星、海王星は、四五億キロメートル、すなわち、四光時も離れた軌道を公転している。海王星は一六五地球年（地球年は、地球の公転に基づく一年）かけて太陽の周囲を一周する。何千年ものあいだ、私たちの祖先は惑星を観察し、それらが規則的だが不規則な運動をしていることに驚嘆した。恒星は天空上の位置が決まっており、その下で私たちが回転している一方で、惑星は、恒星たちのあいだをさまよっているようだった。この振る舞いから惑星という名がついた。「惑星（planet）」は、「さまよう人」というギリシア語から来ている。

私たちに見える空では、すべての惑星と、太陽と月が、同じ一本の細長い帯のなかを動いている。この、目には見えない空の帯を、日本語では太陽の通り道という意味で黄道、英語ではecliptic と呼ぶ。英語の名称の語源は、「消える、もしくは、現れない。あるいは、暗闇」を意味するギリシア語だ。この語源からわかるように、ecliptic は日食に関連している。月が黄道を横切るときにのみ日食が起こることに古代の人々が気づいたのである。

黄道が存在するのは、すべての惑星が同じ平面上で太陽の周りを公転しているからだ。つまり、太陽とその惑星は、天文学的なスケールの一枚の仮想的な円盤をなしているのである。地球の軌道そのものもこの円盤の一部であり、私たちもその内部に位置している。黄道が、天空の細い帯のように見えるのは、そのためである。昔のビニール盤のレコードを横から見たときと同じだ。太陽からの距離が地球より近い惑星はどれも、地球よりも速く公転している。これらの惑星は、太陽から及ぶ引力が地球よりもはるかに強いので、それに釣り合うだけの遠心力を得るには、公転の速度を上げなければならないのである。太陽に近づけば近づくほど、より強い引力を受ける。太陽からの距離が地球よりも遠い惑星が、地球よりもゆっくり公転するのも、そのような距離では引力が弱いからだ。もしもこれらの惑星がもっと速く公転したなら、公転軌道から飛び出してしまうだろう。

地球にいる私たちの視点から観察すると、惑星は、天空に固定されている恒星に比べて、奇妙な経路で動いているように見える。じつのところ惑星は、陸上競技場でトラックを走っている選手のようなものなのだ。地球もその一人になる。外側のコースの選手たちは、より長い距離を走る必要があり、しかも、かなり遅い。水星と金星は、内側のコースを走っているトップクラスの走者にたとえられる。水星と金星は特に公転速度が速く、常に太陽の近くにいる。だから水星と金星は、朝と夕方にしか見られないのだ——金星は、宵の明星、明けの明星として最も頻繁に目撃される。大きな惑星たちは、外周を走る、遅い週末ジョガーのようなものだ。地球はこれらの惑星をしょっちゅう追い越している。私たちの視点から外惑星を観察すると、地球がその外惑星を追い越して、太陽系のトラックの反対側に行ってしまうまでのあいだ、外惑星は逆行しているように見える。反対側に地球が到達すると、その時点から、私たちは見かけ上惑星に向かって進む。自分が静止していると思っていれば、地球上の人間からは、惑星が突然進行方向を変えたように見えるわけだ。

人類がこのことを見出すのに数千年かかってしまった。肉眼で観察できる惑星である、水星、金星、火星、木星、土星の経路は、何千年ものあいだ謎であった。これらの惑星がさまざまな宗教に影響を及ぼし、今とは全く異なる世界観に寄与したのも不思議ではない。

これらの天体現象の原因が理解される以前は、天文学は今とはまるで違った目的に使われていた。ほとんどすべての宗教で、信者たちは恒星や天体を崇拝していた。恒星は日常生活と一年の周期に秩序を与えたので、それは当然のことだった。太陽は昼間を支配し、日の出と日没の位置は、年と季節の進行を示した。月の満ち欠けは、一ヵ月の推移を知る基準を与え、それは、理由はわからないが、女性の体の変化の周期にほぼ対応している。太陽と月は、子どもを授かる能力と、人間の幸不幸を支配しているように思われた。だとすれば、このような聖なる力を持つ存在を人間が賛美しないわけがなかった。

天文学の起源

天空の研究に関連する人工遺物として最も古いものとしては、数万年前のものが発見されている(4)。天空の観察者たちは、昼と夜、そして、一年のさまざまな時期が、交互に、あるいは、順番に訪れることに気づくと、暦を作成した。始めのうちは、月の周期を使って、時の経過を印付けた。やがて、この暦は、太陽の経路と組み合わされた。このことを物語る古代ヨーロッパの人工遺物の一つが、名高いネブラ・ディスクだ。この、三七〇〇年以上昔の青銅の円盤は、天空を具体的に表現した最古の人工物だと考えられている[5]。

人類は、この鋭い洞察を、農業や海上航行に利用してきた。昔の航海では、予測したうえで敢えておかす危険も、予期せぬ偶発的な危険も、非常に大きかった。現在では航法衛星があるが、それに使われる座標は、突き詰めていくと結局、今なお天体観測に依存している。ただし今のシステムは恒星ではなく、遠方のブラックホールの電波放射を観測する――今ではブラックホールが宇宙の標識となっているのだ[6]。

紀元前三〇〇〇年紀、のちにメソポタミアのバビロンとなったあたりの学識ある聖職者たちは、月と惑星の位置を常に記録していた。月は、祝日がいつかを決める暦を作るのに使われたが、それは収穫と徴税の周期を決める手段にもなった。公式な一ヵ月は三〇日、一年は三六〇日と定められた――今より五日短いが、その分はうるう日を作って埋め合わされた。彼らの数記法は、今の一〇進法ではなく六〇進法だった。今も一日を二四時間に、円を三六〇度に分割するのは、バビロニア人の慣習がそのまま続いているからかもしれない。

楔形文字が発明されたことにより、天文情報を、観測時期に無関係に比較できるようになった。やがて、紀元前一〇〇〇年紀ごろには、高度に組織化された観測体制が登場し、数学も飛躍的に進歩した。チグリス川とユーフラテス川にはさまれた地域では、天空の動きを観測し計算することだけに専念する学者集団が多数働いていた。数千枚の粘土板が楔形文字で覆われていった。こうなると、何世代にもわたって起こったさまざまな天文事象を解析することができるようになった。個人の限られた記憶のなかの天文事象だけしか解析できなかったのとはわけが違う。こうして、データを注意深く収集し、保管し、解析するという慣習が始まった。主に宗教的な目的に使われた可能性が高いとしても、すでに科学的なものであったと言えるだろう。

メソポタミアの人々にとって、宇宙は秩序あるものだったが、その一方で神々の意思にも支配されていた。神々の意図は、たとえば惑星たちの様相などの前兆から解釈できるとされていた(7)。天空の観測者たちが惑星の運行を予測できるようになると、彼らはこの知識を使って未来を予測しようとした。支配者たちは、大事業着手の最善の時期を決めるために、自らのホロスコープを作らせた。

新たな算術の登場と、惑星の動きが予測可能になったことが、人々に非常に大きな影響を与えたことは容易に想像できる。これらの進歩はおそらく、運命そのものも特定できるはずだという考え方をもたらしたのだろう。このような起源を持つバビロニアの占星術はその後多くの文化に影響を及ぼす。聖書においても、「東方の三博士」が、古代オリエント地方の占星術師たちの文学的記念碑となっている(8)。結局占星術は誤った仮定に基づいているのだとわかるまでに何千年もかかってしまった。いくつかの天体の運行は予測できても、人生を予測することはできない。

エジプトでは、時間のリズムは、上流から肥沃なシルト(沈泥)を運んでくる、ナイル川の氾濫によって決められた。エジプトの人々にとって、天空の変化は神話に基づいていた。太陽は、ラーという神の一つの現れであり、毎日生まれ変わり、東の海から昇ってきた。ラーが生きとし生けるものに命を与え、その命を永らえさせていると、人々は考えていた。ラーは空を横切っていき、夕方には西に沈んで死に、翌朝再び生まれ出た。それは永遠に続くサイクルだった。

天と地は地平線で接した。当時生きていた人間は、空を見上げ、自分の周囲を見回して、自分は宇宙の中心にある、この地の上に生きているという感覚で満たされたに違いない。そのころは、地球は平らだという考え方が広まっており、それは、人間中心的な生命観と一致していた。古代エジプト人たちは、上側に一つの世界、下側に一つの世界がある宇宙を信じていた。神々はいたるところに存在しており、世界の体系全体が安定で均衡が取れた状態にあることを確実にしていた。地の神ゲブは、常に下の世界にいた。上の世界は、すべての星の母である、空の女神ヌトが支配していた。地と空のあいだは、空気と光の神シューの領域だった。彼は空を持ち上げ、何も地に落ちてこないようにしていた。

古代バビロニアの人々は、大地は周囲を海に囲まれており、その海に円盤状に浮かんでいると考えていた。神々は天空に住んでおり、星たちの運行を決めていた。空は釣鐘のような形で、大地を覆っていた。この世界観は古代世界を通して影響を及ぼし続け、当時の科学にも沿っていた。

古代ギリシア人たちも、上側の世界と、地下にある黄泉の国という二つの世界の存在を信じていた。彼らは天体観測の取り組みを強化し、数学、とりわけ幾何学に没頭し、バビロニアの天体観測とエジプトの幾何学を結びつけた。早くも紀元前六世紀には、ピタゴラスなどのギリシアの思想家たちは、地球は球形をしているはずだと気づいた。プラトン（紀元前四二八年または四二七年生まれ）も著書のなかで地球が球形であることに触れている。

古代の科学の成果で、今日まで私たちを感服させ続けているものは多いが、その一つが紀元前二〇〇年ごろにキュレネのエラトステネスが行った地球の周の長さの測定だ。彼は、エジプトの、南北に離れた二つの都市で、夏至の日、ちょうど真昼に、鉛直に立てた棒が作る影の角度を測定した。一方の都市では、太陽は真上にあったので、影はできなかった。だが、もう一方の都市では、棒には影ができた。影の角度から、そこでは地面が、第一の都市に比べさらに七度傾斜していることがわかった。エラトステネスは以前にこの二つの都市のあいだの距離を正確に測定しており、また、今回の測定で影の角度がわかったので、これらの測定値を使って、地球の大きさをかなり正確に計算することができた。これは、当時としては驚くべき快挙だった。地球は球形をしているという知識は、ヨーロッパでは中世から近世にまで継承され、大学でも教えられていた(9)。クリストファー・コロンブスの時代の学のある人々は地球は平らだと信じていたというのは、誤った通念である。今日の人々が中世を暗黒時代としきりと呼びたがることと同じように(10)。

しかし、当時、支配者にしろ庶民にしろ、地球は宇宙の中心にはないと説得することは不可能だっただろう。人間が思考し始めたとき以来、宇宙は神々と惑星たちの住処だった。バビロニアの人々が一週間を七日としたのも、肉眼で見える天体が七個だったからだ。太陽、月、そして最も近い五つの惑星である。ローマ人たちは、自分たちの神々にちなんで、惑星の名前を付け直した。マーキュリー、ヴィーナス、マーズ、ジュピター、サターンという惑星名はすべてローマ神話の神の名前からきている。ヨーロッパの諸言語の曜日の名称は、これらの神の名前から派生したものだ――どの程度神の名に基づいているかはそれぞれの言語による。[11]

ギリシアの思想家たちは、私たちの宇宙観に長いあいだ影響を及ぼし続けたが、それは、アリストテレス（紀元前三八四年生まれ）のほとんど圧倒的な権威に負うところが大きい。彼は、古代に始まり西暦紀元に入ってからもかなりのあいだ、最高の哲学者と考えられていた。彼の影響は非常に大きく、それ以外の考え方はすべて論外に思われるほどだった。アリストテレスは天文学者ではなく、その宇宙モデルは比較的単純だった。だが、彼の死後、ヒッパルコス（紀元前一九〇年生まれ）や、トレミーとも呼ばれるクラウディオス・プトレマイオス（西暦一〇〇年生まれ）などの古代世界の重要な天文学者たちが、それを拡張した。それでもなお、地球は宇宙の中心であり続けた。天球にあるすべての惑星と恒星は、中心にあるただ一つの点、地球の周囲を回っていた。プトレマイオスは、古代の天文学の知識をすべてまとめて、著書『アルマゲスト』に記した。これは、プトレマイオス体系と呼ばれることになったものを確立した、一三巻からなる包括的な大著である。サモスのアリスタルコス（紀元前三一〇年生まれ）をはじめ、個々の学者は、地球ではなく太陽が宇宙の中心にある太陽中心モデルを信じたが、結局のところ地球中心モデルが勝利した。

新しいモデル

今日では信じがたいが、この宇宙観は約一五〇〇年にわたって続いた。この考え方は、キリスト教ヨーロッパ世界と同様、古代中国、インド、そしてイスラム教－アラブ世界においても、有能な天文学者たちに好意的に受け入れられていた――ニコラウス・コペルニクスとヨハネス・ケプラーが革命的な変化をもたらすまでは。神学者たちは、数学に精通するにつれて、もはや古代の哲学者たちの権威に惑わされないところにまで到達したのだった。

数年前（二〇一二年）、私は北京で開かれた国際天文学連合（IAU）の第二八回総会に出席した。世界中の数千人の天文学者が北京を訪れて一堂に会し、最新の科学研究の結果を議論し、天体の名称などが決議された。この総会では、地元中国の科学史家が中国の天文学の歴史についてレクチャーを行った。中国の天文学者たちは数千年にわたって天空を観測し、古代においてさえ、かなりの財政支援を頼ることができた。そのおかげで、長期間にわたり蓄積された観測データの、素晴らしく大きな宝庫ができあがり、そのデータは今日なお使われている。西暦一一から一二世紀になるまでは、中国の天文学は西洋の天文学よりもはるかに進んでいた。ところが、この科学史家によれば、当時の中国にはコペルニクスやケプラーほどの数学的能力を持った科学者は現れなかった。中国の天文学者たちは、彼らのデータをほとんど使わなかったのである。

「どうしてですか？」と、聴衆の一人が尋ねた。「彼らの世界観のせいだったのかもしれません」

と、講演していた科学史家は推測した。西洋では多くの思想家たちが天空の謎について科学的説明を探し始めていた一方、中国では、超自然的なものが主に注目された。世界は一つの複雑な生命体で、天空には霊魂と神秘的な存在が満ちあふれていた。万物が、あまりに密接にからみあっていた。それは、創造主たる全能の一人の神が、どこか離れたところに存在するという、西洋で広まった考え方とは全く違っていた[13]。中国の天文学者にとっては、何が恒星に運動を始めさせたのかを問うことは意味をなさなかった。一方、西洋においては、古代の多神教的な考え方が、ユダヤ教とキリスト教の一神教的世界観によって次第に強く抑圧されるようになった。占星術のほか、迷信や異教信仰が完全に消滅することは決してなかったのではあるが。

ユダヤ教も、合理的な論証を最大の特徴としている。ユダヤ教の聖書、トーラーの解釈は、激しい議論、綿密な証拠提示、そして論理に基づく議論の連鎖によって行われた。興味深いことに、ほかのさまざまな宗教とは対照的に、ユダヤ教の伝統では、天文学に基づく世界観は、さしたる役割を果たさなかった。確かにこの伝統も、当時のオリエント世界——バビロン、ギリシア、そしてローマ——で知られていた宇宙に関する知識を背景に発展した。しかし、創世記の天地創造の物語では、太陽、月、そして星々は格下げされて、ただの「光」として一括りにされてしまった。旧約聖書の冒頭に登場する、この壮大な物語のなかで、今の私たちの世界が一歩一歩段階的に現れる——聖書の記述はこれを、一日を単位とする七つのセクションに分けている。初めに光があり、次に水と地が分けられ、最後には植物、動物、そして人が現れる。天の「光」は、創造の最初には現れず、ある意味途中で登場したのだ。天の「光」は神ではなかった。ただ天にあって、昼を夜と区別し、時間を与えるためだけのものだった。創世記は、魔術が排除された、極めて合理的な世界を記述している。聖書の世界では、奇跡はかなり例外的なものである。

このように、ユダヤ教とキリスト教の世界観では、自然に関して超自然的なものは何もない。自然にはそれ自体の意思はなく、万物の創造主であり源であって、過去にも、今も、そして未来にも、常に存在している、ただ一人の神によって形作られたものだった。この考え方のなかには、近代科学の重要な基盤がある。すなわち、自然の根底に横たわる一組の原理を信頼していいのだ、ということだ。科学が意味をなすのは、この仮定が存在するときだけである。

確かに、信仰と科学は永遠の葛藤に陥っているという説明を誰もが何度も目にしている。しかし、これは、一九世紀に始まった世俗化の時代が嬉々として広めている作り話だ[14]。現在の歴史家たちは、これよりはるかに微妙な見解を取っている[15]。諸科学は長いあいだ神学の一部で、それ自体独立した学問分野ではなかった。中世の修道院は知識とその拡散の本拠で、大学は教会の後押しによって設立された。重要な科学者の多くが神学の教育を受け、非常に信心深く、教会に仕える仕事に従事していた場合も多かった。とはいえ、すべての分野の科学で、解釈の問題に関しては、教会が最終的な決定権を持っており、一五から一六世紀のあいだには、このことが原因でますます頻繁に対立するようになっていった。ルネサンスと宗教改革が、それ以降長期にわたって人々の心を捉えたのは、この問題があったからだ。ルネサンスと宗教改革は新しい潮流を生み、人々の世界観と、世界のなかにおける個人の役割についての考え方を根底から変えた――革命的に変えたと言ってもいいだろう。

宇宙論における革命は、一五四三年に、ドイツ系ポーランド人の修道士ニコラウス・コペルニクスの、新しい宇宙モデル――もちろん、完全に新しかったわけではない――を論じた大胆な草稿がついに出版されたときに始まった。この新しい本のなかでは、太陽が宇宙の中心にあり、地球は地軸を中心に自転していた。さらに、ほかのすべての惑星と同様、地球も太陽の周囲を公転していた。数学的には、これは説得力があり、その先の発展につながるモデルだったが、困ったことに、このモデルでは、宇宙はそれまでに考えられていたよりもはるかに大きくなければならず、さらに、地球は猛烈な速さで回転しなければならなかった。もしも私たちが本当にそんなに速く回っていたなら、何らかの形でそれが感じられるはずではないだろうか？

この新しいモデルが確立されるまでには、長い時間がかかる。コペルニクスの時代の学識ある人々でさえ――仕えていたのが教会であれ、世俗的支配者であれ――そんなモデルに疑いを抱くのは当然だった。影響力のあるデンマークの天文学者ティコ・ブラーエは、世界を回転させている偉大な謎の力など信じなかった。その一方で、プトレマイオスの宇宙モデルが正確なものではありえないことも彼にはわかっていた。それほど優れた観測者だったブラーエは、重要なデータを残した。ドイツの数学者にして神学者であり、天文学者でもあったヨハネス・ケプラーは、のちにこのデータを使って、名高い惑星の運動法則を導き出した。ブラーエの観測結果を使い、ケプラーは、惑星は太陽の周囲を、円ではなく楕円軌道を描いて公転しており、太陽に近い惑星ほど速く運動していることを発見した。一心になって宇宙のなかに神の美と調和を見出そうとしていたケプラーにとって、自らが導出した方程式がエレガントだったことは、神学的な意味でも満足のいく成果だった——なにしろそれは、設計図を描くように自らの仕事に取り組んでいた、創造主の恒常性と一致していたのだから。

その基盤となったブラーエの観測は、望遠鏡を使わずに行われた天文学の最後の偉大な成果だったと言えよう。望遠鏡は、一七世紀初頭にオランダのミデルブルフ出身の才気あふれるレンズ製作者によって発明された[16]が、当初は海運に利用されていた。やがてガリレオ・ガリレイが、これを星の輝くパドヴァの夜空に向けることを思いついた。一六一〇年に彼が木星の最初の衛星を発見すると、イタリアとヨーロッパ全土で激しい論争が巻き起こった。イタリア人ガリレイは、コペルニクスの宇宙モデルが正しいことを一層強く確信するようになった。なぜなら、木星を周回する衛星が新たに発見されたという事実は、すべての天体が地球の周りを回っているのではないのだと、決定的に示していたからである。

若き科学者ガリレイはたちまちのうちに一段と自信を深めた。カトリック教会の庇護を長く受けてきた彼の説は、最初のうちはイエズス会に好意的に論じられた。だが、野心的なガリレイは自分の著書（訳注：一六二六年の『天文神話』を指すようだ）のなかでケプラーの研究を無視し、惑星の軌道は円形だと信じ続けた。その結果、彼のモデルは、厳密に言って、彼の時代に入手できた最善のデータと合わなくなっていた。信心深いガリレイだったが、彼らしい強気の態度で自らの説を主張するなかで、法王の権威にまで疑問を呈したので、元々はガリレイに好意的だった法王も見過ごすわけにいかなくなった。このころになると、コペルニクスの著作でさえ禁書目録に載せられてしまい、十数ヵ所の修正を施さねば出版できなくなった。一六三二年、ガリレイはローマの異端審問所に召喚され、審問を受けることになる。彼は終身刑の判決を受け、終生自宅に軟禁されることになったが、シエナの大司教から経済的支援を受け続けた。だが、その後彼の著書をイタリアで出版することは困難になり、そのため、ほかのヨーロッパ諸国での出版となった。

ガリレイはコミュニケーションに長け、雄弁で、自分の研究の成果を専門家集団に属さない人々にまで知ってもらうにはどうすればよいかを心得ていた。だが、その一方で、ほかの科学者たちの研究の功績をきちんと認めるのを怠った。現在、ガリレイを巡って多くの伝説や物語が流布しているが、そのなかには厳密な歴史的検討に堪えないものも少なくない。じつのところ、彼の人となりと、彼が生きた時代の両方に、現代人が自分たちの考えを勝手に投影した内容が多々あるのである。(17)

ケプラーとガリレイの死後、この新しい宇宙モデルに対する最後の科学的な反対論が尽きてしまうまでに丸々二〇〇年かかってしまった。しかし、宇宙モデルの見直しは、それよりかなり前から始まっていた。

今日の視点から振り返ると、ヨハネス・ケプラーの業績のほうが、はるかに大きな影響力を持っていたように私には思える。ケプラーは、その人物像からしてガリレイとは正反対だった。優れた数学者だったが、背丈はあまりなく、病気がちで、生涯自己不信にさいなまれ、私生活においても不運続きだった。彼の母は、レオンベルクの町の行政官（ドイツ語でフォークトと呼ばれる地位）に、魔女であるとの罪に問われた。(18)そして、彼の妻が亡くなったときには、新たなパートナーを見つけるのに苦労した――彼は、女性にはあまり恵まれなかった。しかし、彼がまとめあげた三つのケプラーの運動法則は、今日なお、天体力学の基盤をなしている。恒星の質量やダークマターの存在は、このケプラーの法則から導き出されている。今私が自分の講演でブラックホールを説明するときは、まず、太陽の周囲を公転している惑星の運動を支配する三つのケプラーの法則に触れる。ブラックホールの周囲を運動する物質は、それとほとんど全く同じ動きをするからだ――ただし、はるかに速く、だが。

ケプラーの研究を基盤に、イギリスの神学者で博学のアイザック・ニュートン(19)は、五〇年後に古典力学を確立したのみならず、万有引力の法則によって、地球の上、月の軌道、そして太陽の周囲の惑星の運動における重力の働きを説明することに成功する。

ニュートンのモデルでは、重力は普遍的で遠方まで及ぶ力であり、質量を持った物体が、その組成にかかわらず、引力を及ぼすことを保証している。物体どうしが遠く離れるにつれ、重力の影響は弱まるが、完全になくなることは決してない。ニュートンの重力は、宇宙全体に存在するすべての物体に等しく、瞬時に働く――惑星にも、地球に落下するリンゴにも、海の潮汐全般と、特に大きい大潮が、月の働きによって起こることも、重力で説明できるようになった。ニュートンによって、太陽系のほぼすべてに説明がつくようになった。だが、あくまでも「ほぼ」すべてでしかなかった。

金星《ヴィーナス》、愛の女神にして宇宙の物差し

宇宙の大きさと、地球とさまざまな恒星との距離は、天空の研究における根本的かつ積年の未解決問題だった。地球が太陽の周りを公転しているなら、恒星の位置が天空のなかで変化するはずではないだろうか?

このような恒星の位置の見かけ上の変化を視差と呼ぶが、視差は互いに遠く離れた二つの点から同じ恒星を観測した際に生じる。誰でも簡単に自分で実験して、この効果を実感することができる。片腕を自分の前にまっすぐ伸ばし、親指を立てて、まず片目を閉じてその親指を見、次に閉じる目を代えて同じ親指を見ればいい。このように、ほんの少し違う二つの視点から親指を見るだけで、まるで親指が動いているかのように感じられる。この実験で、親指をだんだん自分に近づけていくと、見かけ上の動きはどんどん大きくなる。離れた物体を左右それぞれの目で見ることによって、私たちは視差から奥行を感じ取り、その物体との距離を見積もることができるのである。

そのような小さな尺度において私たちの目に当てはまることは、地球が太陽を公転する軌道という大きな尺度でも成り立つ。もしも私が、ある恒星の位置を夏に測定し、その後冬に測定したなら、地球は夏には太陽の右側に離れたところにあり、次に冬には太陽の左側に離れたところに移動している。そして恒星も、それがどれだけ遠方にあるかによって、左から右に移動したり、その逆向きに移動したりするだろう。しかし、一七世紀当時、そのような変化を観測した者は誰もいなかった。ケプラーとコペルニクスのモデルが正確ではなかったか、あるいは、恒星たちが極めて遠くにあって、視差がごくわずかで、ほとんど気づかないほど小さかったかのいずれかだったのだ。恒星たちがどれくらいの距離にあるのか、そして、観測可能な宇宙の大きさはどれくらいなのかは、地球と太陽の正確な距離を突き止めないことにはわからなかった。この距離を特定することは、天文学最大の難問の一つとなった。これに取り組むには、世界中の天文学者の協力が必要だった――それはこの取り組みが国際競争だということでもあったのだが。

彼らのターゲットは金星であった。英語ではヴィーナスだが、これはローマ神話の愛と美の女神にちなむ名だ。実際には、私たちの隣の惑星である金星は、非常に高温で、さして魅力的ではない。金星を取り巻いている濃厚な温室効果ガスの圧力で、金星に降り立とうものなら、押しつぶされるだろう。金星の表面の圧力は、地球では九〇〇メートル以上の深さの水中で受ける圧力に相当する。おまけにオーブンのなかよりも熱い。

だが金星は、近代天文学に計り知れない貢献をした。金星のおかげで、太陽と地球の距離を正確に測定することができ、この距離が天文単位（ａｕ）として使われるようになった。さらに、それと共に、太陽系の大きさと、宇宙全体の大きさも判明した。そのために研究者たちに必要だったのが、金星の太陽面通過と呼ばれる現象である。これは、金星が太陽の直前を横切る、ごく短時間の現象で、要は日食と同じことなのだが、太陽に対する金星の大きさが月の場合よりもはるかに小さいため、天文学の訓練を受けた人が望遠鏡を使わないと観測できない。

月は地球に非常に近いので、太陽をほぼ完全に覆い隠してしまうことも多いのだが、金星ははるかに遠いため、太陽を隠すことはできない。金色に輝く太陽の前を金星が数時間かけて通過するときは、ほとんど気づかないほどの小さな点が確認できるだけだ。人類は長いあいだ、地球より内側の軌道にある惑星（水星と金星）がこのような現象を起こすことに気づきさえしなかった。

ヨハネス・ケプラーは、早くも一七世紀に、金星と水星が太陽面通過の現象を起こすことを予測した。だが彼は、自分の予測が正しかったことを自分自身で確かめるまで生きることはできなかった。ケプラーは、次の金星の太陽面通過が一六三一年に起こる前に亡くなってしまったのだった。

金星の影が太陽の表面を横切る経路は、地球のどこから観測しているのかと、太陽までの距離によって決まる。地球の南に行くほど、影は上のほうを通過する。その理由は、金星を見る角度が変わるからだ。金星が太陽を横切るのにかかる時間を、地球上のさまざまな地点で測定することによって、ケプラーの法則を使い、太陽と地球の距離を計算することが可能になる――素晴らしい手法だ。ただし、一つだけ問題がある。金星の太陽面通過は、めったに起こらない天文現象なのである。その最大の理由は、金星と地球の軌道が、ほんの少し、互いに傾斜していることにある。たとえ地球から見たときに金星が太陽と同じ方向にあったとしても、金星は太陽の円盤のはるか上側や下側を通ってしまうかもしれないのだ。金星の太陽面通過は二四三年間に四回ずつしか起こらない。そして、起こるときには二回が一組になって続いて起こる。最近では、二〇〇四年と二〇一二年に起こっており、その前は一八七四年と一八八二年だった。

すべての条件が整っていたとしても、さらにどんな状況になっても、科学者たちは金星の通過を絶対見逃してはならなかった。そして、数ヵ国から参加した天文学者たちが、何度も何度も、可能なあらゆる角度から金星の経路を追いかけた。ある意味彼らは、私たちが取り組んでいるブラックホール観測遠征隊の先駆けである。当時、そのような事業は決して容易ではなかった。まだ出発もしないうちに、もう失敗してしまったも同然の目にあったメンバーたちもいた。たとえばイギリスでは、エレミア・ホロックスが一六三九年一二月四日の太陽面通過を危うく見逃すところだった。始めのうち彼は、太陽に向けた望遠鏡の傍で待機していた。金星はまだ現れなかったので、ホロックスはその場を離れた。おそらく教会の礼拝に出席するために外出したのだろうと推測されている。彼が戻ってきたときは、きわどいところだった。太陽面通過はとっくに始まっており、金星が太陽の前に見えていたのだ。ホロックスは、太陽面通過の全体像については推測するほかなかった。

科学者たちは、一七六一年と一七六九年に起こる次の太陽面通過をもっと詳細に観測したいと考えたので、世界の数ヵ所に遠征隊を派遣して観測を行うことにした。しかし、このときもまた、事は容易には進まなかった。最も劇的な失敗を経験したのがギョーム・ル・ジャンティだ。彼はインドから太陽面通過を観測しようとした。彼の船が、インド南東部の目的地、ポンディシェリに到着したときは、イギリスが一連の軍事作戦で、まさにこの町を占領したところだった。フランス人だったル・ジャンティは上陸することができず、観測を船上で行わざるを得なくなった。しかし、海上で上下左右に揺れている木製の船の上は、正確な天文学的観測には向かず、観測結果は使い物にならなかった。ル・ジャンティは、祖国には帰らずに八年後の次の太陽面通過を待つことにしたが、いざその日がやってくると、空は一面雲に覆われてしまった。必要なときに天候に自分の味方になってもらうことも、天文学の重要な一部なのだ。誰もがそれほど幸運なわけではない。長い年月を異国で過ごしたル・ジャンティがついに帰国の途につこうとしたとき、彼は病に倒れ、赤痢でほとんど命を失いかけた。ようやくフランスに戻ったものの、家族は彼のことをとうの昔に死んだものと決めつけて、財産をすべて相続人のあいだで分けてしまっていた。フランス科学アカデミーの会員の座も、他人のものになっていた。

それでも科学者コミュニティーは、最終的には、地球と太陽の距離として、そこそこ使える観測結果を得ることができた。当時、天文単位として定められた値は、今日の確立した値、149,597,870,700メートルから約一・五パーセントしかずれていない。

ドイツの天文学者フリードリヒ・ベッセルが、視差と天文単位の助けを借りて、はくちょう座六一番星という恒星の正確な距離を初めて特定したのは、ようやく一八三八年になってのことだった。ベッセルが六ヵ月かけて観測したこの恒星の視差は、極めて小さな〇・三秒角という値だった。これは、髪の毛の太さを五〇メートルの距離から見た角度に等しい。こうして、単純な三角法と天文単位を使えば、彼は地球からこの恒星までの距離を特定できることになったわけだ。その距離は一〇〇兆キロメートル、すなわち、一一・四光年であった。ベッセルは、自分が観測した恒星の光は、一〇年以上をかけて地球までやってきたことに気づき、仰天した。この観測によって、地動説の宇宙観への当初からの科学的な異議の最後の一つが排除されたのだった。

天文学で使われる距離のほぼすべてが視差から導き出されるので、天文学者たちは、視差に敬意を払って、特別な長さの単位を作り上げた。それが「パーセク」だ。パーセクという名称は、「視差」と「秒」を意味する英語の単語を組み合わせた「パララックス・セカンド」の略である。一パーセクとは、その距離にある恒星の視差が一秒角になるような距離である。一パーセクは、約三・二六光年に当たる。おわかりのように、パーセクは時間の単位ではない。映画『スター・ウォーズ』シリーズのなかには、パーセクを時間の単位かのように扱っているものがあるが[20]、パーセクは長さの単位である。

私たちに最も近い恒星は、プロキシマ・ケンタウリだ。その距離は、四・二光年、すなわち一・三パーセクである。したがって、太陽から一パーセク以内のところに恒星は全く存在しない。現在、欧州宇宙機関のガイア探査機のおかげで、私たちの銀河系のなかの二〇億個近い恒星の視差を測定することができる。数千光年離れた恒星まで測定できるのだ。さらに、電波望遠鏡の地球規模のネットワークによって、銀河系の反対側にある、最遠で六万光年以上離れた数個の恒星とガス雲の影響を観測することができるようになっている[21]。

現代の人工衛星が、まるで夢遊する人のように易々と太陽系の端から端まで飛行し、天文学者が宇宙そのものの大きさを測定しているのは確かだが、これらの成功はやはり、一七、一八、そして一九世紀に行われた、天文観測遠征のおかげである。このような初期の遠征では、最初期の望遠鏡と、いくつかの大胆な考え方だけを手に、天文学者たちが太陽系を探索した。たった一人で取り組んだ天文学者などいなかった。天空は私たち全員のもので、それを研究するには、世界全体が必要になることも多い。国際協力と国際競争は常に、天文学の本質そのものの一部だった。聖書の時代のオリエント地域の最初の占星術師たちに始まり、太陽系の研究や、金星の太陽面通過を観測するための遠征から、重力波の検出やブラックホールの電波信号画像の作成の試みに至るまで、天文学者たちは世界へと、そして宇宙へと、繰り返し出発した。互いに手を取り合い、あるいは競い合い、宇宙の大きさを測るという目標を目指して。

第 2 部

宇宙の謎

私たちが今日知っているところの宇宙を、
そして、近代天文学と電波天文学の歴史を、巡る旅：
相対性理論が引き起こした革命、
恒星やブラックホールの誕生、
クェーサーの謎、膨張する宇宙、
ビッグバンの発見

第3章　アインシュタインが一番楽しんだアイデア

光と時間

太陽は、私たちの空で最も明るい天体で、太陽系の大きさは天文学と宇宙にとって基本的な単位である。太陽系のなかで距離を測るとき、私たちは光の単位を使う。月までは光秒、太陽までは光分、そして、遠方の外惑星までは光時で測る。だが、私たちは日常生活でも、そうとは気づかぬままに、ありとあらゆるものの距離を光で測っている。一九六〇年までは、長さの単位はすべて、国際メートル原器によって定められていた。この原器は、白金イリジウム合金の棒で、パリに保管されて、長さの標準として使われてきた。国際メートル原器は、パリを通る子午線の、北極から赤道までを実測した、地球の周の四分の一の長さの、一〇〇〇万分の一に等しい。イギリス人たちが、なかなかメートル法を採用しようとしなかったのも無理もない。今日では、メートルは光速に基づいており、真空中を光が 1/299,792,458 秒間に進む距離として定義されている。

いったいなぜ、こんなにすっきりしない値なのだろう？　なぜかというと、これで国際メートル原器の長さと正確に一致するからだ。だが、この定義はもはや国の威信などとは結びついていない。メートル法の物差しを使う人は皆、じつは光の単位で測定しているのである。

光は電磁場の振動からなるので、光を時計としても使うことができる。光は、まさしく事物の基本的な尺度となった。このことは極めて深い意味で真実である。アインシュタインは、私たちがどんなに速く運動していたとしても常に同じ速度で進んでいるのだとしたら、それは何を意味するのだろうかと自問した。このときの彼の思考は、空間と時間は不変で絶対的であるという私たちの認識のすべてを転覆させることになる。

だが、いったいどうして光は常に同じ速度で進むことができるのだろう？　猛スピードで走るスポーツカーのなかで這っているアリは、アスファルトの上を歩いているだけのアリよりも速く進んでいる。スポーツカーの速度がアリの速度に加わるのだから。光の場合も、これと同じはずではないだろうか？　そうではないのだ。なぜなら、光はアリでも、自動車でも、フットボールでも、ロケットでもないからだ。光は純粋なエネルギーで、慣性質量がゼロである。物質が加速するのは、力とエネルギーを加えられるときだけだ。しかし、軽いものほど容易に加速される。自動車よりもアリを加速するほうが容易い。光は極めて「軽い」（質量はゼロ）ので、外から押す必要もない。光はそれ自体で進みだす。光が真空のなかで、常に最高の速度、すなわち光速——ほぼきっちり時速一〇億キロメートル——で運動するのはそのためだ。

光よりも小さな慣性質量を持つものは存在しないので、光より速く運動できるものは何もない。

重力の変化や、その結果生じた重力波さえも、光速でしかありえない。光の速度として始まったものは、今や実際には因果関係の速さとなった。ここで私たちが「光」と言うとき、そこにはしばしば、光に似た情報を質量のない波動として伝える、別のプロセスが暗に含まれている。

そうはいっても、光に対して運動するとき、何かが変化するはずではないだろうか？　そのとおり、時間と空間が変化するのだ、とアインシュタインは言った。だが、空間と時間は、ほかのすべてのものから独立して存在しているのではないだろうか？　それは違う、というのが私の意見だ。エネルギーや物質とは違い、空間と時間は世界を記述するために使われる抽象的な量にすぎない。空間や時間に触れることはできない。つまるところ、空間と時間は、観測されたときにのみ物理的実在となる[1]のであり、この観測は、突き詰めれば常に、光または光に似た波動を使って行われる。宇宙空間と地球上における実在の尺度は光である。光はただ観測に使われるだけではなく、空間と時間を定義する。

聖書の創造物語において、ほかの何よりも先に現れたのは光だった——光と共に第一の日が訪れた。私たちが今日語る科学的な創造物語でも、光は時間が始まるときに存在している——そして、宇宙の始まりには一つの火の玉、光と物質のビッグバンがあった。

しかし、どうして光はそれほど根本的なのだろう？　なにしろ、宇宙は物質からもできている——光ばかりじゃない！　だが、さらに深く探っていくと、最も深いレベルでは、じつはすべては光とエネルギーなのだとわかるのである。アインシュタインの有名な方程式、

$$E=mc^2$$

によれば、エネルギー（E）は質量（m）かける光速（c）の二乗に等しい。すべての質量は、同時にエネルギーでもある。すべてのエネルギーもまた質量である。理論では、この方程式には変形版がもう一つある。次の式だ。

$$E=h\nu$$

ここで、ギリシア文字ν（「ニュー」）は、光の振動数を、hは、光をエネルギーに変換するプランク定数を意味する。こちらの式は、ドイツの物理学者マックス・プランクが創始者である量子力学のなかで、最もシンプルな方程式である。たとえば原子のレベルなどの、最も小さな尺度では、光の形のエネルギーは、ある単位のエネルギーとしてしか、放出されたり吸収されたりすることができない。このエネルギー単位を量子と呼ぶ。

したがって、光はエネルギーだ。振動数が高いほど、エネルギーも高い。物質と光は、どちらもエネルギーの形式であり、互いに相手に変換することができる。

アインシュタインはさらに、高いエネルギーレベルにおいては、光がときどき粒子のように振る舞うことを発見したが、おかげで事態は一層ややこしくなった。このような場合私たちは、光を「光子」と呼ぶ。光子は波束で、その内側では光が振動を続けているが、光子としては光の小包のように空間のなかをヒュッと飛んでいるのである。

したがって、ニュートンとマクスウェルはどちらも正しかったのだ。光は、粒子であると同時に、波動でもある——どちらとして現れるかは、見る人が何を求めているかによる。答えが問いによって決定される。今私たちは、この「波動-粒子」の二元性が、最も小さな物質の成分にも当てはまることを知っている。さらに、物質も、その極小の形においては、波動として振る舞うこともある。

日常生活で出会うさまざまな力も、光を介して伝わっている。原子や分子を一体に保っているのは、量子力学と電磁力だが、それらはすなわち、エネルギー場である。そして光もエネルギー場からなる。量子論では、これらの力はすべて、仮想粒子の交換によって媒介される。私たちが互いに触れ合うときや、釘をハンマーで打つとき、その相互作用も、最も微小なレベルでは、電磁力によってやり取りされる。音波は、空気が圧縮され、圧力波が空気中を伝わるときに生じる。しかし、空気の分子どうしがぶつかり合うとき、分子と分子のあいだで、極々小さい仮想的な光の粒子が交換される。私たちが感知、観測、知覚、あるいは交換するもののすべては、究極的には光の性質の影響を受けている。最も小さな原子のレベルにおいて、私たちの感覚はすべて、光の交換に依存している。視覚のみならず、触覚、嗅覚、味覚までも。それはまた、光速よりも速く私たちのもとに情報が伝わることが決してない理由でもある。

このように、私たちは常に光によって観測している——そして、私が観測できるものだけが、私にとって存在する。これが真である限り、光のない宇宙は全く存在しない。空間と時間、物質

と知覚――これらはすべて、光なしには本質的に無である。(2)

実在の定義に観測が重要であるという洞察は、二〇世紀の物理学全体に浸透していた。それは――今日においてさえ――思考の急激な転換そのものであり、相対性理論と量子力学の両方にとって要《かなめ》だ。なぜなら、量子力学でも相対性理論と同じく、「私が何かを観測するときにのみ、それは実在になる」と言えるからである。それ以外のものはすべて、解釈であり、解釈は、観測とは本当のところ何を意味するのかという問題と並んで、激しい議論の的であり、特に量子力学においてはそうである。(3) 観測は、そのなかで粒子どうしがエネルギーと光を互いに交換する一連のプロセスを常に伴う。この考え方によって、「見る」という行為に全く新しい方法が生まれる。量子力学では、一個の粒子は、ある確率の範囲内で、同時に至るところに存在することができる――ただし、観測されるまでは、だが。暗闇の虚空では、あらゆることが可能だ――誰かがそこを光で照らすまでは。観測とは、たとえば、量子プロセスに光を当てるようなものだ。私たちは、原子以下の領域の研究を行っているのだから、粒子を観測しようとすることは常に、それらの粒子に影響を与えるということである。光子によってそれらの粒子を変化させ、釘付けにする（状態を特定する）ということである。観測は実在をただ定義するだけではなく、それを変えてしまう。

エルヴィン・シュレーディンガーは、このことを有名なパラドックスとして記述した。彼は、一匹の猫が量子猫殺し装置と共に閉じた箱に入っているところを想像した。誰かがふたを開けて箱のなかを見ない限り、猫は同時に二つのものだと考えられる。すなわち、死んでいる状態と生きている状態の二つだ。確かに、シュレーディンガーのこの思考実験は少し誤解を招きやすい。箱のなかの猫は、一つの孤立した量子物体ではないのだから。猫を形成する粒子たちは、常に仮想光子を互いに、あるいは、床や空気と交換しあっている。このように、猫はすでに継続的に観測され、あるいは、自らを観測している――そして、このことにより、猫はその状態を特定されている。(4) それは、ふたを開けた瞬間にだけ起こるのではない。だがもちろん、これは思考実験でしかない。そして、今日では、可愛そうな猫を箱のなかに入れっぱなしにして死なせてしまう人は、たとえ話だけだとしても誰もいないことは言うまでもない。そんなことをしたら動物愛護運動家とのあいだにありとあらゆるトラブルが起こるだろうし、それは当然のことである。

実在する猫は、生きているか、あるいは死んでいるかのどちらかであり、その両方ではない。だが、もしもその猫が、からっぽの空間のなかの一個の電子で、ほかの物質からは遠く離れていたとしたら、「同時に複数の状態である」という主張は論理的に正しくなる。その電子は、ここか、あそこかに存在するのではなく、ある確率で――しばしば、ほとんどゼロに近いくらい小さい確率で――空間のあらゆる場所に同時に存在しているはずだ。この電子の猫が一本の光線で照射されるときにのみ、その光線が電子猫をある特定の場所に固定する――そしてまさにこの瞬間、電子猫は、あらゆる場所に同時に存在することをやめる。電子は、二つのドアを同時に通過できる。ただし、一方のドアの前に光センサーを設置し、電子の通過を観測できるようにすると、電子は一方のドアだけを通過するようになる。

ここでもまた、光が持つ驚異的な独特の重要性が見て取れる。光は実在を創造する――なぜなら、光は情報を伝えるのだから。空間と時間でさえも、光と物質に起源がある。空間と時間は抽象的な概念で、私が時間の経過を追跡したり、空間を計量したりするために取る行為のなかで実在となる。時計がなければ時間は存在しない。物差しがなければ空間は存在しない。時空を観測するための最も基本的なツールが光だ。空間は、その観測可能性を通してのみ物理的な性質を帯び、私たちはそれをモデルや表現を使って記述する。

しかし、もしも光がすべての観測者に対して常に同じ速度で運動するなら、観測者にとって、何かほかのものが変化しなければならない。その変化するものが、空間と時間なのだ。アルベルト・アインシュタインはこれを単純な思考実験で示すことに成功し、そこから、空間と時間は、ニュートンが考えたような、変わることなく存在する絶対的な量ではない――空間と時間は相対的だという結論に至った。絶対的なものは、光速だけなのだ(5)。

たとえば、一台の自動車が私に向かって走ってくるとしよう。このとき、この自動車の内部の時間の流れは、私が立っているところのそれとは違っているように見える。奇妙に聞こえるし、実際に奇妙だ。しかし、光速が一定であることを真剣に受け止めると、この結論を避けることはできない。

時間を測定する基本的な方法をいくつか考えてみよう。機械式の腕時計は、テンプと呼ばれる調速機構（訳注：機械式時計の心臓部で、ヒゲゼンマイの伸縮により規則正しい往復運動を行い、秒針を正確に進めるもの）の特性によって決まる一定の振動数でチクタク音を立てて進む。時計の規則的な音と動きによって、一秒一秒進んでいく。私たちはこのチクタク音を数えるだけで、どれだけの時間が過ぎたかがわかる。ありがたいことに、分針と時針が親切に代わりに数えてくれるので、私たちはただ気楽に時計の文字盤を見るだけでいい。

デジタル時計にも同じ原理が当てはまる。ただ水晶振動子が振動数を決めているというだけのことだ。突き詰めていって、最も小さな原子のレベルを見てみれば、ここで起こっているのは、電磁力を介してのエネルギーの変換だ。仮想光子が交換されているのである（訳注：機械的変形〔応力〕と電位差〔電気力〕が互いに相手を生み出す圧電性という性質を利用しており、突き詰めれば仮想光子の変換による電気力の作用に基づいていると言える）。砂時計でさえ、砂の分子が互いにぶつかりあって、ガラスの細い首を通過しようとする際には、光に関連する力が関与している。

そこで、話を簡単にするために、振り子時計を一つ作ろう。ただし、錘がゆらゆら往復する普通の振り子時計ではなく、光が二枚の鏡のあいだを跳ね返って往復するものだ。鏡どうしの距離を一五センチメートルにすると、光は約一ナノ秒で一往復する。たとえば、一秒間に一〇億のチクタク音が聞こえるとしよう。これは、一ギガヘルツ、すなわち一ギガヘルツの振動数に相当する。一ヘルツは、一秒間に一サイクル、または一回の振動である。ヘルツという単位は、ボン大学の物理学教授、ハインリヒ・ヘルツにちなんで命名された。彼はマクスウェルが予測した電磁波を初めて発生させ観測した人物である。

さて、ここからが重要である。もしも私が、この光時計を載せた自動車に乗っているとすると、私には、時計の光は二枚の鏡のあいだを上下に動いているのが見えるだろう。しかし、一人の警察官が道の脇に待っていて、この自動車が目の前を通り過ぎていくのを注意深く見つめているとすると、警察官には、光は斜め方向に上下運動しているように見えるだろう。光がたどる経路はジグザグになるはずだ。これをもっと思い描きやすくするには、光がアリのようにゆっくり運動していると仮に想像してみるといい。先ほど登場した、自動車のなかにいるアリが、今は垂直に上下に這っている、と。警察官には、アリが自動車と共に横方向に進みながら上下に這っているのが見えるだろう——彼が立っているところから見れば、アリは少しゆがんだ方向に、しかも非常に速く動いているように見えるだろう。

アリまたは光の運動を表す斜めの線は、当然、完全に垂直な線より長い。同じ時間間隔のうちに、アリと光は、より長い距離を移動しているように警察官の目には見える。単純な考えの観測者なら、このことから、自動車のなかのアリは超アリ速度で運動しており、自動車のなかの光は光速を超える速度で運動していたのだと結論付けるかもしれない。アリについては、その結論は正しい。しかし、アルベルト・アインシュタインとジェームズ・クラーク・マクスウェルは、光がまさにこのような「スピード違反」をすることを禁じたのだ。したがって、警察官は、法を尊重して、ドライバーが見ているのと同じ速度で光が運動しているところを見なければならない——彼の視点からは、光はより長い距離を移動しているのである。

どうしてこんなことがあり得るのだろう？　唯一の答えはこうである。「もしも警察官の視点から見ると、光が移動する距離が違っているのなら、彼の視点における時間もまた、ちょうど速度が一定のまま変わらないだけ違っているのだ」。速度は、一定の時間に進む距離で定義される。たとえば、「時速何キロメートル」のように。進路の長さが変化しているように見えるなら、その進路を進み切るのに必要な時間も変化しているはずだ。そのようなわけで、警察官は、自動車の外側の視点から見て、自動車に乗っている人が観測するよりも、ほんの少しだけ長い時間がかかったと観測するわけだ。

これは相対論的時間の遅れと呼ばれる現象で、私たちの直感に甚だしく矛盾する。私たちは、速度は変化するという考え方に慣れ親しんでいる。車で迂回しなければならないけれど、やはり同じ時間に到着したいなら、車を一層速く走らせる。なかには、反則切符を切られる危険をおかして制限速度を超えて運転する者もいる。だが、光にはそのようなことは起こらない。光は常に同じ速度で進み、時間のほうを変えてしまう。なにしろ、光が時間を定義するのだから。私たちは皆、時間に従わなければならないが、時間そのものが光に従わなければならないのである。

これら一連の話のすべてが、自動車のなかの光時計と同様に、信じられないくらい抽象的に感じられる。「でも、実際には、違う進み方をする時計なんてないんでしょう?」と思われるかもしれない。これを検証するために、ジョゼフ・ハーフェルとリチャード・キーティングという二人の物理学者が、飛行機で地球を二回一周した。最初は地球が自転する向きに飛び、二回目はその逆向きに飛んだ。その際彼らは、高精度のセシウム原子時計を四個飛行機に持ち込んでいた。地球を一周飛行したあとで、それらの時計を地上にずっと置かれていたほかの時計と比較する、という計画だった。非常に速く、非常に長い距離を飛んだあと、時計の時の刻み方は変化するのだろうか? その実験は単純だった。時計は借りることができた。実験で最も費用が嵩んだのが、四個の時計のための世界一周航空券だった。彼らは、「ミスター・クロック」という名前でそのチケットを購入した。こうして、じつに風変わりな乗客たちは、彼ら自身の席にシートベルトをして座っていた。航空運賃を別にすると、これは、相対性理論を検証するために、これまでで行われた最も安価な実験に違いない。

そして実際に、ハーフェルとキーティングの実験では、東回りで飛んだ時計――つまり、地球の自転と同じ向きに飛んだので、地上の実験室内に置かれた時計との速度の差が小さい時計――は、飛行後、六〇ナノ秒遅れていた。一方、西回りで飛んだ時計――地球の自転とは逆向きに飛んだので、地上の時計との速度の差が大きい時計――は、地上の時計よりも二七〇ナノ秒進んでいた。(6) この実験はその後数回繰り返され、相対性理論の重要な側面を見事に検証した。

このように、私たちは時間を信頼することはできないが、距離も光を使って測定するのだから、距離の測定値は常に同じわけではない。自動車が、ほぼ光速という猛スピードで警察官の前を通過するとしよう。警察官は、ストップウォッチを使って自動車の長さを測定することができる。自動車の速度と、それが通過するのにかかる時間がわかれば計算できるからだ。しかし、自動車のドライバーが、完全に同期された二つの時計を持っており、その一方を自動車の前に、もう一方を自動車の後ろに取り付けて、自動車が警察官を通過するのにかかる時間を測定するとしたら、相対論的時間の遅れのせいで、ドライバーが測定する時間間隔は警察官のそれとは違うだろう。警察官の測る時間のほうがドライバーが測るそれより短く、その結果、警察官が測定する自動車の長さのほうがはるかに短い。警察官には、自動車はあまりに小さいように見えるが、ドライバーは足元の空間をゆったりと楽しんでいる。

そのようなわけで、物体が運動しているときには、私たちは空間ももはや信頼できない。そしてこのことは、さらに重力が話に加わってくると、重大な結果をもたらす。

水星からのヒント：空間と時間の新理論

数年前、あるオランダのジャーナリストが私たちに電話をかけてきた。彼は、基礎研究が社会にとって何らかの役に立つかどうかについて疑いを持っており、それをテーマに記事を書きたいと考えているとのことだった。彼は最初に、挑発的な質問をぶつけてきた。「水星の正確な軌道を測定することが、私たちにどんな役に立つのですか？」と。私は唖然とした。「これは何かのジョークですかね？」私は反撃した。「どこかに隠しカメラがしかけてある、とかですか？」と私は続けた。「水星は、一見役に立たないと思える研究が、物理的世界に関する私たちの理解を根本から変えて、全く新しい一連の産業を可能にした、模範的な例ですよ」。たとえば、ナビゲーションツールやソフトウェアを販売するオランダのトムトムという企業が、五億ユーロにのぼる年間売上高を誇ることができるのも、水星の軌道の正確な天文学的測定と、それを可能にした、アルベルト・アインシュタインという特許局職員のおかげである。「ふざけるにしても、よりによって、水星を持ち出すなんて、どういう料簡なんですか？」

惑星軌道の法則は、その美しさのすべてと共にケプラーとニュートンによって理解されたのだが、やがて一九世紀になると、惑星たちの神秘性は消え去った。惑星たちにまとわりついていた魔術的感覚は失われてしまった。その後、惑星への科学的な興味は、占星術の伝統のなかでひっそりと生き続けていたものの、秘教的集団においてのみ追究されていた。そして今、私たちの太陽系は、小学校で習う楽しい話題でしかないようだ。「だって、問題は解決されたのでしょう?」と、お尋ねになるだろうか? じつのところ、すべてが解決されたわけではないのだ。ちょっとした問題が一つ、持ち上がった。そして、再び私たちの太陽系のすべてが、くるっとひっくり返り、正確な観測ができることがいかに重要かが改めて痛感されたのだった。

ケプラー以降、惑星は太陽の周りを楕円軌道で公転していることが知られている。しかし、それは完全に正しいわけではない。実際には、惑星の軌道はむしろ、小さな花のような形をしている。正確には、ロゼット模様と呼ばれる形だ。惑星の楕円軌道は、じつは完全に閉じてはおらず、一周しながら軌道自体が少し回転していくので、どの惑星も太陽に最接近する点に達したときに、前回最接近したときと全く同じ点に来ることは決してない。この現象は、近日点移動と呼ばれている。近日点とは、惑星の軌道上で太陽に最も近い点であり、それが太陽の周囲を移動しているわけである。

惑星は、太陽の重力だけを受けているのではなく、ほかの惑星の重力も受けている。ニュートンの古典的な重力理論を使えば、この効果をかなり正確に計算することができる。しかし実際にやってみようとすると、事はそれほど簡単ではない。なぜなら、私たちの太陽系のような系では、どの惑星もほかのすべての惑星に重力を及ぼしているからだ。もしもすべての惑星も太陽も、質量が等しければ、系全体がばらばらになってしまうだろう。二つの惑星が第三の惑星を同時に引っ張って、第三の惑星が太陽系外に放りだされてしまう事態が起こり得る。私たちの太陽系では、惑星が別の惑星を軌道から逸らせるには、それほど強い引力を及ぼす必要はなく、ちょうどいいタイミングで、相手を軽く引っ張るだけでいいのである。

それは、庭の大きな桜の木にぶらさがっている、子ども用のブランコのようなものだ。ちょうどいいタイミングでちょっと押してやれば、子どもを乗せたブランコは揺れ始める。しかし、ちょうどいいタイミングで押すことを何度も繰り返すと、やがてどこかの時点で、かわいそうな子どもはブランコから放りだされて、隣の庭に飛んでいくだろう。これと同じように、太陽の周りを同じ軌道に沿って公転している惑星どうしのあいだには共鳴が起こる場合があり、その共鳴は、どんどん蓄積する可能性がある。

二つ以上のブランコ、または二個以上の惑星が関わっているとき、追跡は不可能になる。同じ重力場にある三つの物体の運動でさえ正確に特定することは不可能だということが、数学的に証明可能だ。それは、カオスという言葉の真の意味においてカオスである。運動場に小さな子どもたちと一緒にいたことがある人なら誰もが、このことを痛感しているはずだ。「三体問題」が何世紀にもわたって、恋愛小説家たちに尽きることのない題材を提供し続け、また、数学者たちを煩わせ続けたのも不思議はない。互いに近くを公転する天体――惑星にしろ恒星にしろ――が多ければ多いほど、事態はますますカオス的になる。公転軌道が今後どうなるかについて、長期的な予測をするのは基本的に全く不可能だと証明することもできるのだ。

しかし、カオス理論は、決して役立たずではない。確かに、未来は予測できないが、系が予測不能になるのはいつなのかを教えてくれる。私たちの太陽系も、カオスの縁で機能している。たとえば、リアプノフ指数と呼ばれるカオスの時間尺度があり、今後の五〇〇〇万から一〇〇〇〇万年にわたって惑星の軌道がどのように変化するかを計算するのに使われている。[7] 極めて小さな変化が未来を完全に変えてしまうことが起こり得る。一〇〇〇〇万年以上先に地球が軌道のどこにあるかは、今日一匹のアリがどこで咳をするかで変わる（訳注：カオス理論は、時間が経過するにつれて非常に複雑に変化し、予測が困難な系が、初期条件のわずかな違いで大きく異なる状態に至る現象を扱うもので、地球については、一〇〇〇〇万年後には軌道上の位置どころか軌道そのものも、全く違うものになっている可能性もある。現在のアリの咳のような些細な初期条件が、大きく異なる状態をもたらし得る）。

私たちの太陽系が形成されつつあったころには、現在よりもさらにカオスの度合が高かった。この原初の時代、私たちの惑星系には、小惑星や小規模な惑星が多数含まれていた。やがて、ブランコと同様の共鳴効果によって、これらの小規模な天体は一つひとつあちらこちらへ振り回され、なかには完全に太陽系の外へと放りだされるものもあった。これらの小天体の相互作用の結果、大型の天体たちは、中心部に集まるものと、周辺部に集まるものとに分かれていった。私の同僚のアレッサンドロ・モルビデッリと共著者たちが構築した、太陽系に関する「ニースモデル」によれば、天王星と海王星の軌道は、内外が入れ替わったことがあるかもしれないという。太陽系の姿は、常に今と同じだったというわけではない。そんなことは絶対になかった。太陽系に留まり続けた小規模惑星は、数十億年以上にわたったカオス的な過酷な時期を耐えた勇敢な生き残りなのだ。

ついでながら、これらの生き残り小惑星の一つ、国際天文学連合の小惑星センターによって小惑星番号 12654 が割り当てられているものが、二〇一九年から「ハイノーファルケ」と呼ばれることになった。この小惑星は、ちょっと変わった軌道で太陽の周りを公転している。「君にぴったりだね」と、私の昔の上司から言われてしまった(8)。「たぶん、私そっくりですね」と、私は答え、「子どものころいじめられたけれど、完全に軌道から外れたりはしないぞ、と、踏ん張ったんでしょうね」と続けた。

カオス理論は太陽系だけではなく、ほかの多くの系にも当てはまり、人間が物事を前もって知る能力に根本的な制約を課している。だが、だからといって、全く何も予測できないわけではない。たとえば、コンピュータを使って、小惑星たちが集団として、長期にわたってどのように変化していくかを統計的に計算することができる。しかし、悲しいことに、その結果得られたデータは、たとえば小惑星ハイノーファルケが将来どうなっているかなどの具体的なことについては何も教えてくれない。この小惑星の軌道が、いつか地球めがけて飛んでくるような形に変化しないことを私は心から願う。ある日ニュースで、「ハイノーファルケが今ニューヨークを破壊しました」と知るのは、私としてはこの上なく決まり悪いことだろう。

だが、ありがたいことに、太陽系はすでにある程度静穏な状態に落ち着き、どの惑星も、そこそこ安定な軌道を見出している。惑星のうちの一つが、考えられ得る未来のいつかに太陽系を離れてしまうのではないかと恐れる理由はないし、そして、ちびの水星さえもが、より大きな惑星たちの重力による攻撃に耐えるに十分な回復力があるようだ――力強い太陽の間近に軌道を落ち着かせたがゆえに。

数学的には、惑星どうしのあいだで行われている押し合い、引き合いは、微小な摂動と見なして計算することができる。惑星たちの楕円軌道は互いに相対的に少しずつずれていき、特定の範囲内であれば、それぞれの惑星の近日点移動を正確に予測することができる。私たちが観測したデータのある数世紀のあいだに限れば、動きのうちのカオス的な部分は、無視できるほど小さいはずだ。摂動論に基づくこれらの計算は、天体力学の偉大な成功であり、一八四六年に海王星の発見をもたらした。[9]

ここでしばらくのあいだ、私たちが一九世紀に戻ったとしよう。天文学者たちはすでに、すべての惑星の軌道を詳しく説明することに成功していた。いや、ちょっと待って。じつは、完全に説明できたわけではなかったのだ。小さいが頑固な惑星が一つ、天文学者たちに抵抗していた。ほかのすべての惑星の影響を計算すると、水星の楕円軌道の軸は年に五・三二秒角回転するはずだ。だが実際には、水星の軌道の軸は、年に五・七四秒角回転している――一年あたりの食い違いは〇・四二秒角となる。

この食い違いが、ごくわずかだということをはっきりさせておこう。バースデーケーキを一二等分する場合、一切れあたり三〇度ずつになる。この一切れを一分角ずつに分けるには、一八〇〇等分にスライスすればいい。そして、一分角の一切れを一秒角ずつに分けるには、さらに六〇等分すればいい。たとえば一切れを分厚く切ってしまい、〇・四秒角の食い違いが出てしまったとしよう。仮にケーキが直径三〇センチメートルだったとすると、その分厚く切ってしまった一切れにしても、人間の髪の毛の三〇〇分の一の厚みしかないのである。

　相当杓子定規な学者先生でなければ、食い違いがそれほど小さいときに、それにこだわり続けたりしないだろう。しかし、ごくわずかな食い違いでも、次第に積み重なっていく――そして、この類のことに、物理学者は本当にイライラさせられる。水星の観測結果が理論と一致しないのなら、観測が不正確だったか、理論が間違っているかのいずれかだ。誰かが細かいことを見落としたのだろうか？　もしもそうなら、どの細かいことを、どこで、なぜ見落としたのだろう？

　長いあいだ、この大問題の原因は、太陽の近くにある未発見の謎の惑星だとされていた。天文学者たちは、その惑星に名前まで付けていた――ヴァルカンというのだ。ということは、そこに住む者たちは当然ヴァルカン人（訳注：アメリカのSFドラマ『スター・トレック』に登場する、ヴァルカン星出身の架空の種族）となる。だが、最終的には、ヴァルカン人はSFの世界だけの存在となってしまった。それというのも、ある若き二級特許審査官[10]が、全く新しい革命的なアイデアを思いついたからである。

空間は一枚のシーツにすぎない

二〇世紀初頭、アインシュタインは空間と時間についての私たちの理解を、全く新しい足場の上に載せ替え、古典物理学を、彼が構築した新しい相対性理論に組み込んだ。[11] アインシュタインは、決して「孤独な天才」タイプではなかった。脇目も振らずに努力を続けて、自らの偉大なブレークスルーを成し遂げたのではなく、彼はむしろ自由奔放で社交的な人物で、広く知られた知識人だった。

彼は一八九六年にチューリッヒ工科大学（スイス連邦工科大学チューリッヒ校）で学び始め、学友ミレヴァ・マリッチと出会った。[12] アインシュタインは、若き物理学者ミレヴァを自分と対等の人物と見なし、さらに、実験物理学に関しては、彼女のほうが優れていると認めていた。アルベルトが初めて職を得ると、二人は結婚した。二人は何時間も一緒に座って、話をし、哲学の本を読んだ。ミレヴァとアルベルトは、最初の論文も二人で書いた可能性が高いが、著者として名前が記されたのはアルベルトだけだった。

ミレヴァは、アルベルトが物理学者人生で成功する可能性を高めるために背後に退いたのだろうか？　現代の基準からすると、彼女はいくつかの論文の共著者として名前を記されるべきだったと考える人々もいる。「私には妻が必要だ。彼女は数学の問題を全部解いてくれるんだ」と、アインシュタインが学者人生の初期に語ったことがあるとされている。ミレヴァにとっては、二人が共有する未来が一番大切だった、ということなのかもしれない。二人が協力して出願した特許に、アインシュタインに並んでミレヴァの名前がないのはなぜかと尋ねられたとき彼女は、「なにしろ私たちは二人で一つの石ころなんですから」と、彼女の結婚後の姓――アインシュタインは、ドイツ語で「一つの石」を意味する――を使ったジョークで応えた。女性としては、当時物理学の分野で自分の地位を築くことは、不可能ではなかったにせよ、より困難だったことは間違いない。今日科学史家たちは、アインシュタインが得たアイデアに対する彼女の科学上の貢献がどの程度のものだったかを巡り、なおも議論を続けているが、それが極わずかではなかったことは間違いないだろう。証拠となるような記録として、明確なものはないが。アインシュタインは、多くの物理学者と手紙でやり取りしていたが、彼が自宅の台所のテーブルで議論し合ったアイデアをアーカイヴで検索することはできない。

アインシュタインは、大学卒業後初めての仕事として、学友のマルセル・グロスマンの父親のつてを頼りに、今では有名になったベルンの知的財産庁の審査官の職に就いた。続いて、彼の「奇跡の年」と呼ばれる一九〇五年に、革命的な五本の論文を発表した。その一本、「光の発生と変換に関する一つの発見的な見地について」は、光電効果の法則の発見を説明したもので、この論文によって彼は一九二一年のノーベル物理学賞を受賞した。もう一本の論文「物体の慣性はその物体の含むエネルギーに依存するであろうか」は、質量とエネルギーの等価性を述べたものだが、この論文に記された方程式 $E=mc^2$ は、今日なお世界で最も有名な物理学の方程式だと言えるだろう。そしてさらに、「運動している物体の電気力学について」は特殊相対性理論についての論文であり、このなかでアインシュタインは、時間と空間は相対的で、観測者の相対速度にしたがって変化することを示した。だが、これでもまだ彼の仕事は終わっていなかった。

アインシュタインの「ヘウレーカ！」の日が訪れる前から、彼が導出した、相対論的な長さの収縮がすでに、空間は絶対的だという考え方に疑問を投げかけていた。その次のステップでは、ニュートンの回転するバケツと回転木馬の思考実験が出発点となった。アインシュタインは、これらについてさらに思考を続け、長さの収縮が起こるため、回転する円の周と直径の関係は、観測者の位置に必ず依存すると結論付けた。

カーニバルの回転木馬を思い浮かべよう。中央に軸があり、子どもが乗った色とりどりのパトカー、ロケット、木馬などがたくさん吊り下げられて、円形の底の上を回転している。チケット売り場で待っている一人の子どもが、回転木馬全体の円周と直径を巻き尺で測ったなら、その子は、周と直径の長さは比例関係にあって、その比例定数は有名な数π（パイ）に等しいことを見出すだろう。

次に、回転木馬のロケットに乗って円を描いて回っている子どもが、巻き尺で円周を測ったとすると、チケット売り場の近くで静止している子どもは、おや、ロケットで測ったら円周が小さくなってしまったと思うだろう。相対論的長さの収縮のために、ロケットにいる子どもが巻き尺で測った長さは、静止している子どもには短く感じられる。この、巻き尺で測った見かけ上の長さは、運動の方向に依存する。運動の方向に測定された回転木馬の円周は、短く見える。直径は、運動の方向に垂直に測定することになるので、短く見えない。すると、円周と直径の比例定数は、もはやπではない。これは驚きだ！ 普通の円では、このようなことは起きない。円周は常にきっちりπ×d、すなわち、πかける直径である。

もちろん、教科書に載っている円ではこれが成り立つ。そこでは、円を描く空間が平坦なのだ。しかし、湾曲した面に目を向けるや否や、状況はがらりと変わってしまう。たとえば、ピーンと張ったシーツの真んなかに、大きな円を子どもたちに描いてもらうとする。子どもたちにシーツの四隅を持ち上げてもらうと、二次元の平面だったシーツは、たるんでくる。次元は歪み、円の幾何学は変化する。円周はそれほど変わらないが、直径をシーツの表面に沿って測ると、たるむ前より長くなっている。直径に対する円周の比は、もはや正確にπではない。ただし、この話が成り立つには、ボックスシーツを使わねばならない。なぜなら、十分よく伸びてくれるのはこのタイプのシーツだけだからである。

湾曲したシーツを思い浮かべることはできるが、実際の空間は三次元だ。このため、すべてがもっと複雑になり、想像するのが難しくなる。三次元も湾曲するのだろうか？ 私たちの心は、湾曲した三次元を思い浮かべることはできないが、おそらく数学的には、それを記述することができるだろう。やがてアインシュタインは、じつは第四の次元も必要なのだと気づく。なにしろ、時間もまた重要な役割を演じるからである。

アインシュタインが思い描いたような空間を記述する数学的ツールは、一九世紀に作り上げられたばかりだった。湾曲した四次元空間を記述するには、テンソルを使う。テンソルとは、たとえば四かける四、あるいは、一六かける一六個の数が並んだ表である。表の行と列はそれぞれ、空間次元に対応し、テンソルを使って、普通の数と同じように演算をすることができる。足し算、掛け算、引き算ができるのだ——ただし、テンソルがどのように働くかがわかっていれば、だが。

当時このテーマに取り組んでいたのは、数名の専門家だけだった。彼らは、リーマン、リッチ-クルバストロ、レヴィ-チヴィタ、クリストッフェル、そしてミンコフスキーらで、どの名も響きが心地よい。今では、高度な数学の教科書で彼らの名前に出会うことができる。リーマンを除く、ほかの全員がアインシュタインと同じ時代の数学者だった。彼らの数学はアインシュタインにとっては新しすぎ、複雑すぎた。「私は数学に対して深い敬意を持つようになりましたが、私の無知ゆえに、これまでずっと、数学のより精妙な側面は、贅沢品だと考えていました」と彼は述べている。

全く一人で研究を行う人などいない。ありがたいことに、アインシュタインには、昔からの友人のマルセル・グロスマンがいた。「グロスマン、助けてくれ。さもないと私は気がくるってしまう」とアインシュタインは手紙を書いた——このとき彼はすでに教授になっていたのだが(13)。

今やアインシュタインとグロスマンは、湾曲した空間で使えるような物理学の方程式を作り出すという難題に直面していた。今では超音速の単位に名を冠する人として知られているエルンスト・マッハという物理学者兼哲学者の思想の影響のもと、アインシュタインは、自然法則は、公園でのピクニックであれ、回転木馬で飛び跳ねている馬の上であれ、宇宙を飛ぶロケットのなかであれ、あらゆるところで同じ形でなければならないと確信した。

ある物理法則が普遍的に適用可能であることを証明するという困難な課題に取り組むことは、

一見至極当然のことだと思える。ところが、この取り組みを通してアインシュタインは、空間、時間、重力の性質を一つの普遍的に適用可能な理論、すなわち、一九一五年の一般相対性理論にまとめあげることに成功してしまったのである。

アインシュタインに決定的なインスピレーションのひらめきが訪れたのは、彼がまだベルンの特許庁に勤めていたときのことだった。彼が非常に献身的な特許審査官だったかどうかは誰にもわからないが、この仕事が彼に考える時間をたっぷり与えてくれたのは間違いない。このときの独創的なひらめきが、今日、膨張する宇宙や、ブラックホールの重力や、重力波によって生じた時空の振動などを、信頼性をもって記述する理論の基盤となったのである。

「これは、私が人生で一番楽しんだアイデアでした」とアインシュタインはのちに語っている。その重要なアイデアとは、重力と、その他の、加速をもたらす通常の力とを根本的に区別することはできないという洞察だ。「目を閉じて窓から飛び降りた人は、その瞬間、自分が空間に浮かんでいるのか自由落下しているのか区別できない――少なくとも、衝撃を受けるまでは」。アインシュタインは、おおよそこのようなことを考えていたわけだ。[14] その同じ瞬間、彼は同時に、もしも窓を閉じたなら、自分は巨大なエレベータに乗って宇宙を飛んでいる可能性もあるのだと空想にふけっていたかもしれない。エレベータが加速し続けたなら、彼は椅子に押し付けられるだろう。自分を椅子に座り続けさせている力が、地球の引力に由来するのか、エレベータの加速に由来するのか、どうやって知ることができるだろう？ 彼には違いを区別することはできない！[15]

局所的には、重力と加速を区別することはできない。この原理は今日、アインシュタインの等価原理と呼ばれている。それは基本的な仮定であり、証明ではない。それは原理であり、ドグマであり、実験によって常に検証され続けなければならないものだ(16)。

逆に、この原理は、自分の椅子にじっと座っているとき、その人は同時に加速しているという意味でもある。確かに、まさにそのように感じているではないか！ リラックスして座っているときでさえ、高速で動いているエレベータのなかや、猛烈に加速しているロケットのなかにおけるのと同じ物理法則があてはまるはずだ。その物理法則とは、「加速運動を起こす空間は、シーツのように湾曲している」というものだ。

しかし、アインシュタインには、自分が特許庁のような内装を施したエレベータに乗っているのか、地球の重力場のなかにある実際の特許庁にいるのかを特定することはできない。ならば、地球そのものも、自らの質量の重力だけで、空間を湾曲させられるはずだ。そして実際、重力は空間だけでなく、時間も湾曲させられるのだ！ 空間と時間は一まとめにして考えなければならない。

こうして到達した結論は大胆なものだ。「重力は力というより、むしろ時空の幾何学として現れる」というのがそれだ。湾曲した四次元空間を思い描くことは、やはり私たちには不可能なので、再び時空を、ピンと張ったシーツのようなものと考えよう。その上に、何も、あるいは、誰も乗っていなければそれは平らで水平だ。その真んなかにボウリングの球を一個置くと、シーツは深くくぼむ。次に、シーツの端に、ボウリング球よりは小さなビリヤードの球を一個置くと、今度は小さなくぼみができ、ビリヤード球はボウリング球に向かって転がり始める。実際には、二つの球が互いに近づいていくのだが、ビリヤード球は非常に速く、ボウリング球はごくゆっくりと。二つの球は、互いに近づくにつれ、くぼみの傾斜がどんどん大きくなるので、動きが速まる。このように、シーツの湾曲は重力によって引き付け合う強さに対応する。

次に、このシーツの上にビー玉を一個ポイっと載せると、ビー玉はボウリング球が作ったくぼみの周りを、徐々に小さくなる楕円軌道で運動する。平らなシーツの上でなら、ビー玉はただまっすぐに転がるだろう。だが、湾曲したシーツの面では、湾曲した軌道を進む。シーツの表面には摩擦があるので、ビー玉はすぐに勢いを失い、重たいボウリング球にどんどん接近し、ついには漏斗状のくぼみに落ち込んで、底のボーリング球に達する。摩擦がなければ、ビー玉は運動を続け、太陽の周りの惑星と同様に、長いあいだ妨げられることなく、楕円軌道を周回し続ける。

この最初の着想から、さらに重力までを含む一般相対性理論を説得力のある形にアインシュタインが定式化するには、八年——一九〇七年から一九一五年まで——をかけて、多くの会話、手紙、そして議論を交わすことが必要だった。自分は決定的な重力理論、あるいは、一つの概念、一つの「概要」を、見出したのだと彼が思ったことも何度かあったが、そのたびに、結局はその試論を放棄してしまった。ようやく一九一五年も押しづまったころになって、完全で一貫性のある理論を論文にまとめることができた。アインシュタインは、今ようやく正しい答えを発見したと確信した。

彼は、この理論を使って水星の近日点移動を計算すると、心底ほっとした。思ったとおり、彼の理論はついに、長いあいだ誰も説明できなかった極わずかなずれを説明することに成功したのだ。太陽の周囲に広がっている測定不可能な広さのシーツにできたくぼみが、軌道の周長を少し短く見せていたのである。水星は楕円軌道を、それまで予測されていたよりも、少し速く巡っていたのだ。アインシュタインは「数日のあいだ、嬉しさのあまり我を忘れていた」。彼の心臓は、削岩機のように高鳴った。ニュートンは打ち負かされた――が、まだノックダウンされてはいなかった。[17]

新しい理論は、内部一貫性があり論理的だと思えるというだけでは、とても十分とは言えない。どの理論も、実験と現実の世界の両方において、自らが正しいことを示さねばならない。それはカトリック教会で聖人がいかに選ばれるのかと少し似ている。聖人の候補者は死後、あの世から、一度ではなく二度の奇跡を行って、自分がそれにふさわしいことを証明しなければならない。一度の奇跡だけでは、福者にしか値しない。

水星の奇妙な近日点移動に対する説明をアインシュタインが発見したことは、一般相対性理論を福者に列するに十分なものにした第一の奇跡であった。だが、この理論を聖人に列するには、まだ時間がかかった。アインシュタインの第二の奇跡は、再び光の性質にからんで訪れた。

暗闇への遠征

視覚は、人間としての私たちにとってのみならず、科学にとっても根本的に重要である。視覚のおかげで、私たちは自分の位置を知ることができ、事実の妥当性——あるいは妥当でないこと——を自ら納得することができる。特に天文学では、視覚のおかげで物事を検出し経験することができる。私たちはたいてい、あることを確信するには、まずそれを見なければならない。「百聞は一見にしかず」ということわざがあるが、そのとおりだ。

光がなければ見ることはできない。しかし、物事の本質をよりよく見分けるには、暗闇も必要である。一九一九年五月二九日の、現代物理学で最も有名と言えるであろう日食を観測するための遠征においてもそうであった。この遠征旅行を行うにあたって、アーサー・エディントンは、アインシュタインの一般相対性理論を検証したいと考えていた。[18] 彼は、恒星からの光が太陽によって進行方向を歪められることを、実証したかったのだ。ここで特に注目すべきは、エディントンはイギリス人であり、この実験を行うことで、彼はドイツ人のアルベルト・アインシュタインが世界的な名声を得るのに協力することになるということだ。一九一九年五月は、第一次世界大戦が終わった数ヵ月後であり、ロシア、イギリス、フランスの三国協商と、ドイツ帝国を中心とする三国同盟の敵対関係が長年続いたあとであったため、イギリス人がドイツ人のために骨を折るというのは決してありふれたことではなかった。この遠征には並外れた勇気が必要だったのであり、物理学の歴史において真に注目に値する。

一般相対性理論によれば、太陽の質量は周囲の時空をゆがめ、[19] その結果、背後の天体からやってくる光を曲げてしまう。ばかげて聞こえるかもしれないが、地球から見たときに太陽の傍にあるように見える恒星は、太陽から離れる方向に少しずれて見えるはずなのだ。アインシュタインの理論は数学的には完璧だったが、実際に実験をやってみたときにも、ちゃんと成り立っているのだろうか？　天文学者たちがその答えをはっきりさせるためには、皆既日食が必要だった。それというのも、太陽が輝いているときには、私たちには恒星は全く見えないし、その逆に、夜は太陽が見えないからだ。

一九一九年三月、エディントンは船でイギリスを出発した。アフリカの西海岸の沖にある火山性の小島、プリンシペ島から、アインシュタインの理論が予測した光のゆがみを観測しようと計画していた。このときの遠征をエディントンと共に企画したイギリスの王室天文台長のフランク・ワトソン・ダイソンはすでに、第二の遠征隊をブラジルに派遣していた。五月になると太陽は、おうし座のヒアデス星団にちょうど取り囲まれて見える。条件はほぼ完璧だった。以前からアインシュタインの理論の支持者で、彼自身も優れた数学者であったエディントンは、揉み手をしながら期待に胸を膨らませていた。

太陽は五分以上のあいだ月に覆われるはずだった。ところが、その一番重要な当日、朝から雨が降っていた。エディントンは不安になってきた。少なくとも天気に関しては、海上にいようが、望遠鏡の後ろにいようが、神に委ねるほかない。日食が始まるはずの時間の直前になって、突然雲が途切れ、空が現れた。月の影が観測隊を覆い、周囲は暗闇となった。今しかない。あわただしく一六枚の写真乾板に画像が撮影されたが、利用できるデータを含むものはたったの二枚だけだった。科学者たちは、すでに遠征旅行の前に、太陽が出ていないときの参照画像を撮影していた。一方ブラジルでは、太陽の強烈な光で、観測隊の望遠鏡の金属ケースが曲がってしまった。

帰国した科学者たちは、何ヵ月もかけてデータの解析にあたった。そしてようやく、ブレークスルーが訪れた。写真乾板に写った恒星たちは、実際に位置がずれていた——きっかり二〇〇分の一ミリだけ。測定誤差によるずれを考慮すると、この結果は、アインシュタインの数学的予測に完璧に一致していた。光がひねくれたように曲がって飛んでいく、根本原因にまで到達することに成功したのであった。

「天空で光はすべて曲がっている——アインシュタインの理論の勝利」と、一九一九年一一月一〇日付けのニューヨークタイムズ紙は報じた。この日食の観測は、アインシュタインの大理論が行った第二の奇跡となり、一夜にして彼を科学界のスーパースターにした。このときの二ヵ所同時の観測遠征は、今日もなお、理論と実践の完璧な協調的相互作用の模範例となっている。また、この遠征で実現した国籍を超越した協力は、第一次世界大戦終結後に、国際的な科学者コミュニティーに向かって発信された、明確なメッセージというだけではなかった。この戦争の混乱のあと、この偉業は、敵味方の区別なく、誰もが共有できる喜びと陶酔の瞬間をもたらしたのだった。

奇妙なことに、ダイソン当人が一九〇〇年に、全く同じ日食の写真をすでに撮影していた。しかも彼の写真乾板には、恒星たちも写っていた。ところが、当時データが解析された際、天文学者たちが探していたのは、謎の惑星ヴァルカンだったので、恒星たちの位置がほんの少しずれていることを誰も気にかけなかった。そのような次第で、答えの最も重要な要素は、保管されていたデータにすでに含まれていて、何年ものあいだ放置されていたのである。それは実際、アインシュタインが特殊・一般の両相対性理論を構築し始める、はるか以前からそこにあったのだった。

説得力のある理論を手に入れて、それをもって的確な問いを立てることが重要だという、貴重な教訓である。

この観測遠征は、エディントンにとって輝かしい成功であり、アインシュタインにとっては、なおさらそうだった。エディントンが一九一九年一一月にロンドンで観測結果を発表したとき、一般相対性理論の支持者はまだあまりいなかった。年長の物理学者たちにとっては、アインシュタインは新参者というだけで胡散臭かったし、しかも彼らの多くはアインシュタインの考えを理解することすらできなかったのだ。エディントンは、それを理解できた一握りの人々の一人だった。これまでにアインシュタインの理論が理解できたのは世界にたった三人だけだというのは本当ですかと訊かれたとき、エディントンは「三人目は誰かね？」と応えたという。

これらの天文学的観測によって、アインシュタインの理論は信頼を勝ち取った。そして私たちは、今日なお、その結果のおかげで日々利益を得ている。一般相対性理論から導き出されるもう一つの予測は、時空のゆがみのせいで時間も変化するというものだ。簡単に言うと、光が湾曲した空間を進む場合、光は当然、より長い距離を進まなければならない。しかし、光の速度が常に一定ならば、時間もやはり伸びなければならない――つまり、時間の進み方が遅くなる必要がある。光の波は引き伸ばされ、ゆっくりと振動するようになる。時間は、地球の上では、宇宙よりもゆっくり進む（訳注：宇宙のほうが重力が弱いため）。

アメリカの全地球測位システム（ＧＰＳ）の最初の数基の衛星が一九七七年に打ち上げられたとき、ＧＰＳは地球上でのナビゲーションを革命的に変えるはずだと期待されていた。これらの衛星には、極めて高精度の時計が搭載されており、時計の時間の信号が電波によって地表に送り返された。このプロジェクトを計画するにあたり、物理学者たちは、「アインシュタインによれば、地球が時空を湾曲させているので、これらの時計は宇宙空間にあるときのほうが速く進むはずだ」という点を、設計者たちに強調した。

技術者たちは、あまり乗り気ではなかったが、衛星での時間の進みを補正するメカニズムを組み込んだ。それでも彼らは、物理学者たちが言ったことをあまり真に受けてはいなかった。初の打ち上げの際、彼らは補正機能を停止して衛星を送り出した。ところが、衛星の時計は実際に、一日あたり一秒の三九〇〇万分の一ずつ進んでいることがすぐに明らかになった[20]。それ以来、衛星の時計は、一般相対性理論に基づく補正値を使って、意図的に少し進みが遅くなるように調整されている。したがって、衛星内蔵時計は、地上にあるあいだは不正確ということになるが、地球を周回する軌道に入ってしまえば、それ以降は正しく働き、そして私たちは皆、無意識のうちにその御利益に与っているのである[21]。

今日、光学時計の精度は非常に高く、これらの時計で地球の重力による時間の遅れを実測するならば、わざわざ宇宙空間にまで時計を打ち上げる必要はない。地面から一〇センチメートル持ち上げるだけで、地面に置かれた基準の時計に対して、時間が進んでいることがすぐにわかるのだ[22]。

地球の大気圏のすぐ外側での時間の補正値は極わずかなものだが、わずかとはいえ、技術的には非常に重要だ。ここでお話しした重力の効果はすべて、もっと大きな質量が、もっと小さな空間に圧縮されているときには、もっと極端に現れる。ブラックホールの縁では、時間は停止しているように見える。これほどの時空のひずみをもたらすには、とほうもなく強力な力――恒星の力――が必要だ。

第4章　天の川銀河とその恒星たち

恒星たちの隠された生活

私たち人間には、空にある恒星は常に全く同じに見える。だが、見かけは当てにならない――恒星たちは、同じではない。恒星は、非常に長い期間のうちに変化している。恒星たちは、それぞれが独自の一生を送る。恒星ごとに、その伝記があると言ってもいいくらいだ。

恒星は生まれては死ぬ。塵から形作られて、塵に還る。地球の植物や動物のように、恒星も成長と衰弱を繰り返す、連続的なサイクルのなかにある。恒星が生涯を終え、自らの外殻を宇宙空間にまき散らすと、それはやがて新しい星々の誕生に役立つ。恒星が瀕死の状態にあるあいだに、ガスと塵が宇宙空間へと放出され、その近傍で凝集して巨大な雲になる。この雲は、活発な恒星から生じる灰（訳注：成熟した恒星の表面から恒星風として放出される物質。銀河のガスやダストの進化、周囲の惑星などに影響を及ぼす）が集まってくることで一段と濃厚になる。この化学混合物は、新しい恒星や惑星が生まれ育つ完璧な条件を備えている。

このような星間ガスと塵の雲は、数十光年から数百光年にわたって広がることもあるが、それは宇宙で最も美しい光景の一つと言っていいだろう。私たちの天の川銀河のなかを遠方まで観測すると、いかに多くの星間雲が存在するかがわかる。巨大な雲の不気味な塊が明るく輝いたり、天の川銀河の光を遮るように、手前に移動して、暗い影を作ることもある。天の川銀河は、その力強い渦状の腕で、これらの星間雲を、降り積もったばかりの雪を雪かきで集めるように凝縮させていく。望遠鏡によって、この新しい天体の形成過程を観測すると、それが宇宙の素晴らしい芸術作品であることがわかる。

私たちからたったの一三〇〇光年のところにあるのが、天の川銀河で最も美しい星雲の一つ、オリオン大星雲だ。この光輝く星雲は、良好な条件の下では肉眼でも観測できる唯一の星雲である。輝く霧のベールに取り巻かれたオリオン大星雲は、若い高温の恒星たちが出現する、巨大な分娩室のようなものだ。オリオン大星雲は、主に赤やピンクに輝き、ところどころに青い光も交じる。その視覚効果はかなりまばゆい。だが、その一番奥の中心部は、人間の目にはどうしても見えない。なぜなら、内部からやってくる光のすべてを、塵が吸収してしまうからだ。天文学者たちがこの塵のバリアを貫通し、このような星雲の中心について少しでも知ることができるのは、長い波長においてのみである。たとえば、高温ガスの赤外線領域の熱放射は、大した苦労もなくバリアを貫通して外側に出てくる。電波領域の周波数の光も同様に外に出てくることができる。X線が人体を貫通するように、これらの波長領域の光は、分子の雲を貫通することができるわけだ。

そして、ガスの内部や恒星の表面に存在する高温の元素が、その元素固有の特定の色に対応する部分が輝線または暗線になったバーコード状のスペクトル（訳注：輝線とは、スペクトル中で特定の波長の光の強度が特に高く、明るい線のように見えるもの。原子が発する光を直接捉えたもの。暗線とは、連続スペクトルのなかで、特定の波長の箇所の光が極端に弱く、黒い線のように見えるもの。原子が特定の波長の光を吸収することによって生じる。輝線も暗線もその波長から元素が特定できる）を生じるのと全く同様に、星雲に含まれる分子もバーコードを持った光を放出する。[1] 高周波数の放射線には、このような線が特に多く見られる。このような光の波長は、たったの数ミリメートル、あるいはそれ以下である。私たちは日常生活で、たとえば最近空港で使われているボディースキャナーなどで、この波長領域の光には慣れ親しんでいる。

私たちは地球に居ながらにして、宇宙のガス雲からやってくる放射を観測することができる。この四〇年間、このようなガス雲の振る舞いを観察するために、電波望遠鏡が世界中で建設されてきた。北半球最大の電波干渉計は、フレンチアルプスのビュール高原の海抜二五五〇メートル地点に設置されている。そこでは、IRAM NOEMA（ミリ波電波天文学研究所 Northern Extended Millimeter Array）の銀色をした口径一五メートルのアンテナが一一基、雪に覆われた山腹で輝いている。この種のものの最大の施設は、南半球のチリにある、アタカマ大型ミリ波サブミリ波干渉計（ＡＬＭＡ、あるいは、アルマ望遠鏡とも呼ばれる）だ。アルマ望遠鏡は、六六基のパラボラアンテナからなるが、そのほとんどが直径一二メートルだ。東アジア（日本、台湾、韓国）、北米（アメリカ合衆国、カナダ）、ヨーロッパの科学者たちが共同で運用するこの望遠鏡は、海抜五〇〇〇メートルの極めて乾燥した希薄な大気のなかに設置されている。標高がこれより低いところでは、大気が湿気を帯びており、微弱な電波が吸収されすぎてしまうからだ。アルマ望遠鏡は、ブラックホールの画像を撮影するのに決定的な役割を担った望遠鏡たちと同じように、電波望遠鏡である。

さて、宇宙に戻って、恒星やガス星雲の誕生の物語を続けよう。ガス星雲は、まるではるか彼方の魔法の世界のようだ。若い恒星たちが、雲の内部でまるで魔法のように形成される――とはいえ、当然のことながら、ここには魔法など全くない。それは、私たちを魅了する自然科学なのだ。ガス星雲の成分は、ほとんど水素である。最も軽い元素である水素は、宇宙の光と、恒星の生成にとって、極めて重要な成分だ。地球上では、小さなガスの雲はすぐに広まって消えてしまう。しかし宇宙では、はるかに大量のガスが集まる。ガス自体の質量が、ガス全体を一体に保ち、時間が経つにつれて密度が増していく。恒星が誕生する前にいったい何が起こるのかは、イギリスの天文学者ジェームズ・ジーンズの名を冠した、「ジーンズ不安定性」というものを基準に決まる。ガス星雲のような雲の場合、その重力とガス圧は常に平衡状態にある。ジーンズは、この平衡がさまざまな要因によって崩れ得ることに気づいた。「ジーンズ質量」と呼ばれる、ある質量を超えると雲は収縮する。この点に達すると、ガス雲は「子を宿した」とも言うべき状態になり、やがて新しい恒星を生み出す。

ほんの少し圧縮されるだけで、ガス雲が自らの重力の影響の下で、さらに密度を上げ始めることもある。温度が、摂氏マイナス二六〇度から一〇〇度以上にまで徐々に上がっていき、ガス雲内の分子たちは光を放射してエネルギーを放出し始める。

摂氏二〇〇〇から三〇〇〇度程度に達すると、分子も原子も分解し始め、圧力が低下し、構造全体が崩壊する。ガス雲は崩れ、寸断される。これは、少なくとも宇宙の標準からすると、極めて迅速に進む。小さな原始星が宇宙のなかで目覚めるのに三万年もかからない。そのころ原始星は、すでに熱放射による赤外線を放出している。主系列星になるまでには、さらに三〇〇〇万年待たねばならない。このあいだに、猛烈な圧力のために、温度は一〇〇〇万度（訳注：摂氏またはケルビン。この桁になるとどちらも同じ）程度に達し、ある時点で核融合が始まる。水素が融合してヘリウムになるのだ——私たちの太陽で起こっているのと同じように。こうして、新しい恒星が誕生し、私たちが夜空に見ている何千もの仲間たちに加わる。

塊が惑星になる

このような宇宙のガス雲のなかで形成されるのは、恒星だけではない。現在の観測データを元に、惑星系全体がどのようにして形成され進化したかを推測することができる。ガス雲が収縮する際に、塵が凝集し始め、原始星を中心にしてゆっくりと回転する巨大な円盤を形作る。中心の周りに凝集する物質が増加するにつれて、円盤の回転は速くなる。

この効果は、フィギュアスケートのスピンの技で、誰もが親しんでいる。両腕を広げているときには、選手はゆっくりスピンしている。しかし、腕や脚を縮めて体に近づけると、回転速度が上がる。物理学では、ドライな専門用語で、この過程を次のように記述する。「回転する物体の、質量、距離、速度の積で定義される角運動量は、保存される。距離が減少したなら、速度が増加しなければならない」。そしてこれは、宇宙のなかで原始星の周囲に漂っている塵や、原始星を完全に包み込んでいる塵についても成り立つ。凝集すればするほど、塵の回転は速くなる。回転が速くなるにつれて、やがて物質の円盤の形成が始まる。

次に起こることは、恒星が形成されるときと全く同じである。すなわち、円盤の内部に、小さな塊が形成し始める。私などはこれを、片手鍋のなかで小麦粉からソースを作るのと似ていると思ってしまう。ソースが煮詰まっていくあいだ、注意を怠って、十分かき混ぜないと、なめらかなソースにはならず、全体に小麦粉の小さなダマがたくさんできてしまう。原始星の周りの円盤の場合は、ダマに相当するものとして、惑星ができるのである。こうして形成された原始惑星は、自らのコアのなかで核融合を引き起こすほど高温になることは決してない。質量が小さすぎ、圧力が低すぎるのだ。原始惑星は自らの軌道から塵を取り込んで徐々に成長し、原始星の周囲の円盤に溝を掘っていく。アルマ望遠鏡が捉えた画像には、原始星の周りに、このような溝が形成された円盤が写っているものが何枚もある。まるで、土星の輪を巨大化したような姿だ(2)。

円盤の回転運動は、太陽系の惑星軌道がどうして今のような形になったかも説明する。太陽系の惑星はすべて、太陽の周囲を回転していた塵の原始惑星系円盤の内部で形成された。ゆっくりと温度を上げつつある原始星は、やがて太陽となるのだが、この時点では、太陽系の惑星系を生み出しているアイス・プリンセスと言えよう。

惑星形成過程の初期に生じた氷の塊は、太陽系の辺縁部に今もなお存在している。その正体は、水、石、塵が集まってできた、汚れた雪玉、彗星である。原始惑星系円盤の内部の小さな塊がすべて、小さな若い惑星になるわけではない。一部は、なれてもせいぜい冥王星のような準惑星が関の山で、小惑星や小規模惑星のような、一層小さなものになる。これらの塊は、十分な重力がないので、きれいな球形にはならない。

どうやら、地球の生命の元になる物質をもたらしたのは、このような天空の塵、彗星らしい。地球に到達した彗星や隕石によって、水やさまざまな有機分子が運ばれて、おかげで地球は肥沃になり、生物の存在が可能になったのだ。私たちを構成しているすべての元素は、まず恒星の内部で焼かれ、次に塵の雲の成分の凍った分子となり、最終的に、誕生直後から幼年期にかけて円の初期の地球にやってきた。私たち人間は、宇宙的な存在であり、私たちの体は、文字どおり星屑でできている(3)。

宇宙の生命

宇宙にある無数の塵と無数の原始惑星系円盤のことを考えると、突然自問したくなってしまう。

「どこかほかのところにも、生命が存在するのでは？」と。私たちは宇宙のなかで孤独な存在なのだろうか、それとも、どこかに別の生命体が存在するのだろうか？　私は、幼いころからそう自問してきた——そして、誰もが皆、宇宙の大きさを実感し始めると、同じような思いを抱くに違いない。

一九九〇年代中ごろ、私が自分の研究を始めたころ、太陽系外に知られている惑星は一つしかなかった。この惑星は、よりにもよって、死んだ恒星、つまり、中性子星の一種であるパルサーの一つ、PSR1257+12の周りを公転していた。ポーランドのアレクサンデル・ヴォルシュチャンとその同僚デール・フレールによって一九九二年に発見された。生物が生存できるような環境ではなさそうだというのが大方の見方だった。一九九五年、私が博士号を取ってまもなく、マルセイユにほど近いオート＝プロヴァンス天文台で研究していたミシェル・マイヨールと、彼が指導する大学院生ディディエ・ケローが、太陽系外にもう一つ新たに惑星を発見した。ペガスス座のなか、我々から五〇光年離れたところで、ディミディウムという惑星[4]がヘルヴェティオスという恒星の周りを公転している。名称はどちらも二〇一五年になって定められたものである。ちなみにヘルヴェティオスは、太陽に非常によく似た主系列星である。マイヨールとケローは、二〇一九年にノーベル物理学賞を受賞した。

太陽系の外にある惑星を太陽系外惑星と呼ぶが、これまでに数千個の太陽系外惑星が存在する証拠が発見されている。だが、天の川銀河だけに限っても、そこに存在するはずの惑星の数に比べれば、数千個というのは微々たるものだ。統計学的に言って、一〇〇〇億個、おそらくそれ以上の惑星が存在するはずである。しかし、生命が存在するという明確な証拠はまだ発見されていない。とはいえ、私たちのほかにも生命体が存在する可能性は非常に高い。そろそろ、天文学者たちが次々と、このことを声高に主張し、地球外生命体について堂々と推測し始めるころ合いだ。

知性ある生命体は、電波を放射することでその存在を明かす可能性がある。一〇年前、私はオランダの同僚たちから変な目で見られた。ある大学院生と一緒にLOFAR電波望遠鏡のデータを隈なくチェックして、地球外生命体の可能性を探していたときのことである(5)。その大学院生は、その後カリフォルニア大学バークレー校がロシアの富豪ユーリ・ミルナーが出資した同様の研究プロジェクトで一億ドルの資金を得たとき、それに研究員として参加した。私だって、自分の研究にそれほどの資金を獲得できたら本当に嬉しいのだが。ミルナーの太っ腹な贈り物の前にも、映画『コンタクト』の主人公のモデルとされ、この映画で不朽の名声を与えられたジル・ターターが寄付金を使って、カリフォルニアにSETI研究所を設立している。SETIとは、「地球外知的生命体探査」を意味する。

知性ある生命体が地球外の宇宙で発見されたことはまだない。私の同僚のなかには、地球上だってそんなものは全く存在しないと、しょっちゅう言っている者たちもいる。とはいえ、地球外生命体の探査は、電波天文学に役立ついくつかの技術的進歩をもたらした。地球外生命体の探査には、大量のデータを高速で処理できる世界最高レベルのソフトウェアとハードウェアが必要だ。今日の天文学者たちには、UCバークレーでSETIプロジェクトを始めたダン・ワーティマーのようなコンピュータの専門家の助けが必要だ。ワーティマーは、名高いホームブリュー・コンピュータ・クラブの一員だったほか、マイクロソフトの創始者ビル・ゲイツ、アップルの創始者スティーヴ・ジョブズとスティーヴ・ウォズニアックらがたむろしていたほかの場所にも出入りしていた。ここに名前を挙げた三人もまたホームブリュー・コンピュータ・クラブのメンバーで、超大富豪になった――しかし、ワーティマーは、そうはならなかった。のちになって私たちは、望遠鏡に洪水のように流れ込むデータに対処するために、ワーティマーの高速コンピュータ・プロセッサを使うようになった。

世界初のブラックホールの画像が可能になったことは、究極の大本をたどれば、恒星の誕生する場所や、宇宙の分子雲を観測する目的で建設されたサブミリ波望遠鏡はもちろんだが、それだけではなく、かつてはたいへん奇妙に思われた、地球外生命体の探査のおかげでもあるのである。

地球の大気圏の外のどこかに、実際に生命体が存在するかどうかは、それが発見されるまでわからない。私にとっては、これはまじめな科学の問題だ。もしも地球外生命体が発見されたとしても、社会や宗教が崩壊することはないだろう。ちょっとした興奮が沸き起こったあとは、世界は普段どおりの状況に戻るだろう。私たちが何者であるかは、何よりも一番に私たち自身によるのであり、どこか遠くにいるかもしれない異星人にはよらない。生命体が生存できるかもしれない惑星は、どれも何光年も離れており、数百光年、数千光年離れたものも多く、コミュニケーションを取るにも、何世代もかかるだろう。宇宙からの救済を待つのではなく、私たちは自分たちの惑星、地球を秩序ある状態に保ち、お互いにどのような態度で接するかに気を配るようにしよう。

第5章　死んだ恒星とブラックホール

天空における死：恒星はいかにして死ぬか

恒星は生まれ、恒星は死に、そうするなかで新しい生命が登場する場を作っていくが、同時に、ブラックホールが生まれる状況をもたらしもする。ブラックホールは、恒星の死から形成される――宇宙では、何一つ例外なくすべてのものが結びついており、そこにこそ死の興味深さと恐ろしさがある。

数年前私は、天文学者ミラー・ゴスの栄誉を称えてアメリカで開催されたシンポジウムに出席した。ミラーは、ニューメキシコの静かな町ソコロから、アメリカ合衆国最大にして最も成功している二つの電波干渉計の指揮を執った。だが、それより重要なのは、彼が多くの若手科学者――私もその一人――を支援したことだった。世界中の天文学者たちが、彼を称えるために集まってきた。シンポジウムの締めくくりに、彼が大好きな場所の一つを参加者たちで訪れるちょっとした遠足を彼は企画していた。私たちは車で、有名なチャコ・キャニオンへと向かった。一〇〇〇年紀に、ネイティヴ・アメリカンたちが砂岩の巨大な構造物を建造した場所だ。これらのプエブロ（訳注：北米南部のネイティヴ・アメリカンの伝統的な集落）の一つに、見逃せないスポットがあったのだ。集落の一端に壁で囲われた特別な区画がある。そこは、かつて古代の天文学者が座った場所だと、ひげもじゃの国立公園管理人が言った。

私は、ネイティヴ・アメリカンの老人が一人、ここに毎晩微動だにせず座っているところを想像した。暗闇に朝が訪れるまで、星々の動きを追っていた老人。日光の最初に届く光線の、夜明けの赤い光に身を照らされるのは、いつだって彼の至上の瞬間だったことだろう。夜明けは彼にとって重要な、毎日の儀式だった。おそらくは、大地と自然の存在が継続したという安堵の瞬間だっただろう。そして、時が進んでいることの無音の象徴だっただろう。また、命が続いているという喜びの瞬間でもあったかもしれない。明るくなり、日の光で地面が暖まり、小鳥たちは騒ぎ始め、まばらに生えた植物は枝葉を伸ばす。

古代のプエブロの住人たちには、この谷こそがカレンダーだった。崖の縁が薄く張り出した先端部を越えて朝日が昇る、その位置がどこかを見れば、今日が一年のうちのどの日に当たるかを見極めることができた。地球が公転しているため、日の出の位置は秋には少し南に移動し、春には少し北に移動する。

だが、クリストファー・コロンブスが新世界にやってくるはるか以前にここで星を見上げていた老人には、ほかのものも見えていた。というのは、一〇〇〇年近く前に起こった、ある不思議なことだ。この壁で囲まれた区画のすぐそばに描かれている岩絵が、この極めて稀な天文現象を描いている可能性がある。昼間でも見えるほど明るく輝く天体が出現したのである。

一〇五四年、世界中の人々が驚いて空を見上げた。なかには、大災害の予兆かと恐れた者もいただろう。古代中国の宋王朝の歴史書には、天文学者たちによる、この天体現象の正確な記録が残されている。天空に金星のように明るい「客星《かくせい》」が現れたというのだ。中東ではダマスクスの医師が新しい星について記述している。

ヨーロッパにおいても、午後の天空で非常に目立った「明るい円盤」に人々が驚嘆したことだろうが、この天文現象に関して確認された記録はヨーロッパには存在しない。しかし、この現象の何がそれほど素晴らしくて世界各地の人々がこれを記録したのだろう?

それは、超新星という、恒星が起こす大規模な爆発現象であった(1)。私たちの天の川銀河のなかの、約六五〇〇光年離れたところで起こったものだ。かつて、あのプエブロの老人が座っていた谷の岩絵は、黄色い崖の断面に赤で三日月を描いている。それに並んで、大きな星が一つ描かれている。丸く、お約束の光線が周囲を取り巻いている――子どもの絵のように。大きさは月とほとんど変わらない。パークレンジャーは、これが当時のネイティヴ・アメリカンの画家の描き方だと解説した。我々天文学者の一行は、その解説に完全に納得したわけではなかった。その岩絵が有名な一〇五四年の超新星を描いているのかどうかについては専門家たちがまだ議論している(2)。だが私は、確かにそれほど珍しい現象が気づかれずに終わってしまうことはあり得ないだろうとも思う。

恒星は、熱気球のようなものと考えることができる。恒星の核（コア）の熱が、全体を膨張した状態に保っている。熱気球は、燃料が尽きると、ガスが冷え、圧力が下がり、しぼんでしまう。恒星も同じように終焉を迎える。燃料が燃え尽きると崩れてしまうのだ。いつ、いかにして恒星が「死ぬ」かは、その質量によって決まる。軽い恒星——恒星の大多数——は、長い時間をかけてゆっくりと熱放射して冷えていき、ついには放射が完全に止まって寿命が尽きる。

私たちの太陽は平均的な一生を送る。仮に自らの重力で崩壊して収縮し始めたとしても、再燃焼装置を稼働することができる。恒星の中心部には、核融合の灰——高温のヘリウムのコア——が蓄積している。内側に崩壊する恒星に特有の高圧下で、再び温度が上昇し始め、ヘリウムの融合反応が起こって炭素が生成され、大量の熱が放出されるが、これで恒星に残っていたエネルギーが使い尽くされる。その結果、恒星の「外皮」が膨張し始める。最期を迎える直前、太陽は膨張し、赤色巨星に変貌し、水星、金星、そしておそらく地球を呑み込むだろう。

私たちの太陽よりも質量が大きい恒星は、寿命が尽きるときに、ガスとプラズマを宇宙空間へと放射する。このときに形成されるのが惑星状星雲だ。死にゆく恒星が、この放射物を内側から照らし、美しい形と色に輝く。この絶景は、宇宙的には瞬時に終わってしまう。数千年から数万年経つと、惑星状星雲は消えてしまうのだ。惑星状星雲という名称はいささか誤解を招く恐れがある。というのも、これは惑星とは全く無関係で、一九世紀に当時の望遠鏡を使って発見された際に、ガスでできた遠方の惑星のように見えたためにそう命名されただけだからだ。

惑星状星雲の中心には、核融合で生成した灰が高圧状態で集まっており、燃え尽きた恒星の全質量がのしかかっている。この圧力が非常に高まって、原子たちはどんどん密に押しつぶされていくが、ついには原子どうしが言わば「肩を触れ合うほど」接近して隙間がないような状態に至る。このとき、電子間で縮退圧という圧力が働くおかげで、恒星はそれ以上の崩壊を免れる。どういうことか説明しよう。恒星のコアに存在する個々の原子の原子核の周囲を回っている電子たちは、フェルミオンという種類の粒子だ。フェルミオンは、物理学の一匹狼たちである。フェルミオンは、ほかのフェルミオンと同じ状態には決して存在しない。密度があまりに高くなると、フェルミオンどうしが互いに接近しすぎないように及ぼし合う圧力が、重力による圧力に対抗できるほど高まり、その結果燃え尽きたコアが完全に崩壊してしまうのを阻止するのである。

もしも恒星の外層がすべて失われてしまうと、密に詰め込まれた、明るく輝く炭素のコアだけが残る——大きさは地球と同じぐらいだが、質量は太陽ほど大きな、白色矮星と呼ばれるものだ。私たちの太陽も数十億年のうちには白色矮星になるのだが、この白色矮星を作る物質は、スプーン一杯で、約九トンの重さがある——配送用トラック一台と同じくらいだ。白色矮星の表面は長いあいだ非常に高い温度を保ち、宇宙空間に熱エネルギーを放射し続けるが、死んだ恒星は、ついには冷えて、完全に丸い炭素の結晶となる——宇宙の巨大なダイヤモンドである。

このプロセスでは、いくつかの異なる量子力学的効果が働いているが、これを計算したのがインド生まれの物理学者スブラマニアン・チャンドラセカールだ。一九三〇年、たった一九歳で、インドで始めた物理学の研究をケンブリッジ大学で続けるために船でイギリスへと向かった。航海中は自由に使える時間がたっぷりあったので、白色矮星が到達し得る最大の質量を計算してみることにした。その結果、太陽質量の一・四四倍という値を得た。

だが、恒星が私たちの太陽よりもはるかに大きく重たくて、圧力が本当に耐えがたいほど上がったなら、何が起こるだろう？　太陽の八倍よりも重い恒星は、自らの重力崩壊を防ぐために、さらに多くの再燃焼装置を稼働させるのだ。このレベルの重い恒星は、タマネギのように、外側から一層、また一層とコアを燃焼させていく――このようにして、巨大な恒星のコアは、エネルギーを消費し尽くしていく。中心に近い層ほど高温になる。というのも、そのすぐ外側を取り巻いていた層が燃えたあとの灰をさらに焼いて、より大きな原子核を作っていくからであり、層ごとに新たに備蓄エネルギーを解放していく。水素がヘリウムになり、ヘリウムが炭素になり、炭素とヘリウムが融合して酸素になり、酸素がケイ素になり、そしてケイ素が鉄になる。どの燃焼プロセスも、直前のプロセスよりも速く進む。ヘリウムが融合して炭素になるには一〇〇万年かかるが、ケイ素がすべて鉄になるには数日しかかからない。

そして、これでおしまいだ！　エネルギーの観点から言えば、鉄が自然界で最も安定な原子核を持っている（訳注：核子あたりの質量が最も小さい。したがって核子あたりのエネルギーも最小で、核反応が起こりにくい）。もしも圧力が十分高く、鉄が融合してさらに新しい元素を形成するなら、このプロセスでは新たにエネルギーが生じることはなく、逆にエネルギーを吸収しなければならない。圧力を上げて原子からどんどんエネルギーを絞りだすという単純な方式は、もはや使えなくなる。突然、原子の加熱ではなく、原子の冷却がプロセスに加わる。圧力は増すのではなく、低下し始める。年老いて衰弱した恒星の、ぐらついていた最後の支えが倒れてしまい、恒星は崩壊して死を迎える。数分のうちにコアは内破する。死にゆく恒星は、もはや自らの重力に耐えられないのである。

恒星の亡骸の内部の圧力は、密に詰め込まれた原子たちさえもが押しつぶされるほどの想像を絶するレベルまで上昇する。これは、このような恒星のコアが、チャンドラセカールが計算した白色矮星が持ち得る最大限の質量よりも重いからである。しかし、取り消すことのできない、永遠の崩壊に至るまでに、最後のステップがまだ残っている。普段は接触しあわない電子たちが原子核の内部に逃げてきて、陽子と融合して中性子を作る。原子の外殻が原子核に取り込まれて消失し、残ったものは以前の一万分の一にまで小さくなっている。

私はファンだが、必ずしも強いとは言えないサッカーチーム、エルステ・エフッエー・ケルンのホームグラウンドであるラインエネルギーシュタディオンと同じ大きさをした、電子殻を持った一個の原子を想像してみよう。この原子の原子核は、センターマークに置かれた五セント硬貨と同じぐらいの大きさしかない。私たちが知っている物質は、原子からできているが、普通は空っぽの空間をふんだんに含んでいる。ある恒星の原子がすべて純粋な中性子になったなら、その恒星は収縮して中性子星になる。その収縮は、スタジアム全体を小さな硬貨に押し込むようなものだ。中性子星では、直径たった二四キロメートルの球の内部に太陽の一・五倍以上の質量が集められている。その密度は信じがたいほど高い。中性子星の物質は五ミリリットルという容積で二五億トンの重さがある――ティースプーン一杯分でケルン大聖堂の八〇〇〇倍の重さがあるのだ。

長いあいだ、中性子星は根拠なく推測されたもののように受け止められていた。その状況は、一九六七年一一月二八日にケンブリッジ郊外のマラード電波天文台で、ジョスリン・ベル・バーネルと彼女の博士研究指導教官アントニー・ヒューイッシュが奇妙な電波信号を発見するという歴史的な成果を上げたときに一変した。短いパルス信号が正確に同じ間隔で地球に届いていたのだ。そのため、それを発している天体は「パルサー」と呼ばれることになった――それはまるで、宇宙で時計がチクタク時を刻んでいるかのようだった。始めのうち、二人の研究者たちは、この正確さにやや当惑し、この電波発信天体を冗談半分に「リトル・グリーン・マン」を意味する「LGM」と呼んでいた。やがて、彼らが発見したのは、猛烈な速さで自転している極めて小さく異常に重い天体だったことが明らかになった。じつのところ、それは中性子星――太陽と同じくらい重く、ネルトリンガー・リース（バイエルン州にある、古い衝突クレーター）ぐらい大きな死んだ恒星――だった。パルサーは、宇宙の灯台のように、一定の間隔で二本の光線を宇宙空間に放射し、それが私たちに一定の間隔で届いて地球の空に電波の稲光を走らせる。パルサーは天体として極めて安定かつ大質量なため、巨大な天輪のように働く。結果、どんな原子時計よりも正確に時を刻む。パルサーが非常に安定で一貫性があるため、相対性理論を検証するためのさまざまな実験に利用することができる。[3] 有名な例が二重パルサー連星の PSR J0737-3039だ。[4] 実際のところ、二つのパルサーが互いの周囲を公転している。この連星の楕円軌道の近点移動――アインシュタインが気づいて胸がドキドキしてきた、水星で見られる近日点移動と同じ現象――は一万倍速く、小数第五位まで正確に計算されている。

中性子星の出現は、太陽の八倍以上の質量を持つ恒星で起こる壮大なイベントだ。この種の超ー太陽は、私たちの太陽よりもはるかに華々しい最期を遂げる。燃え尽きる超ー太陽は、宇宙花火の様相を呈する。崩壊する自らの質量による圧力の下で、コアが突如として新たに中性子星を生み出すが、恒星のそれ以外の部分は超音速で崩壊する。電子と陽子は、中心核を形成する原子の核内で突如として融合し始め、微小なニュートリノを大量に放出するが、その結果恒星の外殻にさらに多くのエネルギーが蓄積される。やがて、壊滅的な衝撃波が星全体を外に向かって進み、最後には星が引き裂かれる。このような恒星の爆発を天文学者たちは超新星と呼ぶ。突如として宇宙に燦然と輝く、目を見張るような出来事である。チャコ・キャニオンのネイティヴ・アメリカンをはじめとする世界中の大勢の古代天文学者たちが驚嘆して見守ったであろう一〇五四年の現象は、そのような出来事の一例である。

超新星とはどのようなものか、想像してみよう。超新星爆発では、一瞬のうちに、太陽がこれまでの生涯で生み出した量を超えるエネルギーが一気に放出される。それでも、爆発する恒星の膨張していく外殻をすべての光が突き抜けるまでに、その後数週間かかる。そのため、超新星が数ヵ月にわたって観察できる場合もある。その結果生じる極端な温度と圧力の条件の下、鉄よりも重い元素がさらにいくつも形成される。数百万度でなおもくすぶっているガスでできた瓦礫雲のなかに含まれるコバルト、ニッケル、銅、そして亜鉛が、宇宙空間に放り出される。

この際の衝撃波は、秒速数万キロメートルで宇宙を伝わる。球形に広がっていく、巨大な宇宙の粒子加速器だ。原子核のなかには、光速に近い速さに達し、星間空間の渦巻く磁場に沿って、天の川銀河を横切っていくものもある。そのうちの、無視できるほどわずかな一部が、私たちが「宇宙線」と呼ぶものの一部として、莫大なエネルギーと共に地球に降り注ぐ。

そのような衝撃波は現在も観測されている。二〇〇九年、私の元教え子の一人[5]が、我々に近いM82と呼ばれる銀河のなかに、電波源を新たに一つ発見した。数ヵ月にわたって、電波波長の明るい光の輪が秒速一万二〇〇〇キロメートルの速さで広がるのを我々は観察した[6]。その速度と大きさから、それは一年前に爆発した超新星だと結論することができた。こうして我々は超新星2008izを発見したのである。この超新星は巨大な塵の雲の裏側に存在しているため、これまでほかの望遠鏡では発見できなかったのだ。普通にはSF映画か無味乾燥な学術論文のどちらかからしか知ることはできないような宇宙のドラマが、実際に起こっているところを自分で直接発見し経験することは、素晴らしくわくわくする。

一〇五四年の非常に明るかった超新星の残骸は、今もなお見ることができる。じつに美しい、かに星雲がその残骸である。かに星雲は、天の川銀河のペルセウス腕（訳注：棒渦巻銀河である天の川銀河には四つの大きな渦巻状の腕構造があり、ペルセウス腕はその一つ）にあるが、カラフルな煙の塊のように見え、大昔に記録された異様に明るい星の出現は、作り話ではないと証明している。

天の川銀河では、一〇〇〇年のあいだに超新星は二〇しか生じないと推測されている。その一つが、一五七二年一一月一一日にティコ・ブラーエと彼の妹ソフィーの不意を衝いた。彼らはこれを新しい星が生まれたのだと考え、「新星」を意味する「ノヴァ」という名称まで作った。ヨハネス・ケプラーも一六〇四年に超新星を記述した。視差が全くないことから、その光は地球の大気から来たのではなく、少なくとも月の向こう側から来たのは確かだった。この超新星は、恒星たちが埋め込まれている天球は不変であるとするアリストテレスの宇宙モデルをさらに一歩破局へと近づけた。

今日、天文学者たちは新たな超新星をしょっちゅう発見している——遠く離れた別の銀河のなかに。しかし、いつ何時、私たちの天の川銀河のなかで超新星が発生し、天空に現れて、私たちが肉眼で見ることができるかもしれぬ。じつのところ、そろそろ次の超新星が起こるころだ。だが、それは一〇〇年先のことかもしれない。

非常に近いところで超新星が発生しても、人類には危険はない。むしろ、自然の壮大な仕組みのなかで、太陽系のさまざまな惑星や地球上の生物が生まれたのも、超新星という恒星の爆発のおかげだと私たちは感謝しなければならないのだ。なぜなら、恒星はその生涯の最後の局面で、いくつもの重要な元素を、それまでにないほど急速なサイクルで生み出すからだ。超新星という爆発現象で、これらの元素は宇宙空間に解放されたのち、巨大な塵の雲となり、続いて再び恒星形成プロセスが始まって、新たに恒星や惑星が生まれる。地球に存在する重要な元素はすべて、こうしてもたらされたのだ。したがって、恒星の死がなければ、生物は決して生まれなかっただろう。ゴールデンゲートブリッジの美しい朱色にしてもそうだ。朱色の塗料には鉄の酸化物が含まれているが、鉄の元をたどっていくと、超新星になる直前の恒星のコアに形成された鉄が、超新星爆発で放り出されたのが最初なのである。そのようなわけで、死にゆく星に感謝すべきことがたくさんあるのだ。

ブラックホールの形成

恒星のなかには、中性子星になるには重すぎるものも存在する。このような星は、リビングルームに置いてある、ものすごく太ったアルフレッド伯父さん専用の、特別に安定した椅子のようなものと考えることができる。伯父さんが安いプラスチックの折りたたみ椅子に座って、それを壊してしまったときから、伯父さんにはいつもこの大きく重たい木製の椅子に座ってもらっている。用心するに越したことはない。しかし、世界で一番安定した椅子にも限界がある。アルフレッド伯父さんがサーカスの象を連れてきて、その木の椅子に座らせたなら、その椅子もまた壊れてしまうだろう。

宇宙物理学では、白色矮星が安いプラスチックの椅子で、中性子星が安定した木の椅子に相当する。中性子星は多くのことに耐えられるが、すべてに、というわけではない。なぜなら、中性子星は、ある意味、恒星のなかの象だからだ。私たちがこの洞察を得たのは、アメリカの原子爆弾の父、ロバート・オッペンハイマーと、彼の同僚や学生たちのおかげだ。彼らは第二次世界大戦の直前に、中性子星には質量の上限があることを証明したのである。チャンドラセカールが白色矮星の質量に上限があることを証明したのと同様に。(7) 今日の計算によれば、この中性子星の最大質量は、太陽の質量の二、三倍よりも少し大きい。

宇宙の恒星のなかでも極めつけの巨象にあたるのが、太陽の二五倍以上の質量を持つ恒星たちだ。このような星が爆発すると、その質量の大半は宇宙に飛び散るが、コアにおいては、まず白色矮星が形成され（訳注：核融合が停止した状態になる）、続いて中性子星が形成される（訳注：残った質量が大きい場合、原子核の放射性崩壊の一種である電子捕獲が起こり、陽子が中性子となって、白色矮星はつぶれて中性子星になる）。コアの内部では、物質がつぎつぎと中心に向かって集まってくるので、ある時点に達すると、中性子星さえもが崩壊する。崩壊が始まってしまうと、もはや何も抵抗できない。これほど重い恒星の重さに耐えられるような力は、全く知られていない——崩壊は不可避である。恒星は自らの内側へと崩壊し続け、どんどん小さくなり、やがてある時点になるとすべての質量が密度無限大の一点に集中する。こうして宇宙で最も驚異的なものの一つが形成された。ブラックホールである。だが、もちろんオッペンハイマーの時代には、まだこの名称では呼ばれていなかった。

アルベルト・アインシュタイン自身、そのような物体など考えただけでぞっとした。アインシュタインが相対性理論を構築してから数ヵ月経ったころ、ドイツの天文学者カール・シュヴァルツシルトは、特異点の一点に質量が集中した場合の時空の構造を解明したのだが、そこから導出される帰結は非常に衝撃的だった。

シュヴァルツシルトは、近代宇宙物理学の先駆者だった。一九一四年に第一次世界大戦が勃発したとき、彼はポツダム天体物理天文台の所長だった。上流階級に属するユダヤ系の家族の出身のシュヴァルツシルトは、平和主義者でアインシュタインを尊敬していた。アーサー・エディントンとは対照的に、祖国に奉仕する決意をし、志願してドイツ軍の砲兵技術将校となった。二年後、前線で病に倒れ彼は命を失った。

そんな状況にもかかわらず、シュヴァルツシルトは戦争のさなかに世界的レベルの科学論文を二つ書き上げた[8]。そのうちの一つで、彼は質点の周囲の時空の曲率を計算した。これにより彼は、一般相対性理論の方程式の明確な解を、一つの具体的な場合について世界で初めて計算した人物となった[9]。そして誇らしげにそれをアインシュタインに送り、彼をたいそう驚かせた。アインシュタインは「この問題の厳密解がこれほど簡単に導出されるとは思っていませんでした」と返事を書き、プロイセン科学アカデミーの次の会合で、シュヴァルツシルトに代わってこの成果を発表した[10]。

シュヴァルツシルト解[11]では、すべての質量が一点に集中している。だが、この点においては、空間そのものが一つの方向に無限に伸びているようで、空間の曲率が無限大になる。空間のなかの、この限られた一部が、突如として無限大の容積を持つようになってしまう。つまり、アインシュタイン方程式は特異点を示しているのだ。特異点とは、方程式がほとんど爆発しそうになって「無限」へと飛び込んでしまいすべてが停止してしまうような点のことだ。我々物理学者は、特異点は現実には存在しない、それはただ、方程式に足りないものがまだあることを意味しているのだと学ぶ。そのようなわけで、アインシュタインにはぴんときた。「質点は存在しない。これは純粋に数学的な小細工にすぎない。面白い小細工ではあるが」と。

しかし、アインシュタインやほかの科学者たちが非常に気になったのは、シュヴァルツシルト解において、中心の特異点よりもはるかに外側で、何か奇妙なことが起こっていることだった。それは、中心から

$$Rs=2GM/c^2$$

という距離で起こっていた。

この距離は今日、シュヴァルツシルト半径と呼ばれている。Mは天体の質量、c=299,792,458m/s、G=6.6743×$10^{-11}m^3/kg \cdot s^2$である。すなわちcは光速、Gは重力定数である。

中心からその距離の位置で、何かまずいことになっていた。方程式が無茶苦茶な振る舞いをしていた。シュヴァルツシルト半径に達すると、時間は止まってしまうようだった。しかし、この半径の内側に入ってしまうと、もはや空間のなかを移動しているのではなく、時間のなかを移動している状況になるのだった。

普通の生活では、私は公園のベンチに静かに座っていられる——そのとき、私は空間のなかの固定された一点に座っているが、時間は経過し続ける。一方、シュヴァルツシルト半径の内側では、私は時間のある一点に留まり続けるが、空間が私を容赦なく内側へと、中心の特異点に向かって引き込む。私が外に向かって動こうとしても、どんどん中心に近づいていく。

これは奇妙だ。シュヴァルツシルト半径を内側から越えて、この空間から再び離れることは不

可能なようだ。シュヴァルツシルト半径の内側に入ってしまったものは、そこから逃れることはできない——物質も、光も逃れられない。したがって、情報やエネルギーも逃れられない。そこで実際に何が起こっているのか、誰かが理解するまでに長い時間がかかった。シュヴァルツシルトは、それを理解せずして、第一次世界大戦のさなか、気が滅入るような塹壕のなかでアインシュタイン方程式に取り組み続けて、ブラックホールを記述したのだった。

だが、じつはその前から、質点に近づくと何かがまずくなるということははっきりしていた。それはすでに、惑星の運動に関する、ケプラーとニュートンの単純な理論において明らかではなかったか？　惑星は、太陽に近づくほど、太陽を周回する速度が上がる。仮に太陽が無限に小さければ、半径三キロメートルの小さな軌道でそれを公転する惑星は光速で公転しなければならなくなる。それより内側の軌道では、光速を超える速度で公転しなければならなくなる。だがもちろん、そんなことは不可能だ！

重力にしても、あまりに大きくなってしまう。同じ容積の空間のなかにより多くの質量が含まれていれば、重力はより大きくなり、その重力を断ち切るのも一層難しくなる。地球の重力から逃れたければ、ロケットを秒速一一・二キロメートルで打ち上げなければならない。地球よりも重い太陽の表面から重力を断ち切って飛び立つには、秒速六一七キロメートルの速度が必要だ。太陽をもっと圧縮することができたなら、その表面からの脱出速度はさらに上がり続け、やがてある時点で光速よりも速く飛ばなければならなくなる。だとすると、ニュートンの理論では、光ですら逃れることはできないことになる。どうしようもなく、太陽に落ちてくるはずだ。一方、アインシュタインの理論では、あなたがブラックホールの縁にいて、光速で運動していたとすると、あなたはもはや前に向かって進むことはできなくなる。

聖職者でもあった自然哲学者ジョン・ミッチェルは一七八三年に、相対性理論のことなどまったく知らずに、恒星の重力がとほうもなく強く、脱出速度が光速を超えるなら、このようなことが起こるはずだと気づいた。この種の「暗い星《ダークスター》」は、宇宙の特定の座標に存在していたとしても見えないはずだ、なぜなら、そこから逃れられる光は存在しないから、と彼は推測した。

アインシュタインの理論では、ブラックホールの周囲の空間は、シュヴァルツシルト半径の位置に存在する滝で終わる流れの速い川のようなものだ(12)。この縁から離れたところでは、まだ流れに逆らって泳ぐことができる。滝に近づくにつれ、流れはどんどん強まり、ますます速く泳がなければならない。だが、ある地点で、世界チャンピオンの水泳選手でも、奔流から逃れられなくなる。水泳選手は押し流されてしまう。崖の縁から落ちてしまえば、もう手遅れだ。滝を泳いでさかのぼることは誰にもできない。シュヴァルツシルト半径では、これと全く同じことが起こる。そこからはもう後戻りできないのだ。そこでは、叫び声すら外には届かない。空間と共に光までもが、深みへと引きずり込まれる。

一九五六年、物理学者ヴォルフガング・リンドラーは、この「摩訶不思議な境界」を指す「事象の地平面」という用語を作った。事象の地平面は触れることも感じることもできない――それは、空っぽの空間のなかの一つの縁、数学的定義にすぎないが、それでもやはり一つの境界である。

太陽のシュヴァルツシルト半径を計算してみると、三キロメートルという値になる。地球のそれは〇・九センチメートル、そして私ぐらいの人間のそれは原子核の一〇〇〇億分の一という値になる。

アインシュタインは、シュヴァルツシルト半径の内側は物理的ではないと確信していた――まったくの空想であり、純粋な数学だ。そんな物体、形成されることすら、自然は絶対に許さないだろう。一九三九年に発表した論文で彼は、自身の相対性理論の助けを借りて、そのような「ダークな星」は存在しないと証明しようとした。この論文の最後を、彼は勝ち誇ったように、次のように締めくくっている。「本論考の決定的な結論は、『シュヴァルツシルト特異点』が物理的な現実のなかになぜ存在しないかに関する完全な理解である」。これは、とりもなおさず、ブラックホールは存在しないという意味である[13]。

だが、アインシュタインのこの論文は失敗だった。事実、それとほとんど同時に、オッペンハイマーとその同僚たちが、恒星はほぼ間違いなくただ一つの点へと崩壊することを示した[14]。質量が十分大きければ、この崩壊が起こるのを阻止することは不可能だった。

しかし、ここでもまた、相対性理論の驚異的な効果が現れるのだった。恒星が崩壊するときに何が見えるかは、観測者がどこにいるかに非常に大きく依存するのだ。崩壊を望遠鏡でじっくりと観察している者には、恒星が内側へと崩れ、ブラックホールのなかへと消えるのが見えるだろう。事象の地平面が出現し、それに近づくものは皆、次第に弱々しく、動きが遅くなっていくように見えるだろう。その縁から外へと逃れようとしたすべての者は、その瞬間に無限に引き伸ばされて、望遠鏡で観測している者にはもはや測定できなくなるだろう。時間はねっとりとシロップのようになり、ついには停止するように見えるだろう。光の波を、時計仕掛けの装置のタイマーのようなものだと見なせば、光の波も空間と同様に、どんどん引き伸ばされることになる。時計の進みはどんどん遅くなり、やがてある時点で完全に停止する。

一方、崩壊しつつある恒星の表面に座ったままの、のんきな観測者には、特別なことは何も起こらない――もちろん彼が確実な死に向かって墜落するというのは別としてだが。彼はほかのすべての粒子と共にその恒星のコアへと落下する。事象の地平面を通過するとき、彼は変わったことなど何も気づかない――自分が事象の地平面を通過したことすら気づかない。彼の眼前には常にブラックホールが大きくて真っ暗な黒点として見えている。彼の時間も通常どおり経過していくが、ついには、一ミリ秒にも満たない瞬間のうちに、彼は押しつぶされて恒星のコアの一点になってしまう。彼から発せられた光も彼と一緒に落ちていく。しかし、恒星ブラックホール（訳注：恒星が進化の最後に超新星爆発を起こして生じるブラックホール）の場合はここでの楽しみは極限られている。というのも、さきほどから見ている無鉄砲な観測者の足は、彼の頭よりも質量中心に近いので、足のほうが頭よりも強く引き付けられる――そのため彼は、スパゲティのように長く引き伸ばされて、ばらばらに引きちぎられるだろう。

こういったシナリオは、誰もが面白がるようなものではないが、物理学者たちはこんな想像をしては楽しんでいる。これらの天体は、その縁で時間が停止してしまうからという理由で、「フローズン・スター（凍結した星）」という名前で長いあいだ呼ばれてきた。しかし、厳密な意味で時間が凍結するわけではない。厳密には、時間が停止するのは永久に静的なブラックホールの縁においてのみである。物質を呑み込んで成長しているブラックホールの場合、その事象の地平面も成長して、その内側へと落ちてくる「凍結した」物質を、まるで蒸気ローラーでのしてしまうかのように、猛烈な力で引き伸ばす。

「ブラックホール」という表現は、ジャーナリストのアン・ユーイングが書いた一九六四年の記事に初めて登場した[15]。この表現は、その後一九六七年にジョン・アーチボルト・ホイーラーが、ある会合で使ったことによって、用語として確立したのだった。その後「ブラックホール」は、一般の人たちも専門家たちも同様に魅了し続けている。言葉は物理学においても重要だし、アメリカ人たちはマーケティングに抜かりがない。今「完全に重力崩壊した天体」の最初の画像についての本が出版されたとしても、誰も買わないだろう。

だが、ブラックホールには自転しているものもある。ニュージーランド出身の数学者ロイ・カーは、一九六三年に自転しているブラックホールの周囲の時空を記述するアインシュタイン方程式の解を発見した[16]。自転する物体がブラックホールに落ち込んだとすると、その角運動量は保存される。渦が水を回転させるのと同じように、ブラックホールは自らと一緒に空間を回転させる。そして、渦に巻き込まれたボートが深みに引き込まれるように、回転する空間は、ある距離範囲のなかにある物質を、そして光までも、自らと一緒に回転させる。そして理屈の上では、この逆に、渦の領域に磁場をかけることによって回転エネルギーを引き抜くことが可能だ[17]。自転するブラックホールの中心の特異点はドーナツ状で、摩訶不思議な性質を持っている。数学的には、ある瞬間に出発して、その周囲を一周し、全く同じ瞬間に戻ってくることができるのである。

ブラックホールになるのは、非常に大きな恒星で、あまり長生きしないもの――寿命が数百万年程度のもの――だけだ。巨大な恒星は、形成された直後、それは再び爆発する。このように、若い恒星が形成されるたびに、その直後に恒星ブラックホールが形成される。現時点において、私たちの天の川銀河には、数億個の恒星ブラックホールが存在すると推定されている。私たちからは数千光年離れており、小さすぎて、画像として捉えることはできない。これらの天体が、明るいX線源として空に輝いているのが見えることがときどきある。それは、自らの周囲を公転する近くの恒星からブラックホールが物質を吸い取った瞬間の光にほかならない。このようなペアは、X線連星と呼ばれている。それは実際には、恒星と恒星の死骸が互いに相手の周囲を公転している連星だ。ゾンビ・ブラックホールが、パートナーを少しずつ食べているのである。

天の川銀河の中心で

二〇一六年六月。ナミビアのガムズバーグ山の、広々と真っ平らな山頂に私は座っている。私たちはここに新しい電波望遠鏡を建設したいと考えているのだ(18)。現時点では、ここには山小屋がいくつかあるだけだ――資金がないのだが、圧倒されそうなパノラマに囲まれながら、遠くのほうまで見渡すことはできる。眼下には、どの方角にも色とりどりの岩だらけの砂漠が広がり、頭上では沈みゆく太陽がほとんど雲のない空を赤く染めている。砂と太陽が交わし合っている色彩がゆっくり消えつつあるのを見ながら私は幻惑される。これよりも美しい瞬間など決してあるまい？　天空を見つめる私が、純粋に客観的であることなど絶対にない。常に魅了され夢中になって見ている。

アフリカ南部の、よく晴れて空気が乾燥した夜、一番近い町からでさえ遠く離れたここで、満天の星空が私の頭上高くを覆っている。天井画を施した教会のドームを中から見上げているかのように。宇宙の暗闇から放たれた、直径一〇万光年の天の川銀河の壮麗な輝きが、一本の輝く帯の姿で、一度にすべて目に入る。無数の星が、全天に広がる光のベールに織り込まれている。随所に見える黒い点が、いつもは北半球から見ている私には馴染みのない質感を天の川に与えている。これらの黒い点は、宇宙塵からなる星間雲で、新しい恒星、惑星、そしてブラックホールが生まれる場所だ。今私は、裸眼でそれらの黒点を見つけることができる。私のほぼ真上には、天の川銀河の中心が見える。その中央のどこかに、「私の」ブラックホールが隠れている。晴れ渡った満天の星空の下にいると、ほとんど手が届きそうなほど星が近く見える。だが、厳密にどこにあるかは推察するほかない。というのも、私たちの銀河そのものの暗い塵雲に遮られて、その中心を見ることはできないからだ。天の川銀河は桁外れに美しく、それを完全に理解することはそれと同じくらい桁外れに難しい――まさに我々はその一部であるがゆえに。私たちは観測者であるのみならず、宇宙に浮かぶこの島の住民でもあるのだ。

天の川銀河は、月に次いで夜空でよく目立つ構造だ。非常に明るくはっきりと輝いて見えるので、伝説によれば、使徒大ヤコブをサンティアゴ・デ・コンポステーラまで導いたという。私は今、「カミーノ（Camino、道を意味するスペイン語）」を歩くのにGPSを使うが、少なくともフンコロガシは、糞の山から取り分けた糞の球を転がして運ぶのに、いまだに天の川を使って方向を見極めている。[19] この白い帯は、地上に初めて登場した狩猟採集民たちの考えや感情にインスピレーションを与えたに違いない。

欧米で天の川銀河を「乳の道」を意味する言葉で呼ぶが、この名が付いたのは大昔のことだ。ギリシア神話によれば、ゼウスがまだ乳飲み子だった息子のヘラクレスを、眠っている妻ヘラの胸元に置いた。しかし、ヘラクレスが猛烈な力で乳を吸ったためにヘラが目覚め、赤ん坊を押しのけた。そのとき母乳の一部が大空に飛び散った――こうして「乳の道」が生まれたのだった。ギリシア語ではこれをGalaxiasと呼ぶが、ここからGalaxyという言葉が生まれたのである。私たちの「乳の道」、天の川銀河は数千億個の恒星からなる。宇宙には天の川銀河と同様の構造がたくさん存在するが、これらのものも「銀河」と呼ばれている。博物学者のアレクサンダー・フォン・フンボルトは、これらをWelteninseln――「世界の島」を意味するドイツ語で、普通「島宇宙」と訳される――と呼んだ。私自身は、この名前のほうがより美しいと思う。

古代ギリシアの哲学者デモクリトスは、紀元前五世紀に、天の川の光は多数の星の輝きが合わさって届いている以外にあり得ないと考えた。それから二〇〇〇年近く経って、自作した望遠鏡で天の川に夥しい数の星があることを観察したガリレイは、デモクリトスは正しかったのだと納得した。一八世紀になると、イマヌエル・カントが天の川は円盤状の構造をしており、その星たちは、概略その同じ平面に沿って配置されているに違いないと記した。

同じころ、フランスの天文学者シャルル・メシエは、パリ中心部のクリュニー館から彗星探索に勤しんでいた。ちなみにこの館は、現在は国立中世美術館となっている。メシエは、明らかに彗星ではなく、全く動いていない、奇妙な雲のようなものが天空に多数存在しているのを見出した。これらの雲が何なのか、メシエにはわからなかった——しかし彼は、それらを記録し、番号を付けた。こうして彼がリストに挙げた、正体不明の雲のようなものは一一〇件にのぼった。このカタログは、今日では彼の名を冠してメシエカタログと呼ばれている。

今もなお、アマチュア天文学者たちは、これらのメシエ天体を観測するのを大いに楽しんでいる。メシエ天体は、メシエの頭文字Mに、カタログに記載されている順番を表す数字を組み合わせた略称で呼ばれている。M1は、かに星雲だが、これは一〇五四年の超新星の残骸である。M13のヘルクレス座球状星団は、北半球の空で最も明るい球状星団で、二万二〇〇〇光年の距離にある。数十万個の古い恒星が、直径一五〇光年の軌道の上で互いに周回しあっている（訳注：M13全体の直径が約一五〇光年で、夥しい数の恒星が密集しているので、互いの軌道に著しい影響を及ぼし合い、重力熱力学的振動などの複雑な相互作用を行っている）。M42はオリオン大星雲で、恒星が誕生する現場である。

これらの天体はすべて、天の川銀河に属している。天の川銀河には、素晴らしい構造や星の集団がたくさん存在する。しかし、メシエカタログに載っているすべての天体が、私たちの島宇宙、天の川に含まれているわけではない。M31はアンドロメダ銀河で、古くはアンドロメダ星雲と呼ばれていたが、これは私たちの天の川銀河の双子の兄弟に当たる銀河だ。天の川から二五〇万光年しか離れていない、お隣である。そしてM87は、おとめ座のなかにあり、おとめ座Aとも呼ばれているが、これは数兆個の恒星を含む巨大な銀河で、その中心に、私たちが世界で初めて姿を撮影した巨大ブラックホールが存在している。メシエは、彼が生きていた時代にあって、これらのことは全く知らなかった。彼にとっては、このようなぼんやりと光が広がった点を、誰かが間違って彗星と思ったりしないようにするために、便利なリストを作ることが必要だっただけなのだ。

一八世紀の終盤になって、ウィリアム・ハーシェルが天の川の実際の大きさがどれくらいかという概算を行った。ハーシェルはアマチュア天文学者で、音楽家として生計を立てており、交響曲やフーガを作曲した。しかし、彼が本当に情熱を注いだのは星たちで、彼は妹のカロラインと共に星の観測に耽った。カロラインは声楽家であると同時に才能ある天文学者であった。

ドイツ生まれのハーシェルは、独学者であったが、最高の反射望遠鏡製作者の一人という名声を得た。直径一メートル以上にもなる反射鏡そのものを、原料の金属を溶融させ注ぎ込むところから始めて、彼は自ら製作した。ハーシェルは科学者や貴族に望遠鏡を提供し、中国にも一台を送った。彼がとりわけ好んだのは、自作した最大の望遠鏡を使って自ら星空を観測したり探索したりすることだった。この望遠鏡は口径一・二メートルもあり、巨大な木製の骨組構造で支えられており、動かすには滑車と巻き上げ機が必要だった。

ハーシェルは、軍の楽団員の息子で、父がイギリスに赴任した際に共に移住した。ハノーファー生まれのハーシェル兄妹は、このイギリスの地において、星を数えて、シャルル・メシエが作り始めたカタログを拡張する仕事を行った。ハーシェル兄妹は、メシエが雲として挙げた天体のいくつかは、実際には雲ではなく星の集合体だと突き止めた。一七八五年、二人は、五万個の星を含んだ天の川の図を出版した。大まかには楕円形にも見えるその絵は、実際の天の川の形状をあまり反映してはいないのは確かだが、それはデータのせいというよりも、ハーシェル兄妹が採用した手段に欠陥があったせいだ。ハーシェルのモデルでは、私たちの太陽が依然として天の川のほぼ中心にある。これは、今では誤りであることが知られている。

二〇世紀の幕開けには、天文学的研究はすでに、驚くほど正確に天の川銀河の姿を捉えていた。天文学者たちは、それは直径約一〇万光年の平らな円盤状の形であろうと考えた。厚さについては約四〇〇〇光年だとされた。それでもやはり、大半の科学者が太陽はその中心にあるはずだと予想していた。

二〇世紀の前半、これを次の段階へと進めたのは、オランダのヤコブス・カプタインだ。彼は二七歳の若さで、すでにフローニンゲン大学の天文学の教授を務めていた。カプタインは、すべての恒星が同じ一つの中心の周りを回転していることに気づいた。彼は自身の動力学的な天の川銀河のモデルを一九二二年に発表した。ただし、彼もまた、重要な一点で間違っていた――彼のモデルは、私たちの太陽系は天の川銀河の中心から少しずれているという点では正しかったのだが、それでも、まだ中心点に非常に近く、現在の我々の知識からすると、その位置は巨大ブラックホールの近傍に含まれてしまうのである。

これを正したのがアメリカの天文学者ハーロー・シャプレーだ。彼はウィルソン山天文台で超大型望遠鏡を使って観測を行った。球状星団を観測し、それらの地球までの距離を特定することによって、天の川銀河の大きさを推定した。

これが可能になったのは、一九一二年に、アメリカの天文学者ヘンリエッタ・スワン・リーヴィットが、明るさを周期的に規則正しく変えるセファイド変光星について、絶対等級（本当の明るさ）が高いものほど変光周期が長いという関係を明らかにしたからにほかならない。この関係から、セファイド変光星の変光周期を測定すれば、その距離を特定できるようになったのである。リーヴィットは、アニー・ジャンプ・キャノンと同じ世代の、不屈で熱心だがその成果が必ずしも正当に評価されなかった女性天文学者である。今日では少なくとも、キャノンもリーヴィットも、月のクレーターの名称に名前が使われている。

シャプレーは、いくつもの球状星団の位置を、そのなかに存在するセファイド変光星の距離測定によって特定し、太陽はそれらの星団の中心にはないことを明らかにした。つまり、天の川銀河の渦状に伸びた腕は、太陽系を中心に回転しているわけではなく、天の川銀河の中心はカプタインが考えたよりも、我々からずっと遠くに離れているはずだということだった。シャプレーは、太陽系は天の川銀河の中心から約六万五〇〇〇光年離れていると推定した。のちに彼は、この距離を約三万五〇〇〇光年と修正している。これによってシャプレーは、天の川銀河にとってのコペルニクスとなった。ドイツ系ポーランド人でカトリックの司祭だったコペルニクスは、一六世紀に地球から太陽系の中心の座を奪い取り、中心からはるかに離れた軌道へと追いやった。今やシャプレーが、太陽と、その惑星たちを天の川の中心である要の場所から、辺縁部へと追放したのだった。

シャプレーは天の川銀河の大きさを、当時広く信じられていたよりもはるかに大きいと考えていた。彼の推定によれば、その直径は三〇万光年であった。また、望遠鏡で観測される星雲はすべて天の川銀河に属するというのが彼の持論だった。つまり、銀河はただ一つ、私たちの天の川銀河しか存在しない、というのである。彼によれば、宇宙全体が天の川銀河なのだった。

この見解に立ったシャプレーは、伝説的とも言えるある論争に巻き込まれた。一九二〇年四月二六日、のちに「大論争」と呼ばれるようになったその討論は、ワシントンD.C.のアメリカ科学アカデミーで行われた。天文学の二つの立場が対峙した。太陽が中心にない巨大な天の川銀河を主張するシャプレー、それに敵対するもう一方は、島宇宙説を主張するヒーバー・カーチスだ。カーチスは、天の川は多数存在する銀河のうちの一つに過ぎず、渦巻星雲はそれぞれが独立した恒星系だと考えていた。だが彼のモデルでは、太陽系は天の川銀河の中心に位置していた。

この日、討論に先立って、二人の科学者たちがそれぞれ、自説を解説する講演を行った。対決は夜、自由討論の形で行われた。互いに一歩も譲らなかった。天文学者としてのそれまでの研究をとおして、数回の観測でリーダーを務め、日食観測のための遠征を約一〇回行ってきたカーチスにしてみれば、シャプレーが観測でしくじったことは間違いなかった。二人とも自分の立場を熱心に主張したが、その夜はどちらの勝ちかはっきりさせることはできなかった。討論が終わるまでに、シャプレーは聴衆の数名を新たに自分の味方に引き入れたようだ。しかし実際には、二人とも、主張の一部だけ正しかったのである。

聴衆のなかに、シャプレーとカーチスの議論を興味津々で聴いていた科学者が一人いた。エドウィン・ハッブルである。一度は弁護士となったものの、その後天文学の道に進んだハッブルは、この大論争にほどなく決着を付ける。皮肉なことに、この決着をもたらした大発見が行われたのも、シャプレーが自分の研究に使ったのと同じウィルソン山天文台においてだった。

人間は裸眼でどれくらい遠くまで見ることができるのかという疑問に、そこそこ正確に答えられるようになったのは、ハッブルのおかげだ。三百万光年弱というのがその答えである。私たちの目は、これだけの距離を越えた遠方にある、何の変哲もない空の一点を見ることができる。そこにあるのがメシエ番号M31のアンドロメダ銀河だ。地球に最も近い銀河の一つで、望遠鏡を使わずに夜空に見ることができる唯一の銀河である。私たちが見ることのできるそれ以外の星はみな天の川銀河の星だ。アンドロメダ銀河はシャプレー対カーチスの大論争にとっても鍵となった。しかも、それだけではなかった。大論争のみならず、宇宙の構造全体にとっても鍵となったのだ。

この伝説的な討論のちょうど三年後、ハッブルはアンドロメダ星雲が、新しい星がなかから生まれてくるガスの雲というような単純なものではないことを発見した[20]。その星雲と呼ばれていたもののなかに、そこから地球までの距離を測定するのに使える星を見つけた。周期的に明るさが変わるセファイド変光星だ。ヘンリエッタ・スワン・リーヴィットが記述したのと同じものである。セファイド変光星の変光周期と絶対等級（実際の明るさ）の関係がリーヴィットによって特定されていたことから、変光周期から絶対等級がわかり、絶対等級と見かけの明るさの違いから、地球からどれだけの距離にあるかが導き出される。

こうして求めたアンドロメダ星雲までの距離が非常に長かったことから、この星雲全体が天の川銀河の外部に存在しているとしか考えられなかった。ハッブルは、それ以外の観測の結果をこれと合わせて考慮した結果、アンドロメダ星雲はそれ自体が一つの銀河であるとの結論に達した。シャプレーは間違っていた。私たちの天の川銀河は、宇宙に存在する多くの銀河の一つにすぎなかったのだ。これを発表するに先立ち、ハッブルはシャプレーに手紙を書き、彼が研究によって到達したこの結論について知らせた。彼のこの行為が害意によるものなのか、それとも紳士的な義務感によるものなのかはわかっていない。シャプレーのほうは、これ以前にハッブルを辛辣に批判し、彼の考えなどあまり評価していないと明言していた。ところが、今やシャプレーは、自分が間違っていたことを認めたのである。その手紙を読んだシャプレーは、学生の一人にそれを見せて、「この手紙が私の宇宙を破壊したんだよ」と言った。[21]

「天文学の歴史は地平線の後退の歴史である」（後出の戎崎訳『銀河の世界』四七ページより引用）と、ハッブルは一九三六年の『銀河の世界』（Realm of the Nebulae、戎崎俊一訳、岩波書店）に記した。[22] しかし、天の川銀河の場合、一九二〇年代のハッブルやほかの天文学者たちによる発見のあと、地平はまだ、現在ほど広がっていなかった。知識がまだ今のレベルに達していなかったのである。知られている宇宙の大きさはまだ小さかったし、そのなかのどこに私たちがいるかについてもまだはっきりしていなかった。なぜなら、天の川銀河の中心は、銀河そのものの円盤をなす分厚い塵で隠されて光学式の望遠鏡では観察できなかったからだ。

一九三〇年代になってようやく、電波望遠鏡が天文学のために宇宙に向かう窓を新たに開いてくれて、この事態は一変した。一九三二年、カール・グース・ジャンスキーは、宇宙電波放射を史上初めて観測した。彼は研究中に、間違いなく宇宙から来ている電波雑音信号を観測したのだが、そのうち最も強い信号がいて座付近からのものであることを突き止めた。今日では、天の川銀河の中心（銀河中心）がこの方向にあることが知られている。

オランダの科学者ヤン・オールトも、天の川銀河の中心はこの方向にあると考えていた。太陽系の外側を取り囲み、彗星の源とされる「オールトの雲」に名を冠するオールトは、銀河中心は太陽系からいて座に向かって三万光年の距離にあると推測した。これは、今日知られている二万五八〇〇光年という値に非常に近い。彼の同胞のヘンドリク・ファン・デ・フルストは、第二次世界大戦中ドイツ占領下のオランダで、ユトレヒトの天文台に籠って研究していたあいだに、電波天文学を前進させた。彼は、天の川銀河の至るところに非常に豊富に存在する原子の形の水素は、電波周波数領域の特殊なスペクトル線を発するはずだと予測したのだ。彼によれば、それは正確に一・四ギガヘルツの周波数であるはずだった。現在携帯電話で使われている周波数範囲にほぼ含まれる。

これは真の意味で、闇を照らして真実を明らかにし得る発見だった。電波は壁ほど厚いものでも突き抜けられるので、天の川の塵の雲など電波にとっては何ら障害にはならない。電波の波長の光は、天の川の暗い領域からも輝き出て、ここまで届いているのだから、ファン・デ・フルストとオールトはこの電波を使って、天の川銀河の構造を観測し、その渦巻きの腕まで発見できたわけだ。このような構造は、銀河のずっと上のほうに浮かんでいる人には簡単に観察できるだろうが、もちろん私たちは銀河のなかにいて、横方向から銀河を観察しているのである。

ようやく一九五〇年代中ごろになって、天の川銀河のなかのどこに太陽系が位置するのかを特定することができた。その位置というのが、いて腕とペルセウス腕のあいだにある、ローカルアームと呼ばれる、長さ二万光年にわたる星・ガス・塵が集まった領域のなかである。この位置にあって、私たちの太陽系は銀河中心に対して秒速二五〇キロメートルのスピードで回転している。カレンダーを銀河年に合わせなくてもいいのはありがたい。太陽系が銀河の回転木馬で一周するには二億地球年かかるからだ。

惑星が太陽の周囲を回転するのと同じように、太陽は天の川銀河の中心の周囲を回転している。現在では、銀河中心にあるブラックホールを電波望遠鏡で観測する際に、太陽のこの運動を二、三週間の遅れで追跡することができる。私の同僚のアンドレアス・ブランターラーとマーク・リードがいつもこれに取り組んでいる。[23] このブラックホールは空を猛スピードで運動しているように見えるが、それは思い違いで、本当は私たちが銀河中心に対して運動しているのである。私たちが普段、周囲の恒星がみんな動いていて、自分たちは静止しているように感じているのと同じだ。

長期的にはこの運動も、私たちが見る星空に影響を及ぼす。約一〇万年後には、おおぐま座の七つの明るい星からなる、かの有名な北斗七星は、今とは違った姿になっているはずだ。台形に取っ手がついたひしゃくの形はやがて、誰かに壁に打ち付けられたような形になってしまうだろう。

天の川銀河は、今日なお巨大な研究対象だ。現在進行中の欧州宇宙機関（ESA）によるガイア計画では、宇宙望遠鏡から常に一定のペースで、銀河系の構造やその進化史に関する新たな詳しいデータが送られてきている。アミナ・ヘルミは銀河考古学者でフローニンゲン大学の教授だ。したがって彼女は偉大な先人カプタインとオールトの後継者ということになる。二〇一八年彼女は、天の川銀河が生まれたときからずっと隠してきた秘密を明らかにした。一〇〇億年前に私たちの天の川銀河に衝突し合体した矮小銀河、ガイア－エンケラドゥスの痕跡が今日なお天の川銀河の内部を周回しているのだ。このような矮小銀河を獲物のように捕らえて取り込んだことにより、天の川銀河は大きくなり、また、中心部にバルジと呼ばれる膨らみが形成された。

しかし、天の川銀河の進化はまだ終わっていない。天の川銀河の周辺にはさらに多くの矮小銀河が周回しているし、さらに、数十億年のうちには、同等の大きさを持つアンドロメダ銀河と合体すると予測されている。私たちの住処である天の川には、今後もわくわくするような時代が待っているのである。

第6章　銀河、クェーサー、そしてビッグバン

猛スピードで遠ざかる銀河たち

各学期の最初の授業で、私の講座の学生たちにはちょっとした体操をしてもらうことにしている。五人の学生に、壁と直角になるように一列になって、肩が触れ合うくらいの間隔で並んでもらう。五人目の学生には、左腕を肘のところで曲げて体に引き付けた状態で、左手を壁に当ててもらう。そのほかの四人には、左手を隣の学生の肩の上にのせてもらう。私の合図で、全員が同時に左腕を伸ばして、一秒間のうちに、左側に腕の長さ分の間隔を作らなければならない、というゲームだ。さて、何が起こるだろう？

彼らが同時に腕を伸ばさなければならないとすると、まず、壁の真横に立っている学生は一歩右に踏み出さなければならないだろう。しかし、彼女の隣の学生は、二歩右に踏み出さねばならなくなる。なぜなら、彼は壁に対して、腕二本分だけ遠ざからねばならないからだ。さらに彼の

右隣の学生は、この同じ一秒間に三歩右に踏み出さねばならない。そして、一番右端の気の毒な学生はどうなるだろう？　彼女は、かなりの力で押されて、飛んで行ってしまう――一秒間に五歩というのは多すぎるとしか言いようがない。ありがたいことに、たいていの場合、私はこの一番端の学生をちゃんと支えてやることができる。

このゲームの目的は、空間が膨張するとどうなるかを実感してもらうことだ。二人の学生のあいだに――あるいは、二つの銀河のあいだに――空間が少し挿入されたらどうなるだろう？　学生も銀河も、相手から遠ざかる！　そして、元々遠くにいる人ほど、より遠くへ行く。これは単純な事実だが、宇宙空間にあてはめると、宇宙について私たちが持っている理解が、コペルニクス、ケプラー、あるいはニュートンによるのと同じくらい劇的に変化する。

アインシュタインは、相対性理論を発表した直後、自分の理論が描く宇宙には問題があることに気づいた。彼の理論によれば、宇宙は定常ではなかったのだ。重力は物質を引き付けることしかしない。理屈の上では、物質で満たされた宇宙は、空気が漏れていく熱気球のように、しぼんで縮んでいかなければならない。今日私たちは、これを「ビッグクランチ」と呼んでいる。

幸い、彼の方程式には、ちょっとした小細工を施す余地があった。任意の定数を付け加えることができたのである。その定数は、宇宙を膨張させる謎の力を表していた――一種の反重力だ。この宇宙定数と呼ばれるものを使うことによって、アインシュタインは自分の理論が描く宇宙がビッグクランチを起こすのを防ぐことに成功した――だが、彼はそのことに満足してはいなかった。

やがて状況はさらに悪化した。一九二二年、ロシアの物理学者アレクサンドル・フリードマンが、相対性理論の方程式に基づいて膨張する宇宙を記述することに成功した――アインシュタインが付け加えたような謎の定数を使うことなく――という手紙をアインシュタインに送ったのだ。アインシュタインはフリードマンの宇宙モデルを却下した。彼にとっては、宇宙は永遠で定常的だった。当時は、このように考える十分な理由があった。

その後、よりによってカトリックの司祭が議論に加わって、アインシュタインの根本的な信念を一層大きく揺さぶった。その司祭は膨張する宇宙を数学的に記述したのみならず、天文学者たちがその兆候をすでに発見していると主張したのだ。

その司祭とは、ベルギー出身のジョルジュ・ルメートルである。彼は、イエズス会の学校で学んだあと、第一次世界大戦で志願して出征し、恐怖を経験したのち、司祭職を志しながらルーヴェンで数学と物理学を学んだ。やがてケンブリッジ大学で名高いアーサー・エディントンの元で学んだのに続き、ボストンのマサチューセッツ工科大学（ＭＩＴ）で博士課程に進み、ここで博士号を取得した。

ルメートルはまず、アメリカの天文学者ヴェスト・スライファーがアリゾナ州のローウェル天文台で、いくつもの渦巻星雲（訳注：当時はまだ、雲のように見える遠方の天体の多くが実際には銀河であることが明確になっておらず、星雲と呼ばれていた）が示す奇妙な性質を発見していたことを知った。スライファーは、ドップラー効果を利用してこれらの星雲（銀河）の速度も一九一七年に測定していた。ドップラー効果は、音響学分野の現象としてよく知られている。救急車がサイレンを鳴らしながら通り過ぎるとき、こちらに近づいて来るあいだは、サイレンの音がどんどん高くなるように聞こえる。一方救急車が通り過ぎて、遠ざかっていくときは、音はどんどん低くなって聞こえるという現象である。音についても成り立つこの関係は、光についても成り立つ。銀河がこちらに近づいているとき、その銀河の光は圧縮されて青色側にシフトする。銀河がこちらから遠ざかっているとき、その光は引き伸ばされて赤色側にシフトする。もちろん光は、こちらに近づく方向にも、遠ざかる方向にも、常に光速で進むのだが、私たちがその色をどう知覚するかは変化する。そのような次第で、分光器を使って、銀河の光に含まれている原子の指紋とも言えるスペクトル線を測定すると、ごくわずかな色のシフトも測定することができ、そのデータから、その銀河が観測者が見ている方向にどれだけの速度で運動しているかを知ることができる。

スライファーが得た結果はこうだ。私たちに最も近いアンドロメダ銀河を除いて、ほかの銀河からの光はほとんどが赤方偏移していた。ほかの銀河はほぼすべて私たちから遠ざかっていたのだ！　これは奇妙といって済まされるものではなく、しかも偶然ではありえなかった。混雑したダンスホールを思い浮かべてほしい。フロアを優雅に動き回りながら踊るカップルでホールはひしめいている。あなたがそこにいたとして、あなたに近づいて来るカップルと、遠ざかっていくカップルはほぼ同数のはずではないか？　もしも全員があなたから遠ざかっているとわかったら、どう考えればいいだろう？　あなたはそんなに嫌われているのだろうか？

ルメートルの答えはこうだ。それは私たちがどうのこうのということではない。宇宙全体が膨張しているのであり、それに伴って光も伸びているのだ。スライファーが計算した銀河の速度とハッブルが計算した距離とを関連付けることによって、ルメートルは私たちから遠く離れている銀河ほど高速で遠ざかっていることを見出した。最も遠い銀河が最も速い——私の講座の最初の授業で、列の最後に立つ気の毒な学生と同じように。

やれやれ、これで安心できる。銀河たちがこのようにせわしく遠ざかっているのは、私たちの天の川銀河に何か不快で近づきたくないような性質があるからではなく、ほかの銀河にいるほかの観測者たちも、私たちと同じことを観測しているのだ。私の最初の授業の学生たちとは違って、天の川銀河は宇宙のどこかにつなぎとめられているわけではないし、また、宇宙の中心で静止しているわけでもない。それは、宇宙のダンスホールのごった返しのなかで、ほかの銀河たちに交じって、どこかで動いているのだ。宇宙のダンスフロア全体が、ホール全体もろともにどんどん膨張しているのである。

また、次のように思い浮かべることもできる。すなわち、もしも巨大なダンスホールの外側の壁全体がダンスフロアだったら、踊り手たちはホールの表面で踊っていることになる。ホールが膨張すれば、空間がどんどん広がり、踊り手たちは互いに相手から遠ざかっていくだろう。お互いの腕にしっかりつなぎ留められている者たちだけが結ばれたままの状態でいられるだろう。天の川銀河とアンドロメダ銀河のように。お互いの引力が、膨張する宇宙の力に優っているというわけだ。

ルメートルは、彼が到達したこの結論を、ハッブルが測定した距離のデータを引用したフランス語の論文として一九二七年に発表した。二年後、ハッブルが同じデータを使って得た同じ相関関係（訳注：地球から遠ざかる速さと、地球からの距離の相関関係）を発表した。ただし、彼は英語の論文を発表したのだった。ところが彼は、スライファーの測定を使いながらスライファーの名は挙げず、個人的に連絡を取っていたルメートルについても一切触れなかった。科学史家たちもハッブルの同時代人たちも、ハッブルについては、「彼は他者の名前を引用元として挙げる際に非常に選択的で、言及すべき同僚の論文を挙げなかった」[1]と述べている。これはずいぶんと遠慮した物言いである。科学者の世界では、同僚たちの論文にどれだけ頻繁に引用され謝辞を与えられるかは、自分の価値の確固たる指標だ。ハッブルのような行為は、残念ながら珍しくはない。しかしそれは非常に非倫理的である。

ときに科学は、ホメロスの長編叙事詩『イリアス』に似ている。あなたの行為や、場合によっては命よりも、あなたについて後世に語られる物語のほうが重要なことがあるのだ。ハッブルは、自らを歴史のなかの特別な存在にすることに腐心していた。そして彼はそれに成功した。有名な宇宙望遠鏡に彼の名が冠され、宇宙膨張の法則は、長いあいだ「ハッブルの法則」とだけ呼ばれてきた。ようやく二〇一八年になって、国際天文学連合は、投票によってこれを「ハッブル－ルメートルの法則」に改名した。

ハッブル－ルメートルの法則は、私たちが知る宇宙の範囲を広げるうえで極めて重要であった。この法則を手にしたおかげで、最も遠方の銀河と地球との距離が測定できるようになったのだ。数十億光年の距離など、もはや問題ではない。銀河のなかで光を放っている原子たちに特徴的なスペクトルのパターンを見つけられる限り、そのスペクトル線の赤方偏移は、その銀河との距離の目安となる。

アルベルト・アインシュタインは、この新たな展開には断固として反対だった。そのような膨張は、時間を巻き戻してみれば、大昔には宇宙全体がたった一つの点に圧縮されていたはずだということを意味するからだ。ここでもまた、彼の方程式は時空の特異点をもたらしてしまった——ブラックホールの場合と同じように。だが今回は、これは宇宙には始まりがあったということだ！ ルメートルは、勇敢にもこの仮説を提唱する最初の人物となり、数十億年前に、まるで卵が孵るように宇宙がそこから生まれた「原始的原子」という概念を論じた。

アインシュタインは、この説も気に入らなかった。いかにも司祭による希望的観測という感じがするではないか？ 創造に関する聖書の考え方から来たのではないか？ カトリックの司祭であるルメートルに、多くの人がこのような疑いの目を向けた。科学者たちの猜疑心は消えず、彼のモデルを「ビッグバン」と呼んで冷笑した者もいた。そうなのだ、ビッグバンという言葉は、最初は否定的な意味で使われていたのだが、やがてその背後にある考え方が正しいことが明らかになり、その概念を表す用語として定着したのである。ドイツ語では、「Urknall」と呼ばれるが、「最初の」または「原初の」爆発を意味するこの言葉はドイツで普及している。私個人としては、ビッグバンよりこちらのほうが適切であると感じる。

あるときルメートルは、時間をかけてじっくりとアインシュタインに話をして、彼の提唱する定常的な宇宙は間違っていることを納得させようとした。しかし、ビッグバン理論が完全に受け入れられるまでには非常に長い歳月が必要だった。私自身が若手科学者だったころ、この考え方を強硬に否定する「長老」科学者たちがまだいた。「ビッグバンなんぞ認めれば、創造主が棺のなかから跳び出てくる」と、彼らは恐れていたようだ。しかし、ここでは、歴史がまた繰り返されているのである。ただ、演者の役割が入れ替わっているのだ。コペルニクスとガリレオの時代、新しい宇宙モデルを拒否したのはバチカンだった。だが、ルメートルの説の場合、膨張する宇宙という新理論を一九五一年に最初に支持した一人となったのがローマ教皇ピウス一二世だったのである。

古い理論は、その最後の支持者と共に消滅すると言われるが、この場合もそうだった。今日、膨張する動的な宇宙というモデルは科学者たちに完全に支持されている。たとえビッグバンの謎がまだこれから解明されなければならないとしても。

新しい光：電波天文学

数千年にわたり、人類は空を裸眼で見るほかなかった。やがて、一七世紀になると、光学望遠鏡の助けを借りることができるようになった。だが、九〇年前、全く新しい方法が導入された。その後の短い期間に、その手法は宇宙の研究を革命的に変貌させることになる。一九三二年にカール・グース・ジャンスキーが宇宙から飛来している電波信号を発見して、電波天文学が始まるや否や、私たちは宇宙全体を、それまでとは全く違う光で見るようになった。文字どおり、全く違う光だ。というのも、可視光ではなく、電磁スペクトルの別の範囲の光を使うようになったからだ。天文学者にとってこれは、全く新しい領域へ足を踏み入れることであり、最初のうち、これに慣れるには苦労があった。これを鼻であしらった者も幾人かいた。この新しい分野、電波天文学が、天文学全体のなかに確立され、それに使われる装置が電波望遠鏡として受け入れられるまでにはしばらく時間がかかった。光学望遠鏡の結像部は一般に数層のガラスからなる。それに対して電波望遠鏡は鋼鉄からなる。

今日私たちは、電磁スペクトルのすべての範囲で宇宙を観測しており、その目的のために、電波、赤外線、光学、X線、ガンマ線の各種望遠鏡を使用する。家一軒分ほどの長い波長を持つ〇・〇一ギガヘルツの電波を受信すれば、原子よりも一億倍も小さなガンマ線も受信する。一ギガヘルツは一秒間に一〇億回の振動に等しく、Wi-Fiに使われる電波である。可視光は五〇万ギガヘルツで振動する。宇宙が放射する電磁波を、宇宙の交響曲になぞらえることもできよう。異なる周波数を、光の音階の一音、一音に対応させるのだ。現在のさまざまな楽器の周波数は、六三オクターブの幅がある。仮にこれを一台のピアノでカバーするとしたら、一二メートル近い幅の鍵盤が必要になるだろう。しかし、電波天文学が始まるまでは、私たちが聞いていた宇宙の光の音楽は、たった一オクターブの範囲にすぎなかった。電波望遠鏡により、低音が徐々に加わり、宇宙は全く新しい音を立てるようになった。空は突然、電波領域の放射に照らされて、恒星に加え、ブラックホールやビッグバンの光によっても輝き始めた。やがて、X線とガンマ線それぞれの望遠鏡が、高音ももたらしてくれた。

この新しい電波天文学のブレークスルーは第二次世界大戦後に起こった。そのタイミングは偶然ではない。航空戦がレーダー開発に拍車をかけたのだ。よりにもよって、戦争の殺戮が電波天文学に必要な技術を生み出したのである。電波天文学はさまざまな興味をかき立ててくれるが、その誕生には暗い歴史があることを決して忘れてはならない。戦後、無線アンテナ、受信用パラボラアンテナ、そして送信機が大量に入手可能となり、天文学者たちはできるだけ多くを確保しようと競争に走った。

その後数年、元はレーダー施設のために製作された巨大な無線アンテナを使った研究が主流となった。イギリスでは、アルフレッド・チャールズ・バーナード・ラヴェルが率いる、元英国空軍兵たちのグループが、口径七六メートルの巨大望遠鏡をジョドレルバンク天文台に建設した。しかし、計算ミスのせいで、寸法が実際の目的には完全に不適切だった。プロジェクトは財政難に陥り、ラヴェルは投獄の危機に直面した。ところが、一九五七年のスプートニク・ショックが、ラヴェル望遠鏡を救った。世界初のソ連製人工衛星からの信号を受信できるのはイギリス全土で唯一このグループだけだったからである。もちろん、彼らはそれにパラボラアンテナを使ったりはせず、単純なワイヤーを使ったのだった。

オランダ人たちも同様に、この光のスペクトルの新たな範囲で天空を探査し始めた。当初彼らはドイツのレーダー施設で観測を始めたのだが、やがてデュインゲローに二五メートル望遠鏡を建設した。この電波望遠鏡は、ヘンドリク・ファン・デ・フルストが予測した水素が放射する波長二一センチメートルのスペクトル線を検出するのに使用された。

オーストラリアでは、ニューサウスウェールズの小さな町パークスのそばに口径六四メートルの電波望遠鏡が建設され、アポロ一一号の月面着陸の映像を真っ先に受信しテレビ中継を可能にした。この功績は、パークス天文台の科学者たちの並外れた努力の賜物である。

一九七〇年代、ドイツの電波天文学者たちは、西ドイツの首都ボン近郊の自然に囲まれた町エフェルスベルクに、口径一〇〇メートルという世界最大の可動式電波望遠鏡を建設した。この望遠鏡を運用しているマックス・プランク電波天文学研究所の大学院生だった私は、この望遠鏡を使って、私自身の最初の電波天文学観測を行った。

これよりも大きな電波望遠鏡は、当時はたった一基しかなかった。それがプエルトリコのアレシボ天文台の口径三〇五メートルの電波望遠鏡だ。一九六〇年代にアメリカ国防高等研究計画局の資金提供により建設され、その後科学者たちに引き渡された。天然の窪地になった地形を利用して建設された、完全に非可動の固定型望遠鏡である。そのため、天空の一部しか観測できない。ジェームズ・ボンド映画『007ゴールデンアイ』のクライマックスシーンのおかげで有名になった。このシーンで、悪役がパラボラアンテナに水を入れてしまう。残念なことに、二〇二〇年、ワイヤーケーブルが切れる事故が連続し、アンテナが崩壊してしまったため、この電波望遠鏡を廃止し、解体することが決まった。

同じころ、アメリカ人たちは、口径九〇メートルの可動式電波望遠鏡の建設を進めていた。場所は、ウエストバージニア州の、電波規制地域に指定されている非常に辺鄙な町グリーンバンクである。今ではこの町は、電波の悪影響を恐れる人々のあいだで大変な人気になっている。一九八八年には、金属疲労のせいで望遠鏡が一夜にして崩壊する事故があった。その前日、ボン出身の私の同僚が(2)、この望遠鏡の最後の写真となったものを撮影していた。そして翌朝、彼は崩壊した望遠鏡の瓦礫の山を撮影したのである。概して我々電波天文学者たちは迷信を受け付けないが、その後数年のあいだ、この同僚がカメラを取り出すと誰もが少し不安になった。

グリーンバンク望遠鏡は再建された。再建後の口径は、ドイツのエフェルスベルク電波望遠鏡の一〇〇メートルよりも事実上一メートル長くなった。一メートル長いことの科学的正当性がどこにあるのか、私はいまだにわからない。しかし、この技術が限界に到達したのは明らかだった。これより大きな望遠鏡を作る者、あるいは、作ることのできる者はいないだろう(訳注：中国が二〇二〇年に五〇〇メートル球面電波望遠鏡の稼働を開始した)。

とはいえ我々天文学者は、より鮮明な画像を得るためにより大きな装置が必要だった。望遠鏡の画像の分解能は光の波長と望遠鏡の口径で決まる。一つには、望遠鏡が大きいほど画像が明瞭になる。だが、その一方で、観測を行う波長が長くなるほど、画像はますますぼやけていく。電波天文学は光学天文学よりもはるかに長い波長で行うので、エフェルスベルクの一〇〇メートル望遠鏡も、人間の目以上に鮮明な像を得ることはできない。この望遠鏡でブラックホールを見つけることはできないのだ。鮮明な像を得たいなら、創造的な発想が必要だ。見つかった解決法が、電波干渉法である。これは、数台の望遠鏡を連携させて、巨大な一台の望遠鏡に匹敵する像を得る手法なのだ。

オーストラリアのルビー・ペイン＝スコットは、第二次世界大戦後、世界に先駆けて、電波干渉法による観測を何度も成功させた。彼女には電波受信用アンテナが一つあっただけだったが、海面をもう一つの電波反射器として使うという工夫をしたのだ。一九六四年、マーティン・ライルはイギリスで「ワンマイル望遠鏡」を建設した。これは、三基のパラボラアンテナ（その一つは、半マイルの距離を移動可能）を連携させた電波干渉法による望遠鏡だが、のちに彼は、この望遠鏡で巨大な一台の望遠鏡に相当する像を得ることに成功したことを評価されてノーベル物理学賞を受賞した。ほかの電波天文学者たちもこの原理を精緻化しつづけ、より鮮明な画像を得ることを目指した。オランダでは、よりにもよって、第二次大戦中のヴェステルボルク通過収容所の跡地に、一四基の口径二五メートルパラボラアンテナを連携させた電波望遠鏡が建設された。そして、アメリカのニューメキシコ州では、三六キロメートルの範囲でさまざまな配置を取ることができる総計二七基のパラボラアンテナからなるカール・ジャンスキー超大型干渉電波望遠鏡群（VLA）が建設された。個々のアンテナは口径二五メートルだ。したがってVLAの天文学者たちは、事実上ボストン都市圏全体よりも広い面積の望遠鏡を使うことができることになる。VLAは何十年ものあいだ、天文学の分野全体で最も多くの成果を上げた望遠鏡の一つだった。

そしてついに、私たちは世界中の電波望遠鏡を連携し始めた――達し得る最高の明瞭度を持った天文学的画像をもたらすことのできる、地球と同じ大きさの望遠鏡を作ることを目指して。この手法は、超長基線電波干渉法という非常に口幅ったい名称が付けられたが、天文学者たちは普段、英語の頭文字からVLBIという略称で呼んでいる。この非常に長い基線は、望遠鏡どうしが互いに非常に長い距離を隔てて配置されているために生じる。この技術のおかげで、今や私たちは、地球規模の望遠鏡を手にしたわけだ。まさにこの技術こそが、最終的にブラックホールの画像の撮影を可能にしたのである。

クェーサー：超大質量への途上

電波天文学のおかげで、天文学者たちは全く新しい発見をすることができるようになった。それはまるで、触覚、嗅覚、味覚、視覚、聴覚に加えて、第六の知覚が彼らに備わったかのようだった。彼らはすぐに、電波源を求めて天空を系統だったやり方で探索するようになった。一気に数千の新しい天体が発見されるようになったが、それらが何であるかは誰にもわからなかった。当初は、恒星のはずだと考えられた。それ以外に何であり得るというのか？

オーストラリアでは、ジョン・ゲートンビー・ボルトンがメシエ天体M87の方角に電波源を発見し、それは私たちの天の川銀河に属するに違いないと主張した。だがじつのところ、彼自身、M87それ自体が天の川とは別の銀河であると、密かに確信していた。村八分にされることを恐れて、この放射は数百万光年の彼方から地球まで届いているのだと、同僚たちに敢えて教えようとはしなかったのである。(3)なぜなら、もしもある天体がそれほど遠くにあって、それでも私たちがその天体を観測できるなら、その電波光度はどれだけ強くなければならないというのだ？　どんな天体、銀河、あるいは宇宙にある謎の天体が、そんな大量の電波を生み出せるというのだ？

そのような考え方はあまりに過激だった。

だが、ほんの一〇年後には、ボルトンの不安は消えてしまい、「電波銀河」と呼ばれるものの存在もとっくに受け入れられるようになっていた。電波銀河として特定されたものには、M87とはくちょう座Aがある。はくちょう座Aは、ハッブル－ルメートルの法則を信頼するなら、地球から七億五〇〇〇万光年離れている。天文学者たちのあいだに大いなる興奮が広がった。なぜなら、まだ観測が始まって数年しかたっていないこの電波波長の光のおかげで、人類は宇宙の最も遠いところまで見ることが可能になり、それはとりもなおさず、宇宙の遠い過去を見ることが可能になったということでもあるからだ。

ケンブリッジ大学天文台の研究者たちはすべての電波源を記載した長大なカタログを作成した。初版のカタログは短すぎたし、第二版は間違いが多すぎたが、3Cと呼ばれる第三版は多くの研究の基盤となった。新たな電波星や電波銀河は、通し番号だけで呼ばれた。しかし、電波を放射しているものが具体的に何であるかについては、誰も見当もつかなかった。これらの謎の天体の姿は、依然として非常にぼんやりとしか見えず、位置の特定も極めて不正確だった。やがて、電波の放射そのものは、光速に近い速度で運動する電子が、宇宙磁場によって進行方向を曲げられる際に起こすことが突きとめられた。シンクロトロンと呼ばれる地球上の粒子加速器でそのようなプロセスが起こっていることは天文学者たちも知っていた。したがって、天体によるこの電波放射もシンクロトロン放射と呼ばれることになった。

いくつかの電波源は、長く引き伸ばされ、バーベルのような形をしていた。一方、小さな点のように見え、恒星とそっくりなものもあった。そして、観測する波長帯域を変えることで、さんかく座の方向にある３Ｃ 48と呼ばれる電波源が、可視光でも視認できるものとして初めて特定されたのだが、この３Ｃ 48がやはり恒星のような姿だった。ところが、まるで恒星のように見えるこの天体を分光分析すると、答えよりも多くの疑問が浮かび上がった。３Ｃ 48は未知の輝線を示していたのだ。その光のスペクトルのバーコードが、どんな既知の元素とも一致しなかったのである。宇宙で新元素が発見されたのだろうか？

ジョン・ボルトンと彼の共著者のジェシー・グリーンスタインは、これはもしかすると水素の光が赤方偏移したものかも知れないとしばらく考えたが、それもまたあまりに過激な考え方だった。なぜなら、もしもそうなら、この天体は約四五億光年離れたところに位置していなければならないからだ。「私は過激だというレッテルをすでに貼られていたので、わざわざこんな過激な説で、また危険を冒したくなかったのです」とグリーンスタインはのちに述べた。

３Ｃ 48は信じられないほど遠方にあるという仮説に対する最強の反論として振りかざされたのが、この光源の輝度がほんの数ヵ月のあいだに激変するという事実だった。そんなものが銀河であるはずがない！　銀河に含まれる数十億個の恒星たちが一ヵ月という短いあいだに、ほとんど同時に明るくなったり暗くなったりするなんて、これほど膨大な数の数十万光年離れた恒星が一斉に変光周期を変えることにしようと合意している以外ありえないだろうが、そんなわけあるまい？

世界中の八〇億人の人々全員が同時に手をたたくところを想像してみよう。聞き手である私はたった一つの音が一瞬鳴るのを聞いて終わり、というわけではなく、低く響き渡る静かな音がしばらく続くだろう。なぜなら、当然のことだが、音は地球上のいたるところを発生源として地球全体に広がっているので、一人の聞き手に同時に届くことは決してないからだ。

一方、少なくとも音源のサイズは、音が持続する時間と音速とを使って推定することはできる。音の持続が短いほど、その音が出てくる空間の容積は小さいに違いない。一秒間持続する拍手の音が聞こえたなら、拍手している人々は全員、一つのスタジアムのなかで座っているはずだ。というのも、スタジアムというものは、おおよそ一「音－秒」(訳注：音が一秒間に進む距離を長さの単位として著者が「音 - 秒」と呼んでいる。「光年」と同じ考え方)の大きさだからだ。あるいは、当然ながら、それよりも小さな、どこかの場所の可能性もある。明るさが変動する光源の場合にも、これと同じことが言える。明るさの変化が一ヵ月以内で起こるなら、その光源が一「光－月」より大きいことはあり得ない。この距離は、私たちと最も近い恒星との距離よりもはるかに短い。だとすると、3C 48はやはり恒星なのではないだろうか？

その後天文学者たちは、カタログ中二番目に明るい電波源へと関心を移した。それが3C 273だ。この天体の正確な位置を特定するため、オーストラリアのパークス天文台の天文学者たちは、ある裏技を使った。彼らは月の助けを借りたのだ。うまい具合に、月の軌道がたまたま、天空にある3C 273の前を通過する瞬間が特定できたのである(訳注：一九六二年に運よく三度、そのような掩蔽が起こる機会が訪れた)。3C 273の前に月がやってくると、月が通過してしまうまでのごく短時間だが、3C 273の電波は遮られて、パークス天文台の巨大アンテナには届かなくなった。日食と似ているが、このとき月に覆い隠されたのは太陽ではなく、謎の電波源３Ｃ２７３であった。

電波信号が消えたその瞬間に、天文学者たちは３Ｃ２７３の第一の座標を測定した（訳注：実際には、その瞬間の月の位置を測定した）。それは、月の前縁上のどこかに存在しているはずだ。続いて、月の後縁が３Ｃ２７３を通過して電波信号が復活した瞬間に、第二の座標が測定された。月の直径はわかっているし、その位置も正確にわかっているので、これら二つの瞬間の月の周縁が交わる二点のどちらかが、３Ｃ２７３の正確な位置だというわけだ（訳注：さらにほかの観測データや、三度の掩蔽のデータを考え合わせて、二点の一方に特定した）。

ついでながら、３Ｃ２７３が天空で最も明るい電波源の一つであることは間違いないとしても、携帯電話の周波数帯域については、３Ｃ２７３は、月面に置いたＬＴＥ（訳注：３Ｇ後に登場したモバイルデバイス専用の通信規格）の携帯電話を地球から測定したときよりも五倍明るいにすぎない。３Ｃ２７３の位置が特定されると、パサデナのカルテック（カリフォルニア工科大学）で研究していたオランダの天文学者マーティン・シュミットは、パロマ山天文台の望遠鏡を使ってその領域を探査し始めた。彼は、おとめ座の方向に非常に明るい星を発見した。極めて明るく、今日アマチュア天文学者が標準的な望遠鏡で観察しても見つけることができるほどだ。シュミットはすぐに、その星が放出する光のスペクトルを解析した。このスペクトルの輝線もまた奇妙だった。六週間後、彼は一つのパターンを突きとめ、確信した。これは、ほとんど想像できない二〇億光年という遠方にある天体が放出している水素のスペクトルだ、と。その光は、宇宙の膨張によってとてつもなく引き伸ばされ、一六パーセントも赤方偏移し、誰も予測しなかったところに現れたのだった。

シュミットのデータは非常に良かったので、彼は自信を持って、それを出版した。この宇宙の星が何であるはずかということは、彼には全くわからなかったかもしれないが、それで怖気づいて出版をやめたりはしなかった。その天体は恒星のように見えたが、そうではない可能性もあり、もっといい表現が見つからなかったので、彼はそれを単純に、「準恒星状電波源」(Quasi-stellar radio source、QSS)と呼んだ。やがて、天文学者の仲間言葉で、これをクェーサーと呼ぶようになった。「急に目隠しが外されて、恒星と思っていたものが恒星ではなかったと気づいたかのようでした」と、のちにシュミットは述べた(4)。

この発見がもたらした興奮を、今日想像するのは難しい。観測可能な宇宙の限界がとてつもなく広がったのだ。宇宙が、文字どおり爆発的に拡大した。

宇宙全体が時の経過と共に変化し、発展しているようだった。一〇〇億年前、宇宙はクェーサーの時代だった——当時、クェーサーの活動がピークに達した。この宇宙の最初の四〇億年でクェーサーの数は急激に増加し、宇宙全体を照らした。そして、その後の時代において、クェーサーは次々と燃え尽きていった。

しかし、3C 273の正体とは、いったい何なのだろう? さまざまな観測から導き出された結論は劇的なものだった。もしも3C 273が、これほどの遠方にあって、なおも地球からこれほど明るく見えるなら、それは一つの銀河全体の百倍の明るさで輝いていなければならない。

そしてもしもこの準恒星が数週間から数ヵ月のあいだで明滅するなら、その大きさは一光－月よりも、あまり大きくはないはずだ——おそらくせいぜい太陽系一個分程度の大きさだろう。

そのようなわけで、３Ｃ ２７３は本当に摩訶不思議なところに違いないという認識が天文学者のあいだに広まり始めた。この天体は、想像できないほどの量のエネルギーを放出しており、しかもそのエネルギーはすべて比較的小さな領域から発生していた。宇宙のなかのそれほど小さな領域で、それほどの量のエネルギーを、どうやって生み出せるというのか？ このクェーサーというものが何であれ、それは世界最高峰の天文学者たちを絶望の縁へと追い込んでいた。天文学において、これほど莫大なエネルギーを放出する天体にぶつかった者は誰もいなかった。

一部の科学者たちはすぐに、これは宇宙で最強の力、すなわち重力が関わっていそうだと考え始めた。何かがこれほど明るく輝いているなら、その質量は想像を絶するほど大きいはずだ。このような考え方は、サー・アーサー・エディントンが恒星に関して提唱したのが最初だ。光も圧力を及ぼす。恒星があまりに明るく輝いたなら、その恒星は爆発してしまうだろう——風船を膨らませすぎたなら、その風船は破裂してしまうのと同じように。非常に明るい恒星の場合、途方もなく大きな重力以外、恒星を一体に保つことはできないだろう。

クェーサーを一体に保つのに必要な最小の質量を、エディントンの説を使って計算すると、太陽の一〇億倍に近い値が得られる。この答えには誰もが面食らった。一〇億個の太陽分の明るさと、一〇億個の太陽分の質量が、一つの恒星系のなかに収まっているはずだということなのか？

クェーサー発見の六年後、イギリスの天文学者ドナルド・リンデン－ベルは、これらの矛盾の解決法を見出そうと躍起になっていた。銀河の中心に、超大型ブラックホールがあったとしたらどうだろう？　一個の超新星から生まれた小さな恒星ブラックホールではなく、数十億個の死んだ恒星が融合して、形成した巨大モンスターだ。このような天体以外に、同時に引き裂かれることなく、それほど大量のエネルギーを放出できるものはないだろう。おまけに、これなら十分小さくなる。それに、イギリスの数学者で理論物理学者のロジャー・ペンローズが、ブラックホールは一般相対性理論の枠組みのなかでは自然に形成され得ると示したばかりだった。

だが、いったいどうしてブラックホールが光を放出できるのだろう？　「ブラック」ホールというからには、光は一切放出しないはずでは？　そのとおり。ブラックホールそのものは光を放出しないが、ブラックホールに引き寄せられて、そのなかに消えていこうとしているガスは光を放出できるのだ。そのようなガスは、信じがたいほどのエネルギーで猛烈なスピードを出してブラックホールに接近しており、重力エネルギー、角運動量、磁気摩擦によって加熱される。それに加えて、ブラックホールは信じられないほど効率がよく、自分の周囲にあるほとんどすべての物体を、光速に近いスピードで運動させる。

握りこぶしぐらいの大きさの金属製ボッチボール（訳注：イタリア発祥のボウリングに似たゲーム。また、それで使用する金属などの球。パラスポーツのボッチャの原型）が一個あると想像しよう。それをボッチボールのコートに投げ込むと、ドスンという音と共に地面に落ち、小さなくぼみができる。この同じボールを大砲に込めて、秒速一キロメートルのスピードで撃つと、ボールは壁を打ち破るだろう。では、このボールをブラックホールに向かって落下させ、その速度が光速近くまで上がったとしたらどうなるだろう？　その速度は、大砲から撃ったボールの三〇万倍も速い。しかし、運動エネルギーは速度の二乗に比例して大きくなるので、ボールの運動エネルギーは一〇〇〇億倍も大きくなっている。それゆえ、ボッチボールの総エネルギーは約一〇〇億キロワット時に達していることになる。このようなボールが一個ぶつかった衝撃のエネルギーで、三〇〇万戸のドイツ家庭の一年間の電力をまかなうことができる。

想像を超えた話だ――だが、ブラックホールにはそんなことができる。もしもガスと塵がブラックホールの重力場に入ると、ガスと磁場からなる磁気乱流がブラックホールを中心とした円盤状に形成される。これは、新しい恒星の場合の降着円盤と呼ばれるものと同様のものである。そして、この巨大な渦巻きは、内部の軌道と共に、ブラックホールを中心にして、光速に極めて近いスピードで自転する。磁気摩擦の結果、ガスは加熱し、強い光を放出する。「ブラックホール」と呼ばれるものが、青白色の恒星のように輝く。内側に流れ込む高温プラズマの一部は、磁場によって、巨大な輝くジェットとして宇宙空間へと放出される。その様子は、実際、ジェット機の後ろにできる飛行機雲と似ている。その結果、数個の幸運な粒子だけが、ほかのすべての粒子には否定されたことを成し遂げる――それらの粒子はかろうじてブラックホールから逃れられるのだ。太陽のコロナにおけるのと同様、その粒子たちは磁場のなかで加速され、明るいシンクロトロン放射を発する。私たちが電波望遠鏡を使って観測しているのは、このような磁化された高温の収束したジェットが電波を放出しながらクェーサーから逃げ出しているところなのである。

このような重力によって生じた大渦とそのジェットの効率は非常に大きい――恒星の内部で起

る核融合の五〇倍にもなる。つまり、ブラックホールは宇宙で最も効率的なパワープラントなのだ。ボッチボールの代わりに一リットルの水をブラックホールに注ぎ込めば、人口数百万の都市の一年分のエネルギーを生み出すことができる。水はあるが、残念なことに、すぐ手の届くところにブラックホールはない。もしもあったなら、私たちのエネルギー問題などすべて、そんなふうに簡単に片付いてしまうだろうに。

クェーサーの喉の渇きは尋常ではない。クェーサーは毎秒、地球上の水の総量の四五倍を呑み込む。毎年太陽一個を飲み干すのに相当する（訳注：これだけの質量を吸収しないと観測されているような強い光を放射できない）。さらに、ブラックホールは特に持続可能なやり方で稼働してはいない——クェーサーが呑み込んだものはリサイクルできない。呑み込まれてしまったものはもう戻らない。ブラックホールは極めて自己中心的なのだ。一口飲むたびにブラックホールはより重くなり、より大きくなり、重力もより強くなって、一層危険になる。

3C 273を研究することで、天文学者たちは間接的にではあるが、最初のブラックホールを発見した。しかし、科学者のコミュニティーの全員が、ブラックホールは存在するという考えを共有していたわけではなかった。そんなことは全くなかったのである。クェーサーのエネルギー源がブラックホールであるという説がパラダイム化するにはその後数十年を要した。クェーサーは銀河から放り出された恒星状天体だと考えた者たちもいた。今日の天文学者にはそのような説はどうにも奇妙だが、この説は実際に議論されたものだ。最終的な証明への道はまだ長かったのである。

ビッグバンを測る

クェーサーの発見と同じころ、宇宙全体についての私たちの理解も急速に変化し始めた。一九六四年、ベル研究所のアーノ・ペンジアスとロバート・ウッドロウ・ウィルソンは、商業目的の電波通信に使われていたアンテナを天文学的な測定に転用しようとして、このアンテナで天空の電波を観測しにかかった。そのアンテナの形は、トランペット型補聴器と似ていた。しかし、最初に聞こえてきたものは、彼らには全く気に食わなかった。あらゆる方向から、弱いけれどもしつこく厄介な雑音が入ってきたのだ。彼らはすべてのケーブルを確認し、ハトを追い出し、アンテナに積もっていたハトたちの糞を取り除いた――だが、それでもなお、あのいやなノイズは検出された。そのノイズは、休むことなく宇宙から届いていたので、彼らはついには宇宙マイクロ波背景放射の存在を推論せざるをえなくなった。その信号の特徴は、全天空に張り巡らされた黒い不透明な布からの熱放射と正確に一致し、その温度は絶対温度で約三度だった（絶対零度は、何物も全く運動しなくなる温度であり、この謎の放射は、そこからたった三度しか高くないわけだ）。そのため、この放射は3K放射、または3K背景放射とも呼ばれる。これはビッグバンの火の玉の名残りであり、その発見により、ペンジアスとウィルソンはのちにノーベル物理学賞を受賞した。

初期宇宙では、極めて高温で不透明なガスが空間を満たしていた。陽子と電子が、あちらへこちらへと、激しく飛び交っていた。だが、宇宙が膨張するにつれ温度が下がってきた。ビッグバンの三八万年後、宇宙はまだ絶対温度約三〇〇〇度だった——溶鉄と同じくらいの温度だが、陽子が電気的引力によって電子を捕え、最初の原子を形成するには十分低温だった。こうして宇宙は、今や透明な水素ガスで満たされた海となった。

それまで自由に漂いながら、超小型アンテナのようにすべての光を吸収していた電子は、突如として原子の内部に閉じ込められた。覆い布がサッと取り除かれ、光が放たれた。それ以降、光は全く妨げられることなく、私たちのところまで届いている。宇宙膨張の結果、私たちはこのとき放たれた光からますます遠ざかっている。今日なお私たちに届く光波は、膨張する宇宙のなかを一三八億年かけて進んでくるなかで、一〇〇〇倍も引き伸ばされ、また、温度も下がってきた。今日私たちは、絶対温度三〇〇〇度に対応する波ではなく、三度（3K）という極低温の放射を受け取っている。私たちに届いているのは、元々のビッグバンの熱放射の、冷えた名残というわけだ。しかし、それを通して私たちは、宇宙が溶鉱炉の内部よりも高温で不透明だった、宇宙の時間の幕開けを振り返ることができる。私たちが観測によって振り返ることができるのは、この時代までであり、それ以上昔を知ることはできない。多くの人を驚かせた、この宇宙マイクロ波背景放射の発見は、ビッグバン説の決定的な証明となった。私たちは宇宙マイクロ波背景放射において、空間と時間の始まりを直接見ているのである。

一九九〇年代のCOBE《コービー》衛星は、宇宙背景放射の極めて正確な測定を行い、そこには極わずかな揺らぎがあることを突きとめた。この揺らぎは、ここまで説明してきた原初の水素の海の波に由来するもので、宇宙の歴史のなかで、やがて一体化して銀河団や銀河となる最初の巨大塊の種《たね》である。NASAによるウィルキンソン・マイクロ波異方性探査機、すなわちWMAP（訳注：二〇〇一年打ち上げの後、二〇一〇年まで観測を行った）と、ESAによるプランク衛星（訳注：二〇〇九年打ち上げの後、二〇一三年まで運用された）による観測や、そのほかの多くの実験のおかげで、やがて今日の銀河となるこれらの種は、詳細に測定され、宇宙の歴史と構造について、詳細な知見を提供してくれている。

一九八〇年代後半に始まった大規模な天空探査に参加した天文学者たちは実際に、宇宙の広い範囲を見ると、銀河は均等に分布しているのではなく、装飾模様のように配列していたり、集まって巨大な塊を形成したりしていることを発見した。銀河たちは、意外なほど社会的で、互いに惹かれ合うことがわかり、なかには、上下に重なり合って大きなクラスターになっているものもある。

当然ながら、これらの銀河団のなかの個々の銀河は静止してはいない。むしろ、重力の影響の下、銀河たちは動き回り、互いに入り交じっている。銀河どうしが秒速一〇〇〇キロメートルを超える猛スピードで飛び交うことも珍しくない。数十億年という長い時間で見ると、銀河たちは、元気な魚の群れのように運動しているといってもいいかもしれない。ときには、ほかの銀河二つ、あるいは三つの内部に入り込んで、新たに大きな銀河を形成する。これらの新しい銀河は、巨大な球もしくは太巻き葉巻のような形をしている。それらの銀河は「楕円銀河」と呼ばれる。M87銀河はその一つだ。銀河どうしが合体するとき、それらに属する恒星どうしが衝突することは決してない、あるいは、決してないと言ってほぼ間違いない。なぜなら、銀河内の恒星は十分遠く離れて分布しているからだ。お互いの重力の栄光を感じるだけである。

重い銀河たちは銀河団の中心へと沈んでいき、一層大きくなる。それらの銀河のブラックホールどうしも融合する——そのようなわけで、最大で最も大質量な銀河たちは、往々にして銀河団の中心に位置し、そのような銀河団は宇宙最大クラスの超巨大ブラックホールを持っている。それらは、巨人のなかの怪物だ。私たちの近くにある銀河、M87もそのように形成された。宇宙で最も重いクラスの銀河とブラックホールに分類されるもののなかで、私たちに最も近いのがM87である。

しかし、じつのところ、これらの銀河はあまりに速く運動しすぎていた——と、フリッツ・ツビッキーには思われた。ツビッキーはスイスの天文学者で、一九三三年にパサデナのカルテックで研究を行っていた。恒星たちの重力は、猛スピードで運動する銀河どうしを一つの銀河団に保つのに十分大きくはなかった——本当なら、銀河たちはてんでんばらばらの方向に飛び散っているはずだった。しかし、現実にそれらの銀河は、そうではなく一つの銀河団をなしていたので、何らかの謎の力がそれらをまとめているに違いなかった。仮にそれが重力なら、見ることができない不思議な「ダークな物質」が存在しているということで、おまけに、私たちが知っている通常の物質の五倍から十倍のダークマターが存在しなければならないのだった。

一九七〇年代、天文学者ヴェラ・ルービンは、光学式望遠鏡とドップラー効果を使って、銀河たちがいかに高速で運動しているかを測定した。それらの銀河は、銀河内の天体の分布から予測されるよりも回転が速すぎるように思われた。このことは、ウェスターボルク天文台の新しい電波干渉計を使ってこの現象を研究していたオランダの天文学者アルベルト・ボスマによって確かめられた。彼は、まだ恒星を生み出したことのないガスを観測し、それが光学式望遠鏡で観測できる銀河の範囲よりもはるかに広がっているのを目撃した。ここでもまた、すべてのものがあまりに速く回転しすぎていた。銀河のなかにはダークマターが満ちていて、それで一体に保たれているに違いなかった。ダークマターがなければ、個々の銀河は、中華料理店の回転テーブルを速く回転させすぎると上に載ったスープのお碗が飛んで行ってしまうのと同じ運命をたどるしかない。

今日に至るまで、ダークマターが何であるかはわかっていない。そんな説はナンセンスだと考え、ダークマターなど存在しないと主張する天文学者もいる。彼らによれば、むしろ、銀河の尺度に適用した場合には、現状の重力の法則が完全に間違っている、というのが本当のところだという。このような反論はあるものの、現在大部分の天文学者は、ダークマターはまだ知られていない一連の素粒子でできていると考えている。

一九九〇年代、超新星の探索が天空の広範囲で隈なく行われるようになると、状況は混迷を深めた。超新星は、極めて明るいため、その明るさを正確に測定できるし、最も明るいときの明るさがどれもほぼ同じだという非常に便利な性質を持っている。当時の観測で超新星は、宇宙が一定の膨張をしていると考えてハッブル－ルメートルの法則をあてはめたときに予測されるよりも、明るさが少し暗いことがわかったのだ。これらの超新星は、予測よりも遠く離れているということだろうか？　だとすると、宇宙はそれまで考えられていたよりも速く膨張していたことになる。そこで提唱されたのが、宇宙の膨張を徐々に加速させている未知の摩訶不思議なエネルギー、すなわちダークエネルギーだ。それ以来ダークエネルギーは、物理学的・天文学的に世界を捉える際の一つの要素となっている。このような謎の力は、すでにアインシュタインの方程式の宇宙定数のなかに隠されていたのだが、彼自身は、あるときそれを「生涯最大のあやまち」として撤回してしまった。

宇宙に関する最新のシミュレーションと観測によれば、宇宙の物質の総量のうち約八五パーセントがダークマターもしくはダークエネルギーに属する。残りの一五パーセントが、私たちになじみ深い、通常のいわゆる「バリオン物質」（訳注：質量を持った重い粒子、バリオンで構成された、原子などの通常の物質の意）である。おまけに、宇宙全域で測定すると、現在ダークエネルギーが持つエネルギーは、ダークマターと通常の物質に含まれるエネルギーの量の合計の二倍である。つまるところ質量は、アインシュタインの名高い方程式 $E=mc^2$ によればエネルギーと等価なのだ。だとすると、私たちが地球上で知っている形の物質――周期表に載っている元素――に含まれているのは、宇宙の総エネルギーのたった五パーセントほどだけ、ということになる。それ以外の膨大なものの起源については、私たちは文字どおり暗中模索の蒙昧状態だ。

天文学者たちは、この発見を「新たなコペルニクス革命」と呼ぶことも多い。人間は、宇宙の中心にも、天の川銀河の中心にも、太陽系の中心にもいない。それだけではなく、私たちの体も、私たちの世界全体も、宇宙のなかでは風変わりと見なされるのだ。だが、私はちょっと違う見方をしたい。つまり、私たちはとっておきの素材でできていることがわかったのだと。

　どちらも同様に摩訶不思議でダークだと思えるかもしれないが、ダークマター、ダークエネルギーと、ブラックホールとのあいだに、直接の結びつきはない。ダークマターがブラックホールの内部へと落ちていき、ブラックホールを輝かせることは確かにあり得る。しかし、銀河中心においてはダークマターは極めて希薄で広範囲に広がっているため、実際にそんなことが起こるのは稀だろう。ダークエネルギーも、宇宙の広範囲を見て初めて存在がわかるようなものなので、理屈の上では、ブラックホールの構造を変えるはずはない――地球上の空気の全質量は、エヴェレストの一万倍も重いけれども、そよ風が短時間のうちにエヴェレストをひっくり返すことができないのと同じように。それでもやはり、ダークマターとダークエネルギーの性質が未知であることは、私たちの物理学の理解に、まだ空白がたくさんあることを忘れるなと、注意喚起してくれる。ダークマターとダークエネルギーを考慮に入れた新しい時空の理論は、ブラックホールを記述する方程式も書き換えるだろう。

第3部

世界初のブラックホール撮影への道

イベント・ホライズン・テレスコープと
世界初のブラックホール撮影への
私自身の旅

第7章　銀河中心

魅力的なゴミ収集車

私はケルン市のシュードシュタット地域の近くで育ったのだが、今では、ケルン大学の物理学研究所から徒歩一〇分のそのあたりは、学生たちであふれている。成長したのち、私はこの研究所で、私の最初の講義に出席し、やがて臨時講師の職に就いた。だが、小さかったころ、私の世界といえば自宅の建物の前の歩道だった。そこではいつも子どもたちのグループが遊んでいた。当時街路はまだ丸石が敷かれており、週の最大のイベントは、オレンジ色の制服を着たゴミ収集作業員の作業だった。彼らは慣れた手つきで裏庭から大きなゴミコンテナを押し、中央通路を通って表通りに出すのだった。私はほかの何よりもゴミ収集作業員になって、彼らのようなトラックを運転したかった。巨大なゴミコンテナを接続して、ゴミを取り込むトラックだ。人間が、ただレバーを一本上げるだけで、そんなものすごい機械を操作できるということに私はいたく惹きつけられた。将来の夢ははっきり決まった。すごい大型機械に関わることなら何でも！　というのがそれである。

ところがその後、私は物理学に取り組むことになり、修士号取得のための最終論文では、ブラックホールをテーマにすることにした。ところがそこには、子ども時代に魅了されたものと驚くほど類似したことがいくつもあったのである。ブラックホールとは、要するに宇宙のゴミ収集車で、信じられないほどの引力を及ぼすものだ――大きな恒星にのみならず、それに比べればちっぽけな大学生にも。私は修士論文をペーター・ビーアマン教授の指導の下に執筆した。ビーアマン教授は、学生に接するときはとてつもなく寛大であることを信条としていた。教授はいつも奇想天外な考え方を思い付き、それを私たちと議論するのが大好きだった。ビーアマン先生は世界のあらゆるところを知っていた。彼はよく旅行し、天文学でどんなテーマが流行っているかを知っていた。それより重要だったのは、彼がしょっちゅう旅で不在にしているあいだ、私たちは邪魔されずに研究することができたということだ！　私自身の博士課程の学生たちも、このような体制にすっかり慣れることだろう――私もよく旅に出ているから。だがビーアマンは伝統的なスタイルの物理学者で、すぐにチョークを手に取って、重要な計算や概算を黒板にサッと書き上げたし、対数の計算も暗算でやってのけた。彼の父、ルートヴィヒ・ビーアマンは、ミュンヘンのマックス・プランク物理学および天体物理学研究所の所長を務め（訳注：ガルヒングに新たにマックス・プランク天体物理学研究所を設立するために尽力し、初代所長となった）、太陽の磁場に関する重要な研究を出版した。ビーアマン家では、ウェルナー・ハイゼンベルクやオットー・ハーンなどの著名な科学者たちを招いてもてなし、ペーター少年はハーンのことは「オットーおじさん」と呼んで親しんでいた。

だが、私が初めてブラックホールの魅力に心を鷲づかみにされたのは、教室のなかではなく、科学専門誌『科学のスペクトル（Spektrum der Wissenschaft）』（サイエンティフィック・アメリカン誌のドイツ語版）でチャールズ・タウンズとラインハルト・ゲンツェルの共著による記事を読んだときのことだった。この記事で著者らは、これらの驚異的な超大質量ブラックホールの一つ、質量が太陽二〇〇万個分程度のそんなブラックホールが、私たちの天の川銀河の中心にも潜んでいるかもしれないと推測していた(1)。

私はたちまちとりこになってしまった。天文学の分野では、わくわくするようなことがたくさん起こっているのだと、その論文ではっきりわかったのだ。素粒子物理学も面白いとは思ったが、当時それはどう見ても進展しているとは思えなかった。大型加速器を作らなければにっちもさっちも行かない状況なのだが、そんな加速器が完成して結果を生み出すまでに何十年もかかりそうだった。私たちの銀河の中心にあるブラックホール――この、何やら摩訶不思議な話は即座に私の心を惹いた。

さらに、重力はいまだ理解されていない最後の力だということにも鼓舞された。量子力学と、あるいは、自然界のほかの力と、重力を統一しようとのいかなる試みにも、重力は意固地に抵抗を続けていた。重力は、統一理論への道を阻む大きな躓きの石だった。確かに、そのような理論がどのようなものか私には全くわからなかったが、それを探してみたって損はしないだろう。もしかしたら、物理学という大建造物に自分が小石を一つ付け加えることができるかもしれない。家を建てる計画をしているとき、自分がどんな家を建てたいかをはっきり把握することは大いに役立つ。将来の職業生活を計画するのもこれと同じだ。何かわくわくするようなことが起こっている場所があったなら、それは間違いなくブラックホールの縁だ、と私は心のなかで思った。

誰もが野心的になれる時代だった。そのころまでには、私はボンのマックス・プランク電波天文学研究所に異動しており、小さな一人用オフィスを二人の同僚と共有していた。机の一つは廊下に突き出していた。私の最後の論文に関して、ペーター・ビーアマン教授は、クェーサーの降着円盤は、恒星が放出する恒星風と同じような風を放出するのではないだろうか、という理論的な質問を投げかけた。驚くべきことに、超大質量ブラックホールの周囲を回転している物質の円盤には、高温で扁平な恒星との共通点がたくさんある。したがって、クェーサーの光の放射圧が高いため、それによって円盤の外層が吹き飛ばされるはずだった。このような猛烈な風が非常に高温の恒星から届いているのを、私たちは以前から観測している。この風は多くの物質を宇宙空間にまき散らす。ブラックホールの場合、光さえも湾曲した空間によって方向を曲げられ、収束させられることを考慮しなければならない。そこで私は、クェーサーの光のなかでガスがどのように運動するか、そしてクェーサーの中心にあるブラックホールが光の方向を曲げるかを計算した。

このテーマは私にとって非常に興味深く、しかもこの効果はその後実際発見されたのだが、この論文執筆時には純粋に理論的な演習問題でしかなかった。一九九二年に、私はこれと同じテーマで博士論文を作成し始めた。アリゾナ州のスチュワード天文台の所長で、私の論文指導教官の近しい同僚だったピーター・ストリットマターが、アリゾナに作る新しいサブミリ波電波望遠鏡をボンの仲間たちと共に計画するためにやってきた。私は彼に、自分自身の計画を誇らしげに話した。彼は礼儀正しい態度で聞いてくれた――ただし、あくびを必死にこらえながら。彼だけではなかった。私のテーマは、ほかの誰の注目も引かなかったようだった。

それでも、一九九二年は素晴らしい年だった。この年、私の人生は新たな方向へと進み始めたのだ。私たちの娘が、この世界の光を初めて目にした。また、天の川銀河の中心では、新しい世界が見えてきたのだ。

天の川のダークな中心部

クェーサーが発見されブラックホールの概念が構築されるとすぐに、人々はさらなる次の疑問を考え始めた。数十億光年離れたところ、つまり、宇宙がまだ激動していた時代に、巨大なブラックホールが銀河たちの中心に存在していたのなら、それらのブラックホールは、それ以降時間が経過するあいだに、ただ消えてしまったはずはないのでは？　そして、ブラックホールがある銀河が数えるほどしかないなら、どうしてすべての銀河にブラックホールがないのだろう？

まもなく天文学者たちは、私たちに極近いところ、たった五〇〇〇万光年しか離れていない銀河たちの中心で、何か面白そうなことが起こっていることに気づき始めた。これらの銀河の核は、明るく輝き、電波プラズマを放出しているようだった。高温の、まばゆい光が銀河の中心の周りを回転していた。これらの注目すべき銀河は一九四〇年代から知られており、発見者のカール・セイファートにちなんでセイファート銀河と名づけられた。ここでもまたブラックホールが悪さをしていたのだろうか？　七〇年代から八〇年代にかけて天文学者たちは、ブラックホールを持っているらしいと思われるいろいろな銀河をまとめた。それらは活動銀河核（ＡＧＮ）と総称されるようになり、この研究分野全体で盛んに活動が行われた。このような巨大なモンスターが、私たち自身の天の川銀河の中心にもあるのだろうか？

二人のイギリスの天体物理学者、ドナルド・リンデン－ベルとマーティン・リースは、一九七一年、まさにこの推測を公に問いかけ、大陸規模の電波干渉計――すなわち、ＶＬＢＩ（超長基線電波干渉法）実験――をもってすれば、銀河中心のブラックホールなどのコンパクトな電波源を発見できるだろうと予想した。

電波天文学者たちは即座に探査を始め、たった三年後に、ブルース・バリックとロバート・ブラウンは、私たちの天の川銀河の中心にそのような天体が存在していることを、ウェストバージニア州グリーンバンクの電波干渉計を使って実際に突きとめた。このとき彼らは、フローニンゲン大学のロナルド・エカーズとミラー・ゴスのチームに、わずかな差で先んじたのだった。エカーズとゴスは、カリフォルニア州のオーエンズ・ヴァレーの干渉計のデータを、オランダのヴェステルボルク通過収容所跡地にできたばかりの電波干渉計のデータと結びつけ、バリックとブラウンによる謎めいた電波天体の発見を確認した。

新発見されたこの電波源は、いて座Aと呼ばれ、天の川銀河の中心——銀河中心——と考えられている領域の真んなかにあった。いて座Aは、いて座のなかで、群を抜いて明るい電波源である。二番目に明るい電波源はいて座Bと呼ばれている。バリックとブラウンの発見から数年経っても、人々はこれをまだ「銀河中心にあるコンパクトな電波源」と、論文のなかで呼んでいた。ロバート・ブラウンは、これではあまりに不便だと、ついに「いて座A*」という使いやすい名称を思いついた。アスタリスク記号は、単にそれがエキサイティングな天体（訳注：活発に電波を発していることと、天文学者がわくわくするの両方の意味。*は、原子の励起状態を表すものでもある）だという意味でしかない。天文学者は怠け者で、キーボードを打つのが嫌なので、これをSgr A*（Sag A*）と略すのが普通だ[2]。天文学における命名の慣習に、科学ジャーナリストたちは髪をかきむしりたくなるかもしれないが、我々天文学者にとっては、それは完全に自然な、全く普通のことである。

すぐに科学者たちは、Sgr A*のVLBI観測を始めた。しかし、より鮮明な画像を期待していた彼らは、がっかりして立ち去るほかなかった。その天体の像は、全くつまらなかったのである。ほとんど真ん丸で、ほんの少し平べったい、ただの染み。ブラックホールがそれほど凡庸なものだとは、人々は思ってもみなかったのだ。その後数年にわたり、大幅に解像度が向上した画像が期待できる、より高周波数を使って観測が行われたが、それでも天文学者たちに見えたのはやはり染みだった——より小さな染みではあったが。やがて彼らは気づいた。電波領域の放射に対して、天の川が巨大なすりガラスのように覆いかぶさって、放射源の構造をぼやけて見せていたのだと。天の川銀河の中心で起こっていることを、ぼやけた画像でしか見られなかったのである――銀河円盤に含まれるガスや塵が私たちの視線を遮っていたのだ。がっかりだ！

可視光ではもっと深刻だった。天の川の円盤に含まれる分厚いガスと塵の雲は、可視光を電波と同様にただ散乱したのではなく、可視光を完全に吸収し、この「カーテン」の向こう側を覗き見ようとする視線をすべて遮っていた。天の川は、この秘密を永遠に明かさないのだろうか？

私が博士論文の執筆を始めると、突然このベールが外された。ボンで自然発生的に始まった小さなワークショップに、ドイツ中の専門家たちが集まって、銀河中心について自分たちが得た最新の未発表の発見について報告しあった。私は鳥肌が立つほど興奮した。

そのグループは、ボンのマックス・プランク研究所の前所長ペーター・メッゲルと彼の同僚ロベルト・ズィルカの下で活動しながら、一九八八年に初めて、Sgr A*を一・三ミリメートルの波長で観測した。これは、のちに私たちのグループが件の画像を撮影するのに使ったのとまさに同じ波長だ。彼らは望遠鏡を一台しか持っておらず、明瞭な画像は全く得られなかったのは確かだが、Sgr A*がこの波長のあたりで驚くほど明るく輝いているのも間違いなさそうだった。しかし、それよりなお驚異的だったのは、より高周波領域に当たる遠赤外領域で、放射はブツリと途切れて、全く検出できなくなることだった。では、このミリ波の放射を生み出しているものは何なのだ？　ブラックホールの近傍の超高温ガスなのか、それとも、もっと遠方にある高温の塵雲にすぎないのか？

九〇年代、ボンのマックス・プランク研究所と、MITのヘイスタック天文台の天文学者たちは、共同でミリ波帯域でのVLBIで先駆的な研究を行っていた。私のボンの同僚トマス・クリッヒバウムは、四三ギガヘルツでのSgr A*のVLBI観測を初めて行ったばかりで、このワークショップにおいて、彼はその最新の結果を議論した。その画像は、この天体についてそれまでに撮像された最短波長の、最も鮮明な画像だった。放射に対するすりガラス効果は、波長が短くなるにつれて、二乗のオーダーで低下するので、ついに、ただのつまらない染み以上のものが何らか得られるようになったかと思われた。それまで染みだったものは、ここにきて一つの方向に小さな膨らみを見せていた。小さなプラズマのジェットが見えているのだろうか？　私たちがこれまでに幾度も見た、もっと大きなクェーサーから出ているのと同じようなジェットが？

しかし、このミニ会議で最も注目されたのは、ミュンヘン郊外のガルヒングにあるマックス・プランク地球外物理学研究所のラインハルト・ゲンツェル率いるグループが得た目覚ましい結果だ。アンドレアス・エッカートと共に、ゲンツェルは近赤外カメラを銀河中心に向けた。近赤外カメラは、人間の目には見えない熱放射を可視化してくれるので、暗視カメラとして使われている。近赤外線は人間の目で見える可視光線よりもはるかに波長が長いのだが、そのおかげで天の川銀河の分厚い塵のヴェールを通過しやすい。銀河中心の暗闇のなかに、突然何かが見え始めた——明るい光が。これはブラックホールの輝きなのだろうか？

この光の点は、地球の大気が宇宙から来た光をゆがめてしまうため、非常にぼやけていた。恒星からの光が、宇宙のなかをはるばる旅してきた最後に何層もの構造を持つ地球大気を通過する際、恒星光はちらちらと瞬《またた》き始める。この効果は、夏の暑い日に熱くなった舗道から上昇する空気が揺らぎ始めて、それを通して見るものがすべてゆがんで見えてしまう、私たちもよく知っているシュリーレン現象と同じものである。大気のなかで光がゆがむ効果は、大きな尺度になっても同様に生じる。地球上にいる私たちは、星は瞬くという印象を持っている。しかし、宇宙から見たときには、星は全く瞬かない。宇宙望遠鏡が天文学の研究に非常に重要なのはこのためだ。しかし、地球におけるゆがみ効果は、可視光の場合に比べ、近赤外光ではそれほどひどくないのである。

ゲンツェルとエッカートは、地球から明瞭な画像を得るための秘策を思いついた。長時間露光を使う代わりに、銀河中心のスローモーション動画を撮影したのである。それによって彼らは、この光の点が踊っている激しいダンスを捉えることに成功した。動画の一コマ一コマを見れば、星は静止しているように見えるが、コンピュータですべてのコマを重ね合わせることによって、星があちらへこちらへと跳躍しているのをうまい具合に補正することができたのである。近赤外の染みは、徐々に明瞭になり、二五個の個別の恒星の集まりであることがわかった。そのような次第で、光はブラックホールから来ていたのではなかったのだった。しかし、これらの弱い光の点の一つが、Sgr A*の電波源に非常に近かった。これが、長いあいだ探し求められていた電波源に相当するものなのだろうか？　私たちは皆興奮した。

天文学者たちは長いあいだ、さまざまな波長域でブラックホールを探査してきた。しかし、いて座A*だと彼らが考えた天体は、どれもこれも結局ただの恒星だった。数年後、このときの騒ぎも同じ顚末に終わった。もしも、いて座A*がブラックホールだったなら、ほとんどすべての波長でそれは本当に暗く、電波周波数の光のみが例外的に明るいのだった。

その日発表されたことの多くが推測に過ぎず、あまり正確ではないことが判明したのではあるが、私はそれでも、そこで何か特別なことが起こっており、ブラックホールへの新たな扉が開きつつあるのだと、心の底から感じた。それまでは、ガラスを通してぼんやりとしか見ていなかったものが、ついに直接見えるのだと。

当初の推測

銀河中心の新しいVLBI画像を見て、私の教授は、私の学友カール・マンハイム――のちにヴュルツブルク大学の教授になる――と私に、銀河中心を、クェーサーと同じように、ジェットを使って説明できないかね、と問いかけた。「君たちなら一、二週間しかかからないだろう」と、教授はいたずらっぽい笑顔で言い添えた。このテーマは、旅慣れた私の論文指導教官にも非常に興味深かったようだし、ピーター・ストリットマターさえもが、アリゾナから戻ってくると、私がどんな説明をするか熱心に耳を傾けていた。

そのような次第で、私はクェーサーの円盤風は脇に置いて、いて座A*の研究に打ち込んだ。二週間のはずだったものは三〇年になったが、それでもまだ私はこの研究を完了していない。元々の博士論文のテーマに再び取り組むことは、決してなさそうだ。

いて座A*とは、いったい何なのだろう？　今やそれが最大の問題だった。何がそれを輝かせているのだろう？　それは本当にブラックホールを持つ、小型のクェーサーなのだろうか？　しかし、いて座A*の輝きはそれほど強くはない。クェーサー3C 273を天の川銀河のなかに持ってきたとしたら、その中心は、私たちが今いて座A*で測定している値の四〇〇億倍明るいだろう。この二つを比べること自体無理ではないか？

私たちは、世界一流の理論天体物理学者の一人、ロジャー・ブランドフォードが一九七九年に、クェーサー内のジェットの電波放射を記述するために、彼の博士課程の学生アリエ・ケニーグルと共に構築した単純なモデルを使った――ただし私たちは、このプラズマジェットの強さが制御される可能性も付け加えた。言ってみれば、私たちはクェーサーのモデルにアクセルを取り付けたのである。

宇宙ジェットは、飛行機のジェットエンジンのようなものだと考えればいい。高温ガスが加速され、猛スピードでエンジンから噴出するのがジェットエンジンだ。パイロットがスロットル・レバーにもたれかかるようにしてそれを前に倒していくと、エンジンはエネルギーが上がり、音が大きくなり、明るく燃焼するようになる。私たちのクェーサー・モデルでは、強い磁場がエンジンをなしていた。つまり、どれだけ多くの物質がブラックホールに落下するかによってエネルギーが決まった。落下する物質のだいたい一〇パーセントのエネルギーを取ってきて、それを磁場とジェットのなかに突っ込むと、クェーサーの明るい電波放射が説明できた。ブラックホールはどちらかといえば単純なものなので、基本的にはいて座A*も、はるかに明るい兄弟たちと同じと考えてはならない理由などないと思われたのだ。

クェーサーは、おおむね毎年太陽を一個呑み込む。いて座A*がこれより一〇〇〇万倍少ない量しか呑み込まないとしても、それだけのエネルギーがあれば、観測されているその電波放射は全く十分生み出せる。だとすると、私たちの銀河中心は断食療法中のブラックホールということになりそうだ――だが、断食という比喩はおかしいかもしれない。なにしろ、一〇〇〇万倍少ない量と言っても毎年月三つを呑み込んでいるのだから。天の川銀河に何億個もある小さな恒星ブラックホールなら、それだけの量を呑み込もうとしたら喉を詰まらせてしまうだろう(3)。

私たちはさらに、この電波源の大きさも説明することができた。なぜなら、いて座A*の電波プラズマの出力は極小さく、クリッヒバウムのVLBI実験から考えられる値を超えてはいなかったからだ。その電波ジェットは地球の軌道の内側に収まる程度だった――クェーサーに比べれば、本当にちっぽけだった。二万七〇〇〇光年離れた地球ではあまりよく見えなかったのも無理はない。

クリッヒバウムのVLBIの結果と同時に、私たちも自分たちの理論的研究を学術誌、『天文学と天体物理学』(Astronomy & Astrophysics)に投稿した。しかし、私の頭には、別のことが思い浮かんだ。何かおかしいと、ひっかかったのだ。私たちのモデルでは、電波放射は虹のように輝いた――電波領域の光のスペクトルに沿ったさまざまな色が、異なる距離ごとに、中心から出現した。そのモデルの予測では、ブラックホールに近くなるほど、電波放射の波長は短くなった。

クリッヒバウムが観測で使用した波長七ミリでは、プラズマはまだブラックホールから一天文単位（地球と太陽の距離）離れていた。しかし、波長一ミリの帯域とそれより短波長側では、プラズマは事象の地平面の極近傍から来ているはずだった。虹で表現すれば、後者こそ電波周波数の紫色の光で、最も内側の輪に相当する。

だとすると、メッゲルとズィルカが発見したミリ波放射は、事象の地平面から直接来ているということだろうか？　それよりももっと短い波長で放射が途絶えるという事実は、この推測を支持しているようだった。そのあたりではガスはもう事象の地平面の向こう側に消えてしまっているので、光を放出しないのだろうか？

私は自分の疑問をクリッヒバウムにぶつけ、事象の地平面を見るために、このあたりの周波数でVLBI実験を実施することはできないでしょうかと尋ねた。彼はにっこりしながら、応えた。「ああ、もちろん我々はその気だが、残念なことに、地球の大きさが足りないんだ」。

一九七九年、マックス・プランク協会は、フランス国立科学研究センターとスペイン国立地理研究所と共に、新たにミリ波電波天文学研究所（IRAM）をグルノーブルに設立した。IRAMは、新たに二台のミリ波望遠鏡をスペインで運用し始めた。さらにマックス・プランク研究所が第三の望遠鏡をアリゾナ州に、現地の大学と共同で建設した。これらの電波アンテナをリンクしてVLBI実験を行うこともできたかもしれないが、画像を得るには、まだ望遠鏡の数が足りなかった。おまけに、クリッヒバウムの言うことには、天の川銀河の中心のブラックホールは、ほかのすべてのブラックホールと同じように、あまりに小さすぎるのだった。地球と同じ大きさの望遠鏡をもってしても、その波長では事象の地平面をはっきりと見ることはできないのだった。「悔しいなあ」と私は思ったが、その野望はその後長いあいだ私の心に引っ掛かり続けることになる——そして結局、私に全く影響を及ぼさなくなることは決してなかったのである。

物言わぬ多数派

私の博士論文は、学術誌に投稿した五つの論文を合わせたものからなり、努力奮励の二年を経て、一九九四年の夏、完成して私の目の前にあった。タイトルは、『小食のブラックホールと活動銀河核』だ。そうなのだ、「小食のブラックホール」というのは、広く信じられているのとは違い、ブラックホールは総じて、無茶苦茶に大食いな怪物ではないのである。ブラックホールは、大変行儀がよく、供されたものしか食べない。私たちの想像の世界では、ブラックホールは巨大かもしれないが、銀河全体に比べれば、ブラックホールは小さなひよこにすぎない。そして、巣の中のひよこのように、ブラックホールは餌を待つほかない。母なる銀河が塵や星を与えてくれるのを待たねばならないのだ。もしもそうならなければ、ブラックホールは消耗し、暗く静かになり、成長をやめる——いて座A*と同じように。だが、ブラックホールは死なない。

私の論文は、ブラックホールからのコンパクトな電波放射は、それが宇宙のどこで起こっていようが同じ原理に従うという主張を展開し、支持するものだった。すなわち、そのような電波放射は、降着円盤の最内縁から磁場によってジェットの形で噴出される高温ガスの放射である。降着円盤から流れ出るジェットと、降着円盤からブラックホールへと落ち込むガスは、密接に、というよりほとんど共生的に結びついている。降着円盤と、ジェットとして放出されるものとの関係——要するに、落ちていくものが少なければ、出てくるものも少ない——を説明する普遍的な結合定数が存在するはずである。(4)

電波画像では、ブラックホールは火を吐くドラゴンのように見える。強力で、遠くまで届く巨大なジェットの炎を出すものもあれば、エネルギーに乏しく、か細い煙の筋のようなものしか出さない、弱いものもある。しかし、ほとんどすべてのブラックホールはジェットを放出する。この点に関して、外向的で大食漢とされるクェーサーも、天の川やその近傍の銀河で断食修行中の隠遁者と何ら違いはない。そう、小さな恒星ブラックホールでさえ、これらのジェットを使って説明できるのだ。重要なのは、ブラックホールの食道を直接取り囲んでいる放射に集中し、巨大で華々しいプラズマジェットに気をそらされないことだ。どこを見るべきか、その正確な場所をしっかり押さえなければならない。

私の論文が最後に主張したのが、クェーサー、恒星ブラックホール、銀河中心のすべてで、全く同じ物理学が働いているということだった。これを物理用語で表現すれば、ブラックホールはスケール不変で、理屈の上では、大きかろうが小さかろうが事象の地平面の付近では常に同じ姿をしているということである。ブラックホールは、ものすごくつまらないのだ。毛もなく、ノイローゼもなく、にきびもない。ならば、ブラックホールの極近傍で起こっていることは、あらゆる場合で同じに見えるべきではないのだろうか――少なくとも、ブラックホールの喉の奥を直接見ているときには？

たいていのブラックホールは、自分に注目が集まるようにアピールしたりはしない。私はかつてそんなブラックホールたちを「物言わぬ多数派」と呼んだが、それはブラックホールたちが普通の人々と同じように振る舞うからだ。選ばれた少数の者だけが自らの殻の外に出て、風変わりなスーパースターになり、刺激に満ちた生涯を送り、誰もが彼らを見る。それで、九〇年代、クエーサーを巡るあれこれの大騒ぎのあと、ブラックホールの議論の中心的テーマは、メディアにおいてすら、宇宙におけるその平均分布となった。この変化の先端にあったのがハッブル宇宙望遠鏡である。

ハッブル宇宙望遠鏡は、数十億ドルの費用をかけて一九九〇年に宇宙へと打ち上げられたが、当初は悪いニュースしかもたらさなかった。反射鏡の一枚に欠陥があったためである。劇的な救済ミッションが行われ、宇宙空間に派遣された宇宙飛行士たちがハッブルの光学装置を修理し、新しい部品を設置した。こうしてハッブル宇宙望遠鏡により近隣の銀河の中心を、それまでにはあり得なかった鮮明さで覗き見ることができるようになり、その観測によって、地上の望遠鏡で見つかっていた、期待が持てそうな手がかりを、事実として確認することができた。その事実とは、ほかの銀河の恒星たちも、銀河中心の周りを猛スピードで回転しているということだ。これらの銀河の中心にもブラックホールがあるのだろうか？

科学者たちは、それらのものを用心深く「大質量暗黒天体（Massive dark objects、MDOs）」と呼んだが、NASAの精力的な宣伝マシンはひっきりなしに報道発表を行い、ハッブル宇宙望遠鏡はまたもや——なのだが、いつも何らか「初めて」という謳い文句を付けて——銀河のなかのブラックホールを発見したというニュースを市民に広めた。やがてそれは、火星の水を、だとか、地球に似た惑星を再び発見した——建前上やはり「初めて」——とかいうニュースへと移行した。当然ながら、ハッブル宇宙望遠鏡はブラックホールの位置を特定したのではなく、ブラックホールを非常に遠くから取り巻いているガスや恒星を特定したにすぎないのである。

一九九四年五月の末、このような成功を報じる最初のニュースの一つをNASAが発表し、私は、西部ドイツ放送のラジオ局の、若者向け番組「Riff: Der Wellenbrecher（礁脈：防波堤）」に出演し、この発表について話すよう求められた。その生放送番組は、私の博士論文審査会と同じ日だった。つまり私は、生まれたばかりの電波天文学博士として、審査会場から直接ラジオ局に急行し、番組開始にまに合うよう到着しなければならないということだ。番組の司会者はやや緊張ぎみだった。というのも彼女は、それまで物理学に関するインタビューなどやったことがないし、私のほうはラジオの生放送でインタビューを受けたことなどなかったからだ。しかし会話はスムーズに進んで、あっというまに終わってしまった。終わったときは、二人とも心底ほっとした。

インタビューのテーマは、ハッブル宇宙望遠鏡によるM87の観測だった。M87銀河は、シャルル・メシエがパリのクリュニー館で発見した「星雲」だ。島宇宙説の擁護者ヒーバー・カーチスはM87銀河の中心から外に向かって、奇妙な明るい線が出ているのを観測した。七〇年代と八〇年代のあいだに、電波望遠鏡による観測で、この線が光速に近い速度で進むプラズマ・ジェットであることが確認された。クェーサーや電波銀河（訳注：特に電波を強く発している銀河）で発見されたものと全く同じである――ただし、それらよりもかなり弱いものだった。

インタビューで私は、M87の中心に、想像を絶する太陽の二〇億倍の質量が圧縮され丸められて存在しており、おそらくそれはブラックホールだろうということが、ハッブル宇宙望遠鏡によりいかにして発見されたかを説明した。天の川銀河の中心にあるブラックホールの一〇〇〇倍も重いのである。司会者はちょっと驚いた様子だったが、私にとっても、その数字は信じがたいほど大きいと感じられた。ああ、でも、アメリカ人は自分たちの発見を少し大げさに言うのが好きだからな――今回もきっとそうだろうと私は思ったが、それが何か本当に大きなものであるのは間違いなかった。

全くそのとおりで、質量が大きいことから、M87のブラックホールはいて座A*より一〇〇〇倍も大きいと考えられた。しかし、M87銀河は二〇〇〇倍も遠く離れているので、その事象の地平面は、天の川銀河の中心のものの半分の大きさにしか見えないだろう――そして、天の川銀河中心の事象の地平面自体、小さすぎた。「残念だなあ」と私は思った。「でも、つまるところ（いくらM87が超巨大で、さらに電波源があっても、遠すぎるので）観測しずらいことには変わりはないということだな」。M87も明るくコンパクトな電波源を持っていたので、短い波長領域においても、すでに観測できていた可能性もあったのだが。

ブラックホールを見たければ、その周辺に注目する必要がある。そのため、そのあたりからの光が本当にどこから来ているのか、そして、それがブラックホールかどうかを検証するにはどんな光に注目するのが最適かを理解することが重要なのは間違いない。ところが、突然、飢餓状態のブラックホールの電波放射は厳密に言ってどこから来ているのかを巡り、激しい議論が巻き起こった。インド生まれのアメリカ人でハーバード大学で教授を務める宇宙物理学者ラメシュ・ナラヤンは、暴飲暴食をしないブラックホールはどのように見えるかを研究していた。クェーサーとは違い、そのようなブラックホールに含まれるエネルギーの大半は、そもそも放出されず、非常に高温に熱せられたガスと共に、ほとんど気づかれることなしにブラックホールの内部へと消えてしまうのだとナラヤンは主張した。

この点に関しては、私も最終的にナラヤンが正しいと認めた。しかし、もう一つの点については、私たちの見解は大きく異なっていた。彼のモデルでは、銀河中心における電波放射は降着円盤内のガスから――それがブラックホールの内部に消える直前に――来ているとされていたが、私たちのモデルでは、ブラックホールの縁からジェットの形で辛うじて逃れることに成功した物質から電波放射が出ているのだった。M87では、電波像のなかにジェットを直接見ることさえ可能だった。私たちの銀河中心がほかと違う活動をしなければならない理由はないのでは？　私たちのモデルは、すべてのブラックホールに当てはまるはずのものだった。

対等ではない二人の論争だった。片やハーバード大学の有名な教授、対するは博士号を取得したばかりの若き学生。ありがたいことに、会議の主催者たちは、健全な学術論争を何よりも歓迎してくれて、私はこのテーマで議論するために何度も招待された。だが、私たちのどちらが正しいのか？　この議論をどう解決するのか？　はっきりしていたことが一つ。私たちには新しい電波データが必要だったのだ——とりわけ、飢餓状態にある超大型ブラックホールの！

残念なことに、手に入るのは、最低限のデータや古すぎるデータばかりだった。そのような次第で、私は自分のモデルを検証するために、自分自身で少しずつ観測を行い始めた。ニューメキシコ州のカール・ジャンスキー超大型干渉電波望遠鏡群、アメリカ全土に配置されている超長基線アレイ、そして私たちのエフェルスベルク電波望遠鏡に利用申込書を提出し、これらの装置でほかの銀河のブラックホールを探査する仕事に取り掛かった。これは、理論的な計算とはまったく別種の研究だったが、同じように夢中になれた。

アイフェル丘陵にあるエフェルスベルクの口径一〇〇メートルの電波望遠鏡を使って遠方の宇宙に聞き耳を立てることを初めて許され、その巨大な白いお皿のようなアンテナを、ボタンを一つ押すだけで、あらかじめプログラムされた天体座標に向けたとき——それはえも言われぬ感覚だった。三〇〇〇トンの鋼鉄が私の意のままに動いているのだ。私はこの科学と技術の離れ業に驚嘆し、目を丸くして、かつての少年がついに、素晴らしい天空のゴミ収集車に乗ることに成功したのだと思った。この瞬間、私は机の前に座って自分の理論を構築するだけなんて嫌だ、その理論やモデルを自分自身で実験して検証したいんだと、はっきり自覚した。

私は家族と共にアメリカに移り、素晴らしい二年間、メリーランド州ローレルの小さくのどかな町で過ごした。その地で私は、ほど近いメリーランド大学と、ボルチモアの宇宙望遠鏡科学研究所で、ハッブル宇宙望遠鏡やほかの電波望遠鏡を使いながら、ブラックホールをかぎ分け、捕まえる仕事に取り組んだ。

ブラックホールの周りで踊る恒星たち

ヨーロッパでは、ラインハルト・ゲンツェルをリーダーとする、チリにあるヨーロッパ南天天文台（ESO）の望遠鏡を使うチームが名乗りを上げた。いて座A*の正体をあばこうという挑戦が始まったのだ――最初は三・六メートル望遠鏡で、のちにはセロパラナル山の口径八メートルの超大型望遠鏡（VLT）で。だがゲンツェル・チームの独り舞台は長くは続かなかった。二つのチームの研究者たちが天の川の中心で優位を巡って競い合う、壮大な物語が始まったのだ。

最初の対決は、一九九六年、チリのラ・セレナで「銀河中心」をテーマに開催された会議で訪れた[6]。私は、いて座A*について、その電波放射がほかの銀河のブラックホールのそれといかに似ているかを論じた論文のプレゼンを行った。だが、最もわくわくする成果は、ゲンツェルのグループからのものだった。彼らが数年かけて撮影した高分解能画像が、銀河中心にある恒星たちが移動したことを示していたのである！　それが本当なら、その恒星たちは猛烈なスピードで運動していることになる。

私たちは、空の星がいつもほとんど同じに見えることに慣れっこになっているが、じつはそれは違う。というのも、実際にはすべての恒星は天の川のなかをお互いに対して時速数万キロという猛スピードで運動しているからだ。しかし、それらの恒星は非常に遠いので、地球上のほとんど誰もが、生涯のうちにそれに気づくことはない。

いて座A*で軌道に沿って運動している恒星たちの位置は、数年のうちに変化していた——しかも、それらの恒星は地球近傍で私たちが観察している恒星よりもはるかに遠くにあるのに、だ。何か得体のしれないものがこれらの恒星を運動させ続け、猛スピードで飛び交わせているはずだった。この効果をもたらすことができるのは、太陽の約二五〇万倍の質量を持つブラックホールだけだとゲンツェルは主張した。(7)

画像に現れたシフトは極わずかなものだった。その少しあとに、アンドレア・ゲズが彼女のグループの結果を発表した。(8) ゲズはカリフォルニア大学ロサンゼルス校の若手教授で、つい最近、ハワイのマウナケア山の山頂にある口径一〇メートルのケック望遠鏡を自由に使えるようになったばかりだった。彼女の望遠鏡のほうが大きかったので、彼女の観測がより優れていることは疑いなかったが、彼女はあとから始めたので、まだシフトは全く観測できていなかった。それには数年待たねばならなかったが、一つ確実なことがあった——本物の競争が今始まったのだ。その後、この二つのグループは、互いに相手を疑いの目で見つつ、自分たちのデータを秘密にした。のちにあった会議で、ようやく両グループは共に演台にのぼり、しぶしぶながら、それぞれ自分のチームが得た画像をプリントした透明シートを上下に重ねた。両者の観測は一致するようだった。私たちにとって、これは大変ありがたく、胸をなでおろすことができた。

ラ・セレナの会議では、もう一つの意味でも地を揺るがすようなことがあった。ある日、大きなバンという音が聞こえて、会議場のホールの天井が気味悪く振動し始めた。胃にパンチを食らっているような感じがした。出席者の一部は、建物の倒壊を恐れて外へ駆け出した。それは私が初めて経験した地震だった。チリの人々には、大勢の人が亡くなった過去の地震を思い出させた。地震には慣れっこになっていたカリフォルニアからの出席者だけが座席から動かなかった。この一回の揺れで終わらなかったらどうなっていたかは、ほとんど想像できない。

私にははっきりわかった。この会議のあと、ここの分野で何かわくわくするようなことが起ころうとしているのだと。新発見を目指す競争が始まっていた。そしてそれは、二〇年以上続く競争だった。科学にはチェックとバランスが必要だ。競争は、このチェックとバランスを間違いなくまっとうに働かせる一つの方法である。圧力鍋と同じように、それは発展を加速させる。グループどうし、相手の研究を確実にチェックするようにする一方で、大きな身体的・心理的プレッシャーをもたらす。競争するグループどうしがほぼ同じレベルであって初めて競争は機能する。必要なのは、図太い神経、良好な健康、十分な資金、そして多年にわたって機能するインフラである。ここでもそうだった。そしてそれは、銀河の中心で働いている「ダークな力」についての私たちの理解を大きく何歩も前進させた。ここでなければどこで、ブラックホールが実在するかどうかを見極め、ブラックホールの在処を嗅ぎつけることができるというのだ?

三年後、アンドレア・ゲズはいて座A*にある恒星たちの運動を観測した新しいデータを発表した。さらに二年後、彼女はこれらの恒星が湾曲した軌道に沿って運動していることを初めて発見した天文学者となった。(9)

だが、この恒星たちはどこに向かっているのだろう？　すべての星が一つの点の周りを回転しているようだった。しかし、この点が存在するまさにその位置には——何もなかった。いて座A*は、依然として画像上には見えなかった。近赤外のデータを、ボンのカール・メンテンとスミソニアン天体物理学観測所（SAO）のマーク・リードがとった電波の測定結果と精密に比較した結果、ようやく、すべての運動の中心にある点は確かに電波源いて座A*であることが示された(10)。すべての恒星は、中心にじっと座っている不気味な電波源の周囲を時速数百万キロのスピードで回転していたのである(11)。もしもブラックホールがそこにあるとしたら、いて座A*の電波光のどこかに隠れているはずだと、今や明らかになったのだ。

アンドレア・ゲズはまた、恒星の一つが、たった一五年の周期でいて座A*を周回する小さな軌道を運動していることも指摘した。その恒星は、もうすぐ次の一周に入るところで、ブラックホールかもしれないと言われているものに、とりわけ接近しつつあると、ゲズは私たちに教えてくれた。

その次はまたラインハルト・ゲンツェルの番だった。彼は先ごろ、アタカマ砂漠にあるESOのVLTに新しい赤外カメラを設置したばかりだった。この、埃っぽく、生物はまばらにしかいないチリの丘は、想像し得る限り最も人間に優しくない場所の一つだ。天文学者の大半が暮らす、SF的なESOホテルは、超悪玉の秘密のアジトのように見えるが、実際このホテルは、ジェームズ・ボンド映画『007　慰めの報酬』に登場する。ここの四基の望遠鏡に一連の新しい装置が加わって、天文学者たちは天の川の中心の、それまでで最も明瞭な画像を撮影することに成功した。彼らは、地球大気の干渉を瞬時に補正することができる変形可能な鏡を含む補償光学装置を使ったのである。天文学者たちはいて座A*の近くにある恒星S2を測定し、その努力は報われたのだった。[12] 以前の画像との比較により、ほんの数年のうちに、S2は移動して、いて座A*の一七光時以内まで接近していたことが示された。一七光時といえば、私たちの太陽から冥王星までの距離の約三倍である。

この恒星は、強力な電波源の周囲を楕円軌道で公転していた。ケプラーが記述した、太陽の周囲を巡る惑星軌道にそっくりだ。さらに、太陽と月が地球の海を、あちらへ、こちらへと引っ張るのと同じように、ブラックホールも近隣を通過する恒星のガスの海を引っ張っていた。この場合、いて座A*の潮汐力は、その恒星をずたずたにするほど強くはなかった。そんな事態は、恒星がブラックホールから一三光分よりも少し短い距離まで接近して初めて起こる。しかし、そうだとしても、いて座A*がその小さな恒星に及ぼす重力の影響は容赦ない。軌道上で、恒星は信じがたい秒速七五〇〇キロメートルを超えるスピードに到達し得る――たった一時間で、二七〇〇万キロメートル進む速さだ。ケプラーとニュートンが確立した古い法則の助けを借りて、この恒星の速度と距離からいて座A*の質量を計算することができ、太陽質量の三七〇万倍という結果が得られる。今回の計算では、以前の見積りよりも大きな値になった。私は嬉しくて胸が躍った。というのもこれは、事象の地平面も以前に推測したよりも大きくて、見つけやすいかもしれないということだったからだ――しかし、測定誤差の範囲は依然として非常に大きかった。いて座A*の質量は、プラスマイナス両側に太陽質量の一五〇万倍違う可能性があったのである。

一九七〇年代のドナルド・リンデン－ベルとマーティン・リースの予測から、このような測定を実際に行うまでに優に三〇年かかってしまった。今や科学者コミュニティーは、どうやらブラックホールらしいと思われるものの周囲を恒星たちがダンスして回っているのを確認しつつあり、はるか遠方の宇宙のそのあたりで実際に起こっていることを徐々に確信し始めた。このブラックホールは、天の川一のセレブになり、天文学者たちはパパラッチと化して、いて座A*の一挙一動を興奮しながら報告した。

このころアンドレア・ゲズのチームは、S2よりもなお銀河中心に近い軌道を運動している恒星を発見した。その恒星は、一二年かからずに天の川銀河の中心を一周しており、軌道上を光速の一〇〇分の一の速度で進んでいた(13)。ゲンツェルのグループは、彼らの近赤外望遠鏡を使ってようやく、その電波源の存在する正確な位置に弱い光の瞬きを捉えることに成功した(14)。こうして我々は、いて座A*を電波周波数の光によってのみならず、可視光に非常に近い近赤外光でも検出できるようになった。宇宙に浮かぶX線望遠鏡も、その暗闇の縁に光の瞬きを観測し始めた(15)。その放射は、数分のうちに明るさを増し、やがて再び暗くなった。この放射は、幅がたった一光分の領域のみから来ているはずだと判断された——つまり、事象の地平面に比べ、それほど大きくない領域からのもの、というわけだ。この宇宙の壮大な出来事を目撃しながら、私は、この状況はまさに、そのブラックホールが、ゴロゴロと音を轟かせる嵐雲にすっぽりと覆われ、その暗雲から稲光がひっきりなしにやってくるようなものだと思った。しかし、たった一台の望遠鏡の解像度では、そこで何が起こっているかを正確に把握するには不十分だった。

そのような次第で、ガルヒングにあるマックス・プランク地球外物理学研究所のゲンツェル・グループは、フランスとドイツの同僚たちと共に、優れた装置製作者フランク・アイゼンハウアーの指揮の下で、光学望遠鏡の巨大技術プログラムを計画し始めた。その種のものとしては、最も困難で複雑な企てである。それはGRAVITY実験と呼ばれ、ゲンツェルと仲間たちが、チリの山頂にある四基の八メートル望遠鏡を、一基ずつ別々に使うのではなく、すべて連携させることができるようにするのが目的だった。二〇一六年、ついに彼らはこれに成功した。

二〇一七年の後半にミュンヘンを訪れた際、私は初めてわが目で恒星S2が日ごとに前進する様子を観察することができた。天文学者にとっては、信じられないほど素晴らしいスペクタクルだ！　データから、いて座A*の質量は太陽質量の四〇〇万倍だと証明された。誤差は、今では一パーセント以下になっていた。これについて少し考えてみよう。私たちは今、天の川銀河の中心にあるブラックホールの質量を、たいていの人間が知っている自分の体重よりも、はるかに高い精度で知っているのだ！

それ以来、GRAVITYチームは次々と画像を捉えた。それらは、ブラックホールの事象の地平面の間近まで迫るもので、いて座A*からの放射を感動的な炎のように見せていた。稲妻のような閃光を伴う高温ガスは、ほとんど光速に届きそうな速度に達しているようで、何かの物体の周りを眩暈がしそうな勢いで周回している回転木馬のように自転しているらしかった。それはブラックホールの近傍で起こると推測されることと一致していた。[16]

四〇〇年前、私たちは地球が太陽の周りを公転していることを発見した。一〇〇年前には、太陽が天の川銀河の中心の周りを公転していることを発見した。一〇年前、恒星たちがいて座A*の周囲を惑星のように公転しているのを観測し、そして今、二万七〇〇〇光年離れたところにあるガスが光速に迫る猛スピードでブラックホールの周囲を回転していることを観測している。どの発見でも、重力は天体とガス雲を支配下に置き、変わることのない楕円軌道を進ませているのが確認できる。宇宙のどんどん遠方を探っていく、何と素晴らしい旅だろう！　アンドレア・ゲズ、ラインハルト・ゲンツェル両人が、私たちの銀河の中心に存在するダークな質量の発見により二〇二〇年のノーベル物理学賞を受賞したのも当然だ。

だが、この天の川の中心にある見えない天体は、本当にブラックホールだったのだろうか？　この謎の天体に肉薄していた私たちだったが、この永遠の深淵と思しきものを真に覗き込むことは依然として拒否されていた。なお一層大きな望遠鏡が必要だった。

九〇年代後半、アメリカ滞在中に私は、ハッブル宇宙望遠鏡とその後継装置となるかもしれないものに、もっと深く関わる機会を提供された。しかし私は、電波天文学の分野で研究したかったので、一九九七年、最善を願って家族と共に帰国した。アントン・ツェンススが、特にVLBIグループを率いるためにボンのマックス・プランク研究所の新しい所長に就任したばかりで、彼のほうから私に仕事を提供してくれた。ここは、世界最大の地球規模の望遠鏡が作られているところだった。

一九九九年にはボンで、新しい同僚たち、ジェフリー（ジェフ）・バウアー、セラ・マルコフ、フェン・ユアンに会った。ジェフはバークレーで博士号を取ったVLBIの専門家だった。私とジェフで、銀河中心の電波特性を詳しく調べ、このブラックホールはこれまでほとんど何も呑み込んだことがない[17]という事実をはじめ、いくつものことを示すことができた。セラは理論家で、アリゾナ大学で博士号を取得していた。私と彼女は共同で、大小のブラックホールの電波放射を統合し、それらを記述できる単一のモデルを構築した。[18] 中国出身の同僚フェン・ユアンと私とで、ラメシュ・ナラヤンの高温円盤説を取り上げ、それを私たちのジェット・モデルと結びつけた。[19]

こうして、実り多い共同研究が始まり、それらは何年も続いた。飢餓状態のブラックホール――巨大なものも小型のものも――の天体物理学の基本原理を、私たちはついに真に理解し始めたのだと私は感じた。

第8章　画像の背後にある考え方

アメージング・グレース

一九九〇年代の中ごろまでには、我々が狙う獲物の周囲に張り巡らされた網が徐々に絞られてきた。しかし、その網のあちらこちらに、まだ綻びがあった。法律用語を借りて言うなら、ブラックホールたちがあちこちの銀河の中心で悪事を働いていることを証明する努力において、私たちはそれまで状況証拠に頼ってきた。しかし、科学ではよくあることだが、証拠は全く不十分だった。ほかのあり得る結論などもはや全く存在しなくなるか、あるいは、あなたの仮説が反証されるような日が来るまで、あなたは自分の仮説を支持する事実をひたすら集め続ける。そのため、多くの天文学者は懐疑的なままだった――とりわけ、長年にわたって、さまざまな空騒ぎを経験してきた保守派はそうだった。「十分な証拠がない」と彼らは言った。「我々は、まだその結論からはほど遠い」。超大質量ブラックホールは存在しえないと主張する論文が繰り返し現れた。理想を言わせてもらえば、私たち天文学者が望んでいたのは、容疑者を現行犯で捕らえることだった──そして、容疑者が獲物をまだ手に握っているところを写真に収めることだった。

私は確実性が欲しかったのだ。私はブラックホールを見たかったのだ！　ほかの何よりも！　隠されたものを見たいと切望することは、人間が生まれつき持っている欲求で、私たちの心の奥底に根ざしたものに違いない。科学者として私は自分に見えるものだけしか信じないが、まず始めに、自分はやがてはそれを見ることができるのだと、信じなければならない。

この、見たいという切望は、「アメージング・グレース」という古い讃美歌を聞くたびに、私の魂を捉える。これほど深く私を動かす歌はほかに数えるほどしかない。とりわけ、しばしば私の目頭が熱くなる歌詞が一ヵ所ある。「かつて私は道を見失ったが、今や見いだされた／かつてわが目は節穴だったが、今や光を取り戻した」。

私たちの目が開くこの瞬間、突然真実を把握する瞬間には、計り知れない価値がある──暗闇を抜け出して光のなかへと進み、新たな真実を認識する能力に恵まれることは、私たちの生涯で最も尊い経験の一つだ。ときおり私はこう考える。この啓示の瞬間、「ついに見えたぞ！」と思うとき、これが私を真に駆り立てる瞬間なのだ、このような瞬間のためにこそ私は生きているのだ、と。どこかこの先の未来にその瞬間が存在すると知っていることが、今ここで、私に気力を与え、私を促し続ける。

信仰においても科学においても、結局最も大切なのはこれなのだろう。何か新しいことを発見することを、いつか許されるだろうという希望を持ち続けること、である。「見ないのに信じる

理解してきた。

人は、幸いである」[1]。信仰に対するこの態度を、イエスはこう表現された。だが私は、このイエスの言葉の意味を、むしろ「まだ見えていないのに信じる人は、幸いである」に近いものとして理解してきた。

日常生活においては、時に心で見るほうがよく見えることがある。だが科学においては、道具が必要だ――大きな道具が。今日、天文学で最も解像度が高い画像は、超長基線電波干渉法（VLBI）を使って撮影される。VLBIこそ、私の同僚トマス・クリッヒバウム、私、そしてほかの多くの電波天文学者たちが協力して、もう何十年も使っている手法だ。

一九六〇年代から科学者たちは、画像の解像度を上げるために、各地の電波望遠鏡を連携させて干渉計を構成してきた。この方法によって、一基の望遠鏡では決して捉えることのできなかった詳細が一気に見えるようになった。多数の望遠鏡の連携の結果、地球と同じ大きさの仮想アンテナができたというわけだ。この仮想アンテナを使うことによって、電波をコンピュータに記憶させ、あとで結びつけることができるようになった。

位相が完璧に同期するように電波信号を結びつけるためには、個々の天文台の位置をミリメートルの精度まで正確に特定し、信号の到着時刻を原子時計で計測しなければならない。原子時計はピコ秒（10^{-12}秒）の精度で働いている。三万年に一秒しか狂わないという驚異的な精度だ。検出された電波はデジタル信号に変換され、記録媒体に送られる。昔は、記録媒体にはビデオテープが使われていたが、やがて大きなリールの磁気テープとなり、最近ではクレート単位のハードドライブが使われ、そこにビットやバイトの形で光が貯蔵される。多くのデータが貯蔵できるほど、より多くの光を同時に捉えることができ、より良いデータを確保できる。仮想望遠鏡はコンピュータ上で組み立てられ、使えるデータが十分あれば、アルゴリズムを使って画像を作り出すことができる。

測定には極めて高い精度が要求されるが、それによって極めてシャープな画像が得られる。そのため、大陸規模の干渉法を利用して天空を測定するのは、天文学者だけではない。測地学者も、地球を測量するためにVLBI望遠鏡を利用している。逆に私たちのほうも、このような土地測量のデータを必要としている。なぜなら、地球は私たちの目的のためには十分安定ではないからだ。つまり、地球の形が変化するため、仮想望遠鏡が変形するのだが、測地学者はこの地球形状の変化を測定してくれるのである。

バイエルンのヴェッツェル天文台、またはボストン近郊のMITヘイスタック天文台の科学者たちが、世界各地のほかの拠点にいる科学者たちと共同で、測地学的測定によく適合した約三〇〇のクェーサーの方位を定期的に測定する。彼らは世界規模の測地学ネットワークに属しており、そのデータは天文学者が使うのと同じ方法でボンもしくはヘイスタックで相関させられる。このように、天文学と測地学は密接に協働しているのである（訳注：望遠鏡〔アンテナ〕の位置を、測地観測により常に高精度で把握している）。

3C 273や3C 279のような明るいクェーサーを観測し、これらを基準として参照すれば、VLBIを使って原子時計を修正したり、自分が使用している望遠鏡の正確な位置を測定することができる。このようにして、測地学者たちは地球の表面がいかに変化したかを示す。大陸プレートどうしの距離は変化する——たとえば、アメリカとヨーロッパは毎年数センチメートルずつ離れている。ハワイは、マウナケア天文台群が擁する一二基の望遠鏡を載せて、アジアに向かって毎年ほぼ一〇センチメートルも近づいており、世界中の望遠鏡のなかでも高速列車と言えるだろう。スカンディナヴィアは、氷河期の終わりから、氷床の融解により上昇してきた。ケルン大聖堂でさえ、潮汐の結果、毎日約三五センチメートル上下に振動する。さいわい、この振動は大聖堂の全体で均一に起こる。さもないと、尖塔はとうの昔に私たちの頭上に倒れていただろう。そして、私たちの地球規模の望遠鏡も振動しているのである！

地軸もまたぶれる。地球は生卵のようなもので、あれこれの不均衡のせいで、その回転軸には微小な変動が生じる。ほかの惑星たちが地球に重力を及ぼし、地球の南北の極を数百メートルも揺らす。海も、あちらへこちらへと流れる向きを変えることによってこれに関与しているし、また、大気の中で地球を動き回る気団もそうだ。宇宙における私たちの絶対的な位置を測定できるのはVLBIだけであり、そのためには望遠鏡の正確な位置が必要だ。

VLBIネットワークによって達成できる画像解像度は、(2) 次の方程式を使って計算できる。

画像解像度＝λ/D

画像解像度、すなわち、画像のピクセルサイズを角度で表したものは、電波放射の波長λ（ラムダ）を、望遠鏡間の最大距離Dで割ったものである。角分解能がいい（すなわち小さい）ほど、対象物を細かいところまで判別できる。波長一・三ミリメートルで観測しているとし、地球の直径一万二七〇〇キロメートルを基線として使っているとして、達成できる最高の解像度は二〇マイクロ角秒である。ニューヨークにあるカラシの種の半分の大きさのもの（訳注：カラシ種は直径が約〇・五ミリという）をドイツのケルンから見分けられるかどうか、という解像度だ。いて座A*の事象の地平面の大きさを、当時その質量の値と推測されていた二五〇〇万太陽質量という値から計算するとしたら、直径一五〇〇万キロメートルという結果が得られる。これは、太陽の一〇倍の大きさだ。しかし、天の川の中心にあるのだから、私たちから見れば、これはカラシ種の四分の一ほどにしか見えない。つまり、一二マイクロ秒角だ――世界全体を覆うほどの望遠鏡にとってさえ、小さすぎる。

そして、この見積りでもまだ楽観的だと私には思えた。なぜなら、ブラックホールが最大速度で――すなわち、光速近いスピードで――回転していたなら、事象の地平面は半分に収縮してしまうからだ。どんなブラックホールも、すべての恒星や惑星と同じく、少しは回転すると考えられるはずだった。ブラックホールの可視部がさらに小さくなるということなのだろうか？

九〇年代中ごろの、あるわびしい午後、ボンの研究所の図書室で腰かけながら、私はこれらのことを懸命に考えていたのだった。いろいろな文献を読んでいるうちに、突然、ジェームズ・バーディーンの短い論文に出くわした。アメリカの天体物理学者バーディーンは、一九七三年に、小型ブラックホールが遠方の恒星の前を通過したら、どのように見えるだろうかと検討した。当時これは、純粋に学問上の演習問題だったし、実際、今もなおそうである――というのも、宇宙で起こるこのような邂逅を見るためには、地球の少なくとも一〇倍の大きさの光学望遠鏡が必要だからだ。それでも私の心の目には、遠方にある太陽の前を黒い影が通過していくところが、ちょうど金星の太陽面通過のように、思い浮かんだ。

だが、あるものにひっかかって、私は混乱してしまった。論文の最後の図は、事象の地平面の向こう側に光が吸収された結果生じる黒点の大きさを示すものだったが、図の円はあまりに大きすぎたのである。このブラックホールは回転しているのではないのか？　もっと小さいはずではないか？　図示されているものの五分の一ではないのか？

ブラックホールの回転が速いほど、その近傍を通過する光は、ブラックホールに接近することができる。回転木馬に乗っているかのように、光は時空の湾曲から運動量を得ることができ、ブラックホールの引力から逃れることができる。一方、そのような運動量を得ることができなければ、光はずっと離れたところから捕らえられてしまうだろう。まさにこの理由から、回転するブラックホールはそうでないものより小さく見えるはずだと私は考えたのだ。しかし、この論文のブラックホールは、ずっと大きいように観測者に見えている――事象の地平面よりはるかに大きい。

そして突然、私は理解した。ブラックホールは自らを拡大するのだ！　ブラックホールは巨大な重力レンズである――なぜなら、ブラックホールが必ず行うことがあるとすれば、それは光を逸らせることだからだ。ブラックホールの回転も問題ではなかった。というのも、光は当然ブラックホールの両側を通過しなければならないからだ。確かに、一方の側では、光はブラックホールの回転と同じ向きに通過し、事象の地平面のすぐ際をほとんどかすめるように通過するが、もう一方の側では、時空の流れに逆らって通過しなければならず、光は事象の地平面のはるかに外側で捉えられる。そのためブラックホールは、通過しようとする光を捉えるための大きな網を広げる。

目からうろこが落ちたとはこのことだった。ここで導き出されたことが正しければ、そして、それが「私の」ブラックホールにも成り立つなら、私が最善のシナリオにおいて可能だと考えていたよりも、事象の地平面は二・五倍大きく見えるはずだった。観測に関する限り、ブラックホールが自転するか否かで違いは生じなかった――問題なのは質量だけであり、質量に関してははっきりわかっている。

これなら、地球はちょうど十分なだけ大きい。素晴らしき恩寵かな！　このぶんなら、もしかすると私は「私の」ブラックホールを見ることができるかもしれない。そして、私だけではない――誰もがそれを見ることができるだろう！　こう気づいたとき、私は雷に打たれたような感覚に襲われた。私の心の目には、具体的なイメージが浮かび上がってきた。今や私には明確な目標ができた。ブラックホールの喉の奥底を覗いてやるのだ！　私はそわそわしてきて、立ち上がり、歩き回り始めた。

ブラックホールが自らの影を落とす

共有されないアイデアは、蒔かれない種のようなものだ。そこで私は、次々と会議に出席し、この良い知らせを広め始めた。「そうです、私たちはブラックホールを見ることができるのです」。世界中の同僚たちに、このようなプロジェクトにわくわくして乗り気になってもらうことができさえすれば、ブラックホールの画像を一枚生み出すことができるだろう。同じ一つの目標を目指す、多くの人々の意志が必要だった――だが、まずその全員に確信してもらわなければならない。だがこの時点においては、それはまだ全くの理論でしかなかった。理論があるのはいいことだ。だが、実験によって支持されている理論のほうがなおいい。しかし、実験が意味をなすのは、理論の助けを借りて実験結果を分類し説明できるときだけだ。よい実験は理論をよりよくし、新たなアイデアを刺激するが、多くの資金と努力を必要とするものでもある。だが、必要な予算を調達するには、その実験で何が見えるかを予測する、信頼できる理論が必要だ。科学は常に、理論と実験が踊るタンゴであり、一方がリードしては、次にもう一方がリードする。

そのような次第で、今の私たちに必要なのは、望遠鏡を使って、ますます高周波数へと、つまり、ますます短波長へと、測定を推し進めて行くことだ。ブラックホールにどこまで接近できるだろうか？　一九九四年、ボンのチームが七ミリ波長の測定を行ったのに続き、若手天文学者シエパード（シェップ）・ドールマンを一員とする、ボストン郊外のヘイスタック観測所／天文台のアメリカ・チームが三ミリ波長で初のVLBI実験を行った。[3] ボンでの私の同僚、トマス・クリッヒバウムは二三〇ギガヘルツ——すなわち一・三ミリ波長——での初のVLBI測定を、スペインとフランスのIRAM望遠鏡を使って成し遂げた。[4] だが、対象物がどのように見えるかについては、私たちはまだ何も言えなかった。天の川銀河のすりガラス効果が、依然としてその真の構造をぼやけさせていたし、データの質は悪かったし、望遠鏡はあまりに少なすぎたし、測定感度も低すぎた。

一九九六年、私は、いて座A*の明るさを、世界で初めて、多数の望遠鏡で、多数の波長において観測するための共同観測キャンペーンを計画した。日本、スペイン、そしてアメリカの同僚たちが参加した。私たちは画像を作り出すことはできなかったが、収集したデータの解釈により、例のミリメートル波長の電波は本当に事象の地平面から来ていることが確かめられた。この結果をまとめた論文のなかで私たちは、一度のVLBI実験によって、この電波放射を背景として、事象の地平面を見ることができるはずだという明確な予測を行った。[5] しかし、世界中の科学者のあいだでのさらなる議論が大いに必要とされていた。

議論をするのに最善なのは天文学者の会議だ。そこで一九九八年、私の同僚でアリゾナ出身のアンジェラ・コテラと私は、銀河中心をテーマとしたワークショップを企画した。[6] 世界中の専門家がトゥーソンに集まった。私たちは意図的に砂漠の真んなかのホテルを会場に選んだ。誰も夜中に抜け出して遊びに行けないようにして、専門家どうしでとことん話をする時間がたっぷり取れるようにするためだ。

会議では、発表の時間よりもコーヒーブレイクやグループ・ディナーのほうが重要なことが往々にしてある。「私は発表のためにここに来たんじゃないんだ。飲みに来たんだよ」と、経験豊富な同僚が冗談めかして私に言ったことがあった。人間は社会的な動物で、一緒に食べたり飲んだりすることでお互いのことを知り、そしてお互いに相手から、どんな学術誌にも載っていないことを大いに学ぶ。

思惑どおり、白熱した議論がいくつか起こった。私たちにはライトセーバーはなかったが、当時ほとんど全員が、手頃な価格になったばかりのレーザーポインターを持っていた。どの瞬間においても、スクリーンの上には三つか四つの赤い光の点が踊り回っていた。そしてそのすべてが、主賓のチャールズ・タウンズの前で展開していた。学生時代に私がむさぼるように読んだ、天の川の中心のブラックホールについての一般向けの科学記事を書いたあのチャールズ・タウンズだ。

その皮肉に気づいた者が誰かいただろうか？　タウンズはやはりただの人ではなかった。私たちが安価なレーザーポインターで決闘をしているその前で、私が生まれる二年前の一九六四年にレーザーの発明によりノーベル賞を受賞した人物が座っていたのだ。だがチャールズ・タウンズは私たちとは違って、従来からの伸縮式ポインターだけを手で操作していたのである！　自分が発明したレーザーを振りかざして子どもじみた喜びにはしゃいでいる私たちを見て、彼は大いに面白がっていたようだ。私たちの誰かがもしも立ち止まってしばらく考えたなら、一人の人間の生涯のうちに、基礎研究が、市民が日常的に使う道具の生産にまで至ったのだという驚異的なことに気づいて畏敬の念に打たれていたことだろう。

議論のあいだ、クリッヒバウムと私は、ＶＬＢＩを高周波数で使うことによって、ブラックホールに到達し、その構造を見ることができるはずだと再び強調した。一方、私の同僚のシェップ・ドールマンは慎重な態度を崩さず、高周波の電波は塵雲からのものであり、ブラックホールから来たのではない可能性もあると主張した。突然、タウンズがはっきりした声で発言した。「これの真んなかに穴はないのかね？」と彼は質問したのだ。(7)「そうなのです」と私は応えた。「より高い解像度では、放射領域のなかに文字どおり『黒い穴《ブラックホール》』があって、それを観察できるはずです」。言うまでもないが、当時私たちは、「これ」を指す適切な用語をまだ見つけていなかった。

どういうわけか、ブラックホールが見える可能性を説く私バージョンの福音書は人々に届く力をまだ持っていなかった。私たちにはまだやるべきことがあった。人間は、明確に想像できないものを表す画像を手にして、何を期待すべきかという感覚を得たいと願う。この時点までに私が人々に示したものといえば、ブラックホールの方程式、想像図、模式図だけだった。そろそろ私たちに見えるはずのものを正確に――つまり、シミュレーションに基づくリアルな画像を――示すべき頃合いだった。そのためには、ブラックホールの周囲で光がどのように曲がるかを計算し、それが透明な輝く霧に囲まれたら――すなわち、ナラヤンの降着円盤モデルや私たちのジェット・モデルの場合のように――どう見えるかを描かねばならなかった。

数ヵ月後、私はドイツ研究振興協会（ＤＦＧ）から、数ヵ月の研究休暇のあいだ、アリゾナで客員教授を務めるための給付金を受け取った。一番下の息子が生まれたばかりで、私たちは妻の出産休暇を利用した。私たちは、三人の幼い子どもたち、ヤナ、ルーカス、ニクラスと、荷物を詰めた八個のスーツケースのうちの一個と共にトゥーソンに到着した。あまり物を持たずに数日過ごすなら、暮らしのなかの小さなものたち——とりわけ自分の子どもたち——と楽しむのがいい。

私を招いてくれたアリゾナの大学が、私をエリック・アゴルに紹介してくれた。アゴルはそのころ、ボルチモアのジョンズ・ホプキンズ大学のポスドク特別研究員だった。彼は、一般相対性理論に従って光がいかに湾曲するかをエレガントに計算できるコンピュータ・プログラムを書き上げていた——私が修士論文の執筆に使ったプログラムよりもずっと良かった。私たちは共同で、さまざまな条件の下で、ブラックホールがどのように見えるか、そして、それをVLBIで見ることができるかどうかを計算した。はやる思いで、私たちは結果を待った。そして、そうなのだ、どのモデルでも、明るい輪と、その中心の暗い点が、いつも同じ大きさで見えていたのである。

その非常に目につく光の輪は、実はブラックホール全体を包む光の球である。それは、ブラックホールの特殊な性質がもたらす結果だ。空間の湾曲のため、ブラックホールの近くの光は、ブラックホールの周囲を、ほぼ閉じた円に沿って進む——光が、ブラックホールから、ある特定の正確な距離だけ離れて通過しようとするときに限ってだが。この閉じた光の軌道は、光子球と呼ばれている。光子は、太陽の周囲の惑星のように、この軌道を周回する。つまり光子は、正確に、ある特定の距離だけ離れている場合だけこの軌道に留まる。無回転ブラックホールの場合は、光子球は質量中心から、事象の地平面の一・五倍だけ離れたところにある——しかし、重力レンズ効果のおかげで、私たちには光子球は事象の地平面の二・五倍大きく見える。

ちょうど光子球の上に電球が一個あって、ブラックホールを照らしているとすると、電球の光のうち半分はブラックホールのなかへと落ち、残りの半分は落ちずに逃げていくが、ほとんど無視できるくらいわずかな光が、円を描いて運動する——つまり、事象の地平面に平行に放射された光がそのように振る舞うのだ。電球が事象の地平面に近づけば近づくほど、その光の多くがブラックホールに吸い込まれ、外へ逃れる光は少なくなる。おまけに、光は引き伸ばされ、赤方偏移し、エネルギーを失う。やがて、事象の地平面で、電球からの光が完全に消える。光子球と事象の地平面とのあいだの空間は、いわばブラックホールのトワイライトゾーンだ。この空間では、落ち込んできたものはすべて、急激に暗くなるのである。

光子球の近傍では、光は本当に途方もない軌跡を進み得る。幼いころ、私は友達と一緒に、厚紙と鏡で、曲がり角の向こう側を見るために、超極秘スパイ望遠鏡を作ったものだった。ブラックホールは究極の超極秘スパイ望遠鏡だ。あらゆる方向にある無数の曲がり角の先を、すべて同時に見通すことができる。ブラックホールを相手にするときは、多面的に考えられるだけでは足りない。あらゆる角度で勝負できなければならないのだ！

私たちがスーパーマンのように目からレーザーを放つことができたなら、そのレーザービームの軌跡は、私たちがどこを見ていたかを示しているはずだ。たとえば、ブラックホールの左のほうを見たとすると、視線を示すビームは右に曲がり、カーブして見えなくなるだろう。それよりほんの少し右寄りに視線を移すと、光はもう少しきつく曲げられて、ぐるりと回って私たちのところへ戻ってくるだろう——そして私たちには、ブラックホールの前に何があるかが見えるだろう。さらに右寄りに視線を移すと、光は最初円を描いて運動するが、やがてあなたはブラックホールを直接見ることになるだろう。ブラックホールの右側を見るなら、ブラックホールの左側、後ろ側、右側にあるものが見えるだろう。ブラックホールの上を見るなら、光は下向きに曲げられ、私たちにはブラックホールの上側、後ろ側、そして下側にあるすべてのものが見えるだろう。実際、光子球の近傍にある光は、ブラックホールの周囲を四分の一、二分の一、あるいは丸一回周回することができる——らせん形の円に近い軌道を数周回ることができる場合もある[8]。周回しているあいだに、ますます多くの光が集まってくる。

　私たちの視線がブラックホールに近づきすぎると、視線は事象の地平面に突き当たり、暗闇を覗き込むことになる。ブラックホールの正体に関しては、私たちは文字どおり暗中模索の状況だ。なにしろ、光が明るく輝くのは、それを取り巻いている特定の領域のなかだけなのだから。

　ブラックホールの周辺を飛び回ったとすると、私たちは常に同じ一つの光の輪をあらゆる方向から見るだけだ——この意味において、ブラックホールは四方八方を、光を放射する透明な雲に取り囲まれている。この雲から放射された光は、非常に強く曲げられ、収束されて、ブラックホールの周囲に、光に満ちた薄い球殻を形成する。したがって、どの方向から見たときも常に、中心に暗い点を擁した光の輪が見えるのだ。中心に暗い点が生じるのは、視線がブラックホールのなかで途絶えてしまうからだ。しかし、この点は本当に真っ暗なのではない。なぜなら、視線も前景にある輝くガスを通過しなければならないからである。

しかし、この光の輪は、中央の点の周りに常に均一な形をしているというわけではない。コンピュータ・シミュレーションを作成して、ブラックホールで予測されるとおり、ガスを光速近い速度で回転させると、輪は半分しかできない。ガスが私たちのほうに向かってくる側では、光が強まるが、反対側では光は弱まる。おまけに、ブラックホール自体も回転しているなら、影と輪はどちらも、数パーセント収縮し、小さくてほとんど気づかなくなるほどの平坦化効果を示す。

二〇年後、私は、ドイツの数学者ダフィット・ヒルベルトが、早くも一九一六年に、このような光の軌跡を数学的に解明していたことを知った(9)——アインシュタインとシュヴァルツシルトがブラックホール研究の基礎を築いたほんの数ヵ月後のことで、ヒルベルトはブラックホールが存在するかどうかも、それが実際何なのかも知らずに、やってのけたのだった。ヒルベルトのこの研究は忘れ去られてしまったが、それはおそらく、彼が時代を先取りしすぎていたからだろう。

七〇年代と九〇年代にも、ブラックホールはどのように見えるかを計算する研究がいくつか行われたが(10)、ブラックホールを見る現実的な機会がなかったので、これらの研究はほとんど注目されなかった。私たちの研究が発表されてようやく、これらの論文も徐々に再発見され始めた。二〇一四年に公開された映画『インターステラー』は、私たちがブラックホールをいかに思い描くかに大きな影響を及ぼした——ただし、この映画に使われたモデルは、M87にも、天の川の銀河中心にもあまり適合していないのだが。この映画のブラックホールは、輝く高温ガスの雲に覆われていないし、ジェットも伴っていない。それは、中心に穴が開いた薄い不透明な円盤に周囲を取り巻かれている。前もって穴を開けておいたなら、円盤に穴があるのが見えても別に驚くことではない。ブラックホールなどなくても、そこには穴が見えるだろう。だが、暗闇が意味を持つようになるのは、そもそも光で完全に満たされているはずの場合だけである。

私が二人の同僚と共に、ブラックホールの画像を予測する論文を執筆したとき、中心にある暗い穴の名称をどうするかについても話し合った。科学について語るとき、感情に訴えるような名称が重要だ。「バン」がなかったなら「ビッグバン」はどうなっていただろう？「バン」などという音を聞いた者はいないが、誰もがそれを理解している。ダイナミックな名称は、抽象的なメッセージを伝えられることも多い。

そこで私たちはビデオ会議を開くことにした。それをブラックホールと呼ぶことはできない。その用語には中心にある質量と時空の湾曲が含まれていなければならない。空洞、スポット、ピンプルなどの候補が挙がった――しかし、どうもどれもしっくりこなかった。やがて、突然、「ブラックホールの影」と呼べばいいじゃないかというアイデアが浮かんだ。(11) どんなブラックホールも直接見ることはできず、その影、つまり、光が失われているのを見るほかない。ブラックホールは自らの影の背後に隠れており、その秘密をすべてさらけ出すようなことはしない。ブラックホールは実際、元の自分の影にすぎないのだ。この影は輪郭ほどには鮮明でもなければ暗くもない。なぜなら、それは三次元であり、そして、この暗闇のなかで、あなたは常に光を少し見ることができる――ブラックホールの前にあるガスからの光を。

当然だが、自分たちの論文に載せる、シミュレーションによる電波像が驚異的なものであるよう願っていた。人間の目では見えないものをどうやって説明すればいいのか？　もちろん、ブラックホールの影の画像は、電波望遠鏡からのデータだけからなる。そのデータは、人間の目で見える波長範囲の光によるものではないので、得られる画像は伝統的な意味での写真ではありえない。そんな光は何色なのだろう？　私たちは明るさのレベルは計算していたが、色は計算しなかった。同じ明るさの点を結んだ輪郭線や、グレーの明暗画像を使うこともできた。それでもデータに意味のある視覚化を施したことになっただろう――しかし、それでは見た目があまりにもつまらないだろう。

新しい二〇〇〇年紀に入り、天体物理学の出版物にカラー画像を使うことがますます広く容認されるようになった――ただし、学術雑誌では、カラー印刷が必要な場合は割増料金を要求されたのだが。しかし、私たちにとってそれは価値のあることだった。なぜなら、そのような画像をどんな形式で見せるかは、読者へのインパクトを大きく左右するからだ。当時の電波天文学者たちは、仮想カラーパレットにのめり込んで、宇宙の電波源の画像表示にレインボーカラーを使うことが多かった――だがはっきり言って、ブラックホールは虹色のハッピーなところと言うにはほど遠かった。

「ヒート」というカラースケールが、はるかに適していると私には思えた。溶鉄の色を表すスケールだ。これを使うことによって、今や「ブラックホールの影」は、炎の輪で囲まれていた。日食で見える高温のコロナを連想させる。ブラックホールを取り巻く輝くモンスターにふさわしい色が選べたと私は思ったが、じつのところ私は、美的な視覚効果のために勝手なことをしていたのだった。

二〇〇〇年一月、私たちはこの研究を『アストロフィジカル・ジャーナル（The Astrophysical Journal)』に「銀河中心のブラックホールの影を見る（Viewing the Shadow of the Black Hole at the Galactic Center)」という題で発表した。[12] そのなかで私たちは、どうすればブラックホールを見ることが可能かを説明した。それは短い「レター」の形式だったので、この学術誌の規定によりたった四ページに納めなければならなかった――そのため、いくつかのシミュレーションは少しあとで、ある会議の議事録に記載された。[13] 多くの同僚がまだ、この考えを夢想的だと見なしていたが、それでもその短い論文は、私の最も引用数の多い論文の一つとなった。プレス・リリースで私は、誇らしげにこう宣言した。「もうすぐブラックホールが見えますよ！」[14] 実際には、それにはさらに二〇年の月日が必要だったのである。

第9章　地球サイズの望遠鏡を作る

望遠鏡と資金を求めて

望遠鏡のない天文学は、楽器のない交響楽団のようなものだ。シンプルな画像を地球規模の電波干渉法を使って捉えるためには、遠く離れたいろいろな場所に少なくとも五基の電波望遠鏡がなければならない。一〇基あればなおよい。しかし、盗むなどありえないなら、どうやってそんなにいくつも望遠鏡を確保できるのか？　三〇〇〇年紀（西暦二〇〇一年から西暦三〇〇〇年を指す）の始まるころ、この種の望遠鏡はまったく足りなかったし、存在していたわずかなものも、資金難で閉鎖が危ぶまれていた。何年も前から計画されていた新しい望遠鏡の建設は、延期が繰り返されるばかりだった。私たちの野心的な計画にとって状況はかなり複雑になっていた(1)。

この分野に君臨するはずのものとして建設された、まごうことなき大物が、チリのアタカマ大型ミリ波サブミリ波干渉計（ALMA／アルマ望遠鏡）だ。一〇億ユーロをかけ、ヨーロッパ、アメリカ、日本の三つの地域が協力して建設した。この巨大な望遠鏡は、最大口径一二メートルの六六基のアンテナからなる――すべてを統合することで、八〇メートル望遠鏡の感度と、一六キロメートル望遠鏡の解像度を達成する。私たちが「ブラックホールの影」のレターを執筆していたころにはすでに、ALMAがそのような地球規模の電波干渉実験で中心的存在となるであろうことははっきりしていた。そのため、ALMAでVLBI観測を行うことは、私たちの願いごとリストのトップにあり、[2] ALMAに所属する科学者たちもすぐに同じことを言い始めた。[3] だがここでも、建設が遅れて科学観測の開始は二〇一一年にずれ込み、おまけにVLBI能力は合理化のため削られた。「あなた方のプロジェクトを実現する資金は、私たちにはありません。しかし、それを不可能にしてしまうことは絶対ないようにします」というのが、私が受けた最も前向きな反応だった。

二〇〇三年、ナイメーヘンのラドバウド大学で行った就任記念講演で、私はブラックホールの画像を捉えるという自分の夢を語り、さらに、宇宙について学べば学ぶほど、私たち自身の限界が認識できるようになるという話をした。オランダのある新聞は、私が「地獄の門をガタガタ揺さぶっていた」という見出しの記事を載せたが、[4] 言いえて妙だと私は思った。

二〇〇四年、私たちは地獄の門に、小さいとはいえ一歩、近づいた。ジェフ・バウアーは、私と、ほかの四人の同僚たちと協力して、超長基線アレイ（VLBA）を使って、それまでで最善の、波長の長いミリ波での銀河中心のVLBI測定を行うことに成功した。[5] VLBAは、アメリカ合衆国の国土全域を覆う一〇基の電波望遠鏡からなるネットワークであり、大陸規模の一基の望遠鏡と見なすことができる。ついにデータが十分正確になり、天の川銀河の高温ガスが画像にもたらした精細度の低下を計算し、補償できるまでになったのだ。こうして、世界で初めて、電波源の真の大きさを、波長の関数として見ることができ、まさに私たちのモデルが予測したとおり、短波長ほど小さくなっていた。つまり、最短波長は実際に事象の地平面に到達するはずだということだ。こうして、ブラックホールの最も近傍で放出されているのはミリメートル波なのだととうとう明らかになった。「三〇年経って、電波望遠鏡のおかげで、ついに霧が晴れました」という私の発言がドイツ通信社に引用された。

同じ年、ウェストバージニア州のグリーンバンク天文台の電波天文学者たちが、いて座A*発見三〇周年を祝った。(6) いて座A*の最初の証拠は、一九七四年にここで発見されたのだ。厳かな式典が開かれ、この発見を記念する銘板の除幕が行われた。その夜、式典に招かれた科学者たちに集まってもらい、シェップ・ドールマン、ジェフ・バウアー、そして私が、いて座A*の影について、さらに、それを観測するにはどんな手段が使えるかを議論するのを聞いてもらうというイベント(ワークショップ)を、私が急遽企画した。イベントの最後に私は、「このような取り組みの機は熟しているのか、それとも、まだ不確定性があまりに大きいのか、どちらでしょうか?」という質問を投げかけ、出席した人々に挙手で答えてほしいと求めた。聴衆の回答は明白だった。集まった専門家の過半数が、今ではブラックホールの画像が捉えられることを確信していた——そうなると、必要なのは、それを実行する方法を見つけることだけだ。

このワークショップのあと私は、この実験が実施できるように何回か続けてビデオ会議をやって詰めていこうと、ドールマンとバウアーを誘った。(7) 世界的な協力が必要だと私は思った。素粒子物理学者たちがよくやっているような協力体制だ。一匹狼になろうとしたって意味がない。この研究は、大勢のさまざまな研究者たちの協力体制の下で、計画し、実施し、発表しなければならなかった。実験、データ解析、そしてモデル構築が一つのプロジェクトとして統合しなければならないのだ。

私たちは、このプロジェクトの科学的目標を明確に定めた。私たちの仮説を実証するか、あるいは否定する、焦点を絞った実験を行うつもりだった。素粒子物理学者たちがヒッグス粒子を探し求めているのとちょうど同じように、私たちはブラックホールの影を探し求めていた。影は存在するかしないかのどちらかだった。私たちは、一つの天体を研究したかっただけだが、そのためには、全世界が必要だった。しかし、世界を団結させるにはもう少し時間がかかったのである。

ボストン郊外の森のなかに立つマサチューセッツ工科大学（MIT）のヘイスタック天文台は、VLBIの第一級の中心地で、そのころには、従来よりもはるかに大量のデータを同時に貯蔵することを可能にする新しいハードウェアの開発に着手していた。シェップ・ドールマンがそのプログラムのリーダーだった。彼は博士号をMITで取り、ポスドク研究員として短期間ボンに滞在したが、その際に私は彼と会っていた。アメリカに帰国した彼は、ヘイスタック天文台に戻った。ハワイ、アリゾナ、そしてカリフォルニアの四基の望遠鏡を使うことで、ドールマンは少なくとも小さなネットワークを一つ自由にできた。まさに私と同じように、彼も最初のテスト実験を行いたいと考えていた。

そのあいだ私は、LOFAR電波望遠鏡で活動していた。最初はプロジェクトに参加する科学者として、そしてのちには理事長として。大規模な物理学の実験と国際共同研究がいかに実施されるかを、私は直接経験していた。それに加えて、私は銀河中心に関する研究と、いくつかのVLBI実験も続けていた。しかしオランダでは、ミリ波望遠鏡が使えなかった。私はALMAを待つほかなかった。

ドールマンのグループは最初、彼らが使える三地点にある四基の望遠鏡を使って研究を続けた。二〇〇六年彼らは、それらすべての望遠鏡のアンテナを一斉に銀河中心へと向けた。初回の測定は失敗に終わったが、二〇〇七年、一・三ミリ波長域での測定に成功し、一年後、彼らは誇らしげにその結果を発表した。(8) まだ画像はなかったが、天文学者たちは最短波長においていて座A*の大きさを特定することができた。しかも、一〇年前のクリッヒバウムの実験よりもはるかに高精度で。いて座A*は実際、影と光の輪から期待されるとおりの大きさだったのだ！ そのころには期待がますます膨らんでいたので、私は大喜びした——理論がまたもや検証されたのだ。あとは影が見えれば！

ドールマンはアメリカ国内で支援を集めるために尽力し、私は大西洋の向かい側で同じことをしようと努力した。高額の資金を集めるためには、広範囲の財源からの大きな資金援助が必要だった。二〇〇七年、ヨーロッパの天文学者たちは、天文学の未来のために、史上初の合同戦略計画書を作成し、(9) 私たちの「ブラックホールの影」実験もそこに含まれていた。こうして私たちの野心は、今後一〇年間のヨーロッパ科学界の最重要目標の一つとして公式に認められ、同じことがアメリカでも起こるはずだった。アメリカの一〇ヵ年計画、「アストロ二〇一〇：天文学・天体物理学一〇年毎調査」は、「天文学および天体物理学の新世界・新展望」という刺激的な名称で発表された。

一〇ヵ年計画が発表される少し前に、ドールマンはカリフォルニア州ロングビーチでのアメリカ天文学会の年会でワークショップを主催し、私も招待された。目的は、一〇ヵ年計画のための広範囲にわたる国際的な支援を強調することだった。

コーヒーブレイクのあいだ、私はドールマンと、当時シカゴにおり、その後アリゾナに行くダニエル（ダン）・マローネと一緒に座った。ここ数年のうちに私はますます痛感するようになったのだが、私たちが行おうとしているような取り組みには、優れたマーケティングが不可欠なのである――科学においてさえ、そうなのだ。だが、今ここにいる私たちは、人々の記憶に残るようなインパクトある名前でプロジェクトを呼んですらいなかった。極少数の「天文おたく」以外誰も、「サブミリ波ＶＬＢＩアレイ」を何に使うかすら知らないだろう。「これは改めなくては、しかもすぐに！　人々を惹きつける名前が必要だ」と私は集まった天文学者らに呼びかけ、「イベント・ホライズン・アレイ」という名称を提案した。活発な議論の末、「イベント・ホライズン・テレスコープ」という名前で私たちは合意した。略称はＥＨＴである。一つの名前、一つのシンボル、一つのブランドが誕生した――丸一日分の講演全部を合わせたよりも、はるかに前進し大きな進歩を遂げてしまったという、伝説的なコーヒーブレイクの一つにおいて。

このワークショップの出席者の何人かがのちに、一〇年サーベイについて、彼らの戦略計画書を発表した。[10] この計画書のなかで、私たちのプロジェクトは初めて、新しい名称で公に呼ばれることになったのである。

アメリカでは、いよいよ資金の流れが多少よくなってきた。ボンでも、電波天文学者たちはスペインとフランスのＩＲＡＭ望遠鏡に加え、チリにできた真新しいアタカマ・パスファインダー実験（ＡＰＥＸ）望遠鏡（訳注：二〇〇五年に正式運用開始）を使っての新たなＶＬＢＩ実験に、ますます深く関与しつつあった。そして二〇一一年には、オランダの出番となった。心地よい初夏のある日、私はヨス・エンゲレンから予期せぬ電話を受けて驚いた。彼はかつてのＣＥＲＮの最高科学責任者で、今はオランダ科学研究機構（ＮＷＯ）（訳注：オランダの研究資金助成団体）の理事会議長である。私の宇宙素粒子物理学の研究をとおして、私たちは知り合っていた。「座ってらっしゃるといいんですが」と、彼は話し始めた。驚いて、私は立ち上がった。「親愛なるハイノーさん、お電話したのは、LOFARに関してと、ブラックホールの可視化についての研究で、あなたが今年のスピノザ賞を受賞されたことを直接お知らせしたかったからなのです」。彼は重々しく言った。全くすごいことだというのはわかるが、いったいスピノザ賞とはどのようなものなのか？　外国人の私には、知らないことばかりでばつが悪い。ありがたいことに、私から質問する前に、彼が説明してくれた。「要するにこれは、オランダのノーベル賞ですよ！」私は一瞬、それはまるで、「オランダ国内世界選手権」というようなもので、意味がおかしいのではと訊きたかったが、その質問は胸のうちに収めたままにした。「ノーベル賞よりずっと賞金がいいのです」と彼は続けた。「あなたには二五〇万ユーロが贈られます」。そう聞いて私は腰かけた。

「この賞金は、あなたが望むままに使っていいのです――もちろん、研究目的に、であって、個人的な用途はいけません」と彼は言い添えた。賞金を何に使うか、即座に決まった。

イベント・ホライズン・テレスコープを作り上げる

数ヵ月後、ミステリードラマの定番の、札束が詰まったスーツケースを手に、私はイベント・ホライズン・テレスコープの初めての国際戦略会議に出席するためにアリゾナ州トゥーソンへと向かった。チリの巨大なアルマ望遠鏡がついに完成したばかりで、重要な研究機関や天文台の主要な代表者が全員集まることになっていた。私の親しい同僚たちが大勢来ていた。

長時間にわたり私たちは、理論の領域のものなど、最新の科学上の発見について議論した。スーパーコンピュータと呼ばれるものの計算能力は、近年飛躍的に伸びた。天気予報のために地球上での気団の運動を予測するのと同じように、これらの巨大計算機は、ブラックホールの周りでガスがどのように運動するかをシミュレートすることができた。これらのシミュレータを支えているのが、「GRMHD という略語で知られる「一般相対論的磁気流体力学」だ。いかにも複雑そうな名前だが、実際にそうである。GRMHD シミュレーションでは、湾曲した回転する時空系内における磁化されたプラズマの流れをシミュレートする非常に複雑なモデルを使う。さらに、光や電波の放射が、ブラックホールを取り巻く高温ガスによって、どのようにして生み出され、曲げられ、吸収されるかを計算するプログラムがほかにも多数使われる。これらのコンピュータによる計算は、二〇〇〇年に私たちが行ったどの計算よりもはるかに大規模である。今や巨大コンピュータたちが、見た人を惹きつける素晴らしい画像を生み出しており、また、世界中の天文学者たちが彼らの計算処理能力を駆使してブラックホールの影を見つけており、そうすることをとおして、私たちの基本的な仮説を確証していた。文字どおり「影の産業《シャドー・インダストリー》」が誕生しつつあり、ほとんどすべてのモデルで、影と光の輪が見えていた――そのような次第で、理論のレベルでは、大筋の合意に達した。

　若手科学者モニカ・モシチブロツカの能力と態度には感心させられた。彼女はワルシャワのニコラウス・コペルニクス天文学センターで、有名な降着円盤の理論家ボゼナ・ツェルニーの下で博士号を取得し、この分野で学者として生きていくのに必要なこと一式を、アメリカにおける数値シミュレーションの第一級の専門家の一人チャールズ・ガミーから教わった。今や彼女は、いて座A*の最善の「天気予報」の一つを作成してのけたのである。[11] このときまで、この研究分野は男性が独占してきたのだが、モニカはここで名を上げたかった。私は彼女にナイメーヘンのポストを提供し、数値シミュレーションのチームをまとめてほしいと求めた。これは困難な仕事だ。プログラムを作成し、実行し、シミュレーションを解析するには、途方もない時間とエネルギーを要し、さらに、コンピュータに向かって何時間も孤独な時間を過ごす不屈の精神が必須となる。どの発表も、論文も、苦難の末に勝ち取った成果だ。それは、私たちがデータを収集する望遠鏡を、コンピュータ上で再構築するような作業である。すべての細部を一つずつ、どの機能も漏れなく。その後モニカは、私たちが九〇年代から使っていた古いジェットのモデルを更新し[12]、EHTが最終的に生み出す画像を驚異的なまでに正確に予測することに成功する[13]。

もう一つ、会議で盛んに議論された最新の進展が、いて座A*の質量が以前に考えられていたよりも大きかったという事実と、M87のブラックホールも、この数年間で成長していたという発見だ。M87の質量の推定値は、かつては二〇億太陽質量とされていたが、今では三〇億太陽質量となっている。このブラックホールの質量は太陽の六〇億倍だと主張する研究チームまであった。もしもそれが真実なら、影は十分な大きさを持っており、私たちから見えるはずだった。私たちが取り組むべき対象の候補が二つになったということなのだろうか？　それでもM87のブラックホールはいて座A*よりも少し小さく見えるはずだったが、M87のほうが北天にあって、望遠鏡の大半が存在している北半球から観測しやすかった。さらに、この場合、天の川があいだに入ることはなかった。M87のブラックホールの像を天の川がぼやけさせることはない、ということだ――したがって、問題が一つ減るわけである。ああ、たぶんこれは、話がうますぎるぞと、私は慎重に構えた。「願いが強すぎて、そうだと思い込む」という言い回しがあるが、これはその一例ではないだろうか？　ほかの銀河のブラックホールの質量の決定を目指す研究の多くで、同じ方向に答えが偏ってしまうような誤りが重なってしまう事例があまりに顕著だった。だが、そうはいっても、試してみる価値があるのは間違いなかった。

トゥーソンの戦略会議で、科学者たちは会議室で議論していた。そのあいだ、舞台裏では、天文台や重要な研究所の所長たちが、科学者世界の政治的かけひきを行っていた。私はその真っ只中にいたが、最終的には、前進するための一つの共通の計画に皆合意した。国際的な一つの作戦の基盤が築かれたのだ。

単なる夢や希望の段階は終わって、ここから先は真剣で本格的な取り組みとなったので、より多くの資金を集める必要があった。単独で行動していたのでは、個々の望遠鏡も、大規模な天文台も、ＥＳＯやＮＲＡＯ（アメリカ国立電波天文台）も、ＥＨＴの資金を調達することはおろか、科学を実行することも、適切な解析を行うこともできなかった。どの天文台も、自分たちの望遠鏡を稼働させ続けるために、彼ら自身の資金と人員が必要だった。今や責任は私たちにあった。私たちが素早く行動に出るべきときだった。だが、具体的に何をすればいいのだろう？

偶然が助けてくれることがある。二〇一二年、デュインゲローでのLOFARの会合からの帰途、電車のなかで同僚のマイケル・クラメールに出くわした。私たち二人は同時に博士号を取得したが、それ以来別々の道を歩んでいた。そのころまでにはクラメールはボンのマックス・プランク電波天文学研究所の三代目の所長になっており、パルサーを使ったアインシュタインの相対性理論の重要な検証実験を何度も行って成功させていた。私たちはすぐに、お互い似たような状況にあることに気づいた。五年前、私たち二人は、欧州研究会議（ＥＲＣ）から多額の助成金を獲得した。天文学者としては私たちが初めてだった。私はその助成金を、LOFARによって宇宙線を測定する先駆的な実験の資金に充てた。彼のほうは、パルサーを使った重力波の測定のためのＶＬＢＩに似たネットワークを構築するのに使った。二人とも重力に関心を抱いていたのだ。どちらのプロジェクトも終了に近づいており、資金も底を尽きつつあったので、二人とも何か新しいことを始めたくてうずうずしていた。

私はEHTのことを話した。彼は、パルサーを使えばブラックホールの周辺の時空を信じられないほど正確に測定できることを説明してくれた。私たちは、共同で一つの申請書をERCに出して、あらゆる分野の最高の研究チームに対抗することにした――一五〇〇万ユーロという高額の資金を獲得できる確率はたった一・五パーセントだったとしても。[14] 三人組にするためにイタリア出身の天文学者ルチアーノ・レツォーラを誘うことに私たちは成功した。彼は、最初ポツダムのアルベルト・アインシュタイン研究所（マックス・プランク重力物理学研究所）で重力波と崩壊するブラックホールについて研究していたが、今はフランクフルトのゲーテ大学で教えていた。

少し時間をかけてお互いのことを理解しあうと、私たちはすぐに全速力で前進した。私たち三人は半年かけて共同申請のために準備し、そのプロジェクトを「ブラックホール・キャム（BlackHoleCam）」[15]と名づけた。EHTも含め、すべての望遠鏡にはカメラが必要だ――そこで私たちは、このブラックホール・キャムというカメラを提供したかったのだ。イベント・ホライズン・テレスコープにとって、カメラとはデータ記録装置と解析ソフトを組み合わせたものであった。

そして、申請の認可を待っていた最初の一ヵ月のうちに、ちょっとした奇跡が起こった。私たちが申請した内容の一つの要素は、ALMAを使って銀河中心でパルサーを探すという、非常にリスクの大きい、一か八か的な取り組みに関連していた。何十年ものあいだ、天文学者たちは天の川の中心にパルサーがないかと探していた。何千個も存在するはずだった――しかし、それまでのところ、パルサーは一つも見つかっていなかった。幸運にも、私たちの申請が審査にかけられる数ヵ月のあいだに、全く新しいパルサーが一つ、銀河中心にパッと出現した。エフェルスベルクの一〇〇メートル望遠鏡を使って、私たちがこれを最初に発見し、測定したのだ。二〇一三年九月、『ネイチャー』誌にこの成果が掲載され、[16]私たちは大いに注目された。この成果は、天の川銀河の中心の巨大ブラックホールの間近にパルサーを発見することは、やはり可能だったのだと示していた。自然が私たちに大きな恩恵をもたらしてくれた。というのも、この発見が私たちの申請にいい方向に働いたのは間違いないからだ。しかし、そこには、さらにいくつのパルサーが隠れているのだろう？

驚いてしまうのだが、徹底的な探査が行われているのに、銀河中心に第二のパルサーは今日に至るまで発見されていない。なぜそうなのかは、今もなお天の川の最大の謎の一つである。同じくらい謎なのは、このパルサーがどうして、私たちが必要としていた数ヵ月のあいだにちょうど自分の存在をアピールしたかである。だが、これは私たちの作り話ではなかった。ほかの天文学者たちが、私たちの発見を確認しているのだ。「人生では、運に任せるしかない場面が往々にしてある。小さな科学者でもそれは同じだ」と、先に申し上げたのを覚えておられるだろうか？

申請の選考過程は、スター発掘番組に似ている。申請書は、何次もの選考過程を勝ち進まなければならないが、各選考過程の最後に審査員団が容赦なく承認か却下かを判定する。私たちは最終選考まで勝ち残り、審査会に出席するようにとブリュッセルに招かれた。こうなったからには、失敗は絶対にしたくない。私たちは何日もかけて、審査会のリハーサルを重ね、あり得る質問すべてに対応できるよう準備した。そしてその日が訪れ、私たちは「ヨーロッパの首都」と呼ばれるブリュッセルにあるERCの本部へと向かった。

私たち三人は、最高の気分で待合室に入った。私たちの直前にプレゼンするチームがすでにそこで待っていた。世界的に有名なオックスフォード大学の高名な教授たちが、前かがみになって腰かけたり、落ち着かない様子で部屋のなかを行ったり来たりしていた。

二〇分後、別のグループが彼らの審査から戻ってきた――出席者全員が打ちのめされたように見えた。「資金調達計画の、すごく細かいことを質問してくるんだ！」その一人がいまいましそうに言った。私たちも気が滅入ってきた。ヨーロッパじゅうで最も優秀で最も経験のある科学者たちの一部がここに集まっているのに、その全員が、面接試験を待つ小学生のような気分だったのだ。私たちがプレゼンのために審査会場の部屋に入っていくと、目の前に、二〇名からなる委員会がU字型に並んでいた。古代ローマの剣闘士のように、私たちは闘技場へと進んだ。眼前にぶらさがる科学界での死を凝視しながら。しかし、トランペットは鳴らないのかな？

私たちのプレゼンは、この上なくうまく行った。マイケル、ルチアーノ、そして私は、完璧な連携プレイでプロジェクトを説明し、持ち時間終了の一秒前に見事に話を終了した。今度は委員たちが次々と質問をしてきたが、私たちは一丸となって易々と回答した。十分リハーサルしてきたし、三人の連携も完璧だ。委員会唯一の天文学者、カトリーヌ・セザルスキーはESO（ヨーロッパ南天天文台）の元所長で、完全に内容を理解して話していた。「あなた方とイベント・ホライズン・テレスコープとはどのような関係ですか？」と彼女は尋ねた。これは、EHTがまだ明確な組織構造を持っていないという、私たちの申請の弱点を鋭く突いた質問だ。もしも対立があって、ＥＨＴ全体が解体してしまったらどうなるのか、という。「私たちはそこに参画して、資源を集める手段の一つとなり、（ＥＨＴを）まとめあげるうえで役目を果たしたいのです」と私たちは説明した。「しかし、交渉を進めるにあたって、良い立場に立つために資金が必要なのです。ですが、もしも必要なら、私たち単独で実験を行う準備もしています」。カトリーヌ・セザルスキーは微笑んだ。どうやら私たちは、最も重要な質問の一つに正しく答えられたようだ。委員会を味方につけることができた。

私たちの最終審査の時間はもうほとんど終わりだった。「もう一つ質問があります」と、委員会の別のメンバーが口を開いた。「社会的アウトリーチ（広報、コミュニケーション活動）に関する予算に含まれる、この二つの項目がよくわかりません。説明していただけますか？」私の心臓は跳ね上がった。この人は、数字について質問しているぞ！　私の頭は、突如として一つの巨大なブラックホールになってしまった。私はしどろもどろになりながら、おおざっぱな一般論を述べてお茶を濁した。口頭審査は終わった。先行きがわからない不安を抱え、私たちは帰途に就いた。プレゼンはうまくいったのだろうか？　成功したのだろうか？　それとも、最後の五分でしくじったのだろうか？

二週間後、私たちはＥＲＣの会長から手紙を受け取った。この種の手紙を、私はこれまでの生涯で何通となく受け取ってきた。最初の四つの単語を読むだけで、知るべきことはすべてわかる。さて、この手紙はこう始まった。「私は大変喜ばしく思っております……」申請は承認されたのだ！　私は立ち上がり、書斎を歩き回った。幸福で、安らいだ気持ちで満たされた。私が最後の五分間でしどろもどろになったせいで、委員会は一〇〇万ユーロ減額してきた――こんな短時間にこんな大金を失ったことはそれまでなかった。それでも――私たちはやり遂げたのだ！　私たちは、ＥＨＴのテーブルに現実の資金――一四〇〇万ユーロ――を調達した第一号となったのである。こうなれば、アメリカ人たちと協力し合って成功することも可能になったとみていいのだろうか？

その日のうちに、私はドールマンにeメールを送り、ボストンで会いたいと伝えた。私は飛行機を予約し、三日後には、彼とヘイスタック天文台の所長コリン・ロンズデールと一緒に部屋で座っていた。ロンズデールは、冷静で落ち着いた態度で仲立ちをしてくれた。二日かけて、私たちは今後の進め方を議論し、イベント・ホライズン・テレスコープに関して協力すると宣言する、暫定的な基本合意書を交わすことに同意した。

アリゾナ大学の重力理論家のディミトリオス・サルティスをはじめとするアメリカの同僚たちと共に、ドールマンはアメリカ最大の科学プロジェクト支援団体であるアメリカ国立科学財団（ＮＳＦ）への彼自身の大きな申請書を作成しているさなかだった。私たちは、自分たちがドールマンのチームと共同研究することに同意したと知らせる支持表明の手紙を送った。この申請も承認され、バージニアのＮＳＦ本部からＥＨＴに八〇〇万ドルが分配された。これを合わせて、私たちのチームは十分な資金を獲得し、新しい実験のための具体的な計画に着手することができるようになった。

ボストンでの話し合いは交渉事の終わりではなかった。ヨーロッパに戻ると、私たちは自分たちのチームをまとめなければならなかった。私は、経験豊富な天文学者レモ・ティラヌスにプロジェクト・マネージャーになってもらう約束を取り付けた――彼は、二〇一五年にオランダが撤退するまでハワイのジェームズ・クラーク・マクスウェル望遠鏡をオランダの代表として率いて、そこで行われたVLBI実験に大きく貢献したという実績がある。

同じころナイメーヘンでは、思いがけないことに、EHTに関心を抱いた五人の大学院生が私のところにやってきたので、私たちの博士課程プログラムに加わってもらった――素晴らしいチームが形成されつつあった。彼らの多くはナイメーヘンの近くのエリアから来ていたが、私には彼らが天の恵のように思えた。最終的には、七ヵ国の代表者たちが私たちのチームに参加することになった。[17]

「我々は世界を征服する、しかも好ましいやり方で」――これが私たちのモットーで、私はこれを全員に叩き込んだ。私の学生にも、私の共同研究者にも、大いに自由を楽しんでもらっている。結局私の目標は、自分を駆り立てているものが何かを、彼らが自分自身のために見出すことだ。結局のところ、私たち一人ひとりが、自分自身の場所を見つけなければならない。そうして初めて、人は何かに心から打ち込めるようになる。重要なのは、誰もが自分の実際の才能に合った自分自身の目標を持つこと、そして、みんなが互いに競争し合うのではなく、個人個人の才能が、グループのほかのメンバーたちの才能を補うことだ。

二〇一四年一一月にカナダのウォータールーにあるペリメーター理論物理学研究所で行われた

ワークショップでは、舞台裏でのかけひきが山場を迎えて、予定されていたプレゼンはほとんど二の次になってしまった。ここに、ＥＨＴにおける役割を巡って争う数十人の天文学者が集まっていたのだ。上層部に属すべきは誰なのか？　組織はどんな構造なのか？　最後の夜、もつれはほどくか、一刀両断に解決するかしかない。交渉は夜遅くまで続いた。誰も拳を振るったりしない闘いではあったが、誰か一人くらいテーブルに拳を打ち付けた者がいたかもしれない。そして、真夜中近くになってついに、将来ＥＨＴはどのような姿をしているべきかに関する合意に達した。合意のしるしに、私たちは握手を交わし、これで万事が決着したことを確認した。しかし、翌朝になると、なおも数名が、いくつかのことを交渉しようとねばった。

さらに五〇回のビデオ会議を経て、ようやくＥＨＴは暫定的な共同研究事業となった。二〇一六年の夏のことだった。一年後、すべての書類が正式に署名された――そして、そのころまでには、私たちは自分たちの実験をすでに実施していた。ＥＨＴのコラボレーションによって、一三の研究機関が共同研究することになった。ヨーロッパの四機関、アメリカの四機関、アジアの三機関、そしてメキシコとカナダの一機関ずつだ。それぞれの機関から対等に、最高指導部を形成する理事会に代表者が参加した。

ディレクター、プロジェクト・マネージャー、プロジェクト・サイエンティストの三人からなるチームが、日々の業務の管理責任を負うことになった。そして、科学活動の計画については、選挙によって決まった一一名からなる科学評議会が決定を下し監督した。

シェップ・ドールマンがディレクターになり、ディミトリオス・サルティスがプロジェクト・

サイエンティスト、そしてレモ・ティラヌスがプロジェクト・マネージャー（訳注：現在はオペレーション・マネジャー）となった。私は科学評議会の長に、そして私の長年の同僚ジェフ・バウアーが副議長（訳注：現在はプロジェクト・サイエンティスト）に選ばれた――彼はそのころまでにはハワイに移り、台湾の中央研究院天文及天文物理研究所の下で研究を始めていた。ボンのVLBIチームのディレクター、アントン・ツェンススと、ヘイスタック天文台のコリン・ロンズデールは、理事会で指導者の役割を担うことになった。

権限はこのように分割されたが、指導部や理事会に女性は一人もいなかった。これはEHTを最初から悩ませた問題で、憂慮すべきことだった。科学評議会に二名の女性がいただけで、その一人がそのころアムステルダムで教鞭をとっていたセラ・マルコフだった。

アリゾナへの遠征旅行

強気で激しい交渉に並行して、私たちは最初の遠征旅行の準備にも早くから取り組んでいた。アルマ望遠鏡で、ついに初のVLBI実験を行う態勢が整ったのだ[18]。それは二〇一五年一月に予定されていた。私たちの腕の見せ所だ。大規模な実験において、技術面でも組織面でもうまく対処できることを示さなければ。すべての望遠鏡に、最新型の同じVLBI装置が取り付けられることになっていた。

二〇一四年九月、最初の一連の資金が欧州研究会議から届く。まさにその同日、レモ・ティラヌスがVLBI装置のために必要な発注を行った。特に重要な、長い納期を必要とする部品が期日内に望遠鏡に届くようにするためだ。マーク・シックス（Mark 6）と呼ばれるデータレコーダ（訳注：ヘイスタック天文台が開発した16Gbps次世代ディスク型データ記録システム）はボストンの企業に発注された。フローニンゲンの技術者たちが、ボンの協力と、ヘイスタックからの設計図を得て、急に依頼されたにもかかわらず、電子フィルターを製作した。

最新型のハードドライブが何百台もヘイスタック天文台経由で各地の望遠鏡基地へと送られることになっている。ところが、発注が遅れてしまい、しかも、二〇一五年の冬の暴風雪のあと、ニューイングランド全域が分厚い雪と氷に覆われたままだ——すべてが停止してしまった。同僚が一人氷の上で滑り、複雑骨折する。アメリカで必要な大量のハードドライブを、私たちは購入することができず、資金はまだ私たちの手元に届いていない。レモ・ティラヌスは臨機応変に対処するしかない。たった五日間で、彼はナイメーヘンのラドバウド大学の発注システムを使って大量発注をかけることに成功し、届いた品物をオランダからボストンへ空輸させた。ボストンからは、世界中に分配できる。

いったいどうやって彼がこれをうまくやり遂げたかは、今日なお誰も知らない。これは単なるグローバル化の奇跡ではない。あるプロジェクト・マネージャーの類稀な英雄的行為、ほとんど誰も気づかない行為だ。最終的には、必要なものはすべて期日内に各地の望遠鏡基地に届き、設置され、現地の技術スタッフによりテストされた。

準備万端整って、二〇一五年五月下旬、私たち全員が世界各地の目的地へと散らばり、いよいよ初めての大規模合同遠征観測の始まりである。私たちは、できる限り多くの世界中の望遠鏡を連結したいと考えていた。私は、アメリカのサブミリ波望遠鏡（SMT）へと向かった。アリゾナ州のグラハム山の頂上にある。私はトゥーソンから車でアメリカ南西部の冒険心をそそるような景色のなかを走った――岩肌がむき出しになった崖、サボテンの群生、可動式の木造小屋が集まった小さな町、絶対に見逃せない「ザ・シング」博物館（訳注：エルパソとトゥーソンのあいだにあるミイラ化した母子と思しきオブジェクトを展示する博物館）の売店、そして、砂漠のなかにある刑務所からの脱獄囚注意の看板。山への登り道からそう遠くないサフォードという小さな町に寄るため迂回し、この先一週間分の必需品を買い込んだ。銀河を巡る旅をアリゾナから始めるなら、すべてを自分で運んでこなければならない――タオルを除いて（訳注：アリゾナ州が木綿の産地ということにかけたジョーク）。

山のふもとのベースキャンプで、私は通行許可証とトランシーバーを受け取る。ここからアリゾナ州道三六六号線を車で登るわけで、いよいよ本物の冒険の始まりである。空港で、四輪駆動の自動車を借りなければならなかったのだが、ダッジ・ラムの巨大な赤いピックアップ・トラックを一人で貸し切りにさせてもらうことができた――燃費の悪さも含めて、非常にアメリカ的な感じがした。海抜一〇〇〇メートルの高原から、海抜三二〇〇メートルのグラハム山の頂へと、私は登っていく。その台地の上に望遠鏡が設置されている。途中、シャノン・キャンプ場にアリゾナ・チャーチ・オブ・クライストのバイブル・キャンプの看板が何枚もあるのが目に入った。

景色が変わる。はじめのうちは西部劇の背景のようだったが、今は、雪に覆われたいくつもの山頂とモミの木の森だ。この景色は、ここから先のピナレニョ山脈沿いの運転では至極当然である。

舗装された道は終わる。フェンスを越えて、でこぼこの道は続くが、倒木に進路を塞がれた。道をまがり損なってしまい、ぐるぐると走り回るはめになる。ここまででもう疲れてしまったが、この最後の一走りがとりわけ狭い急な道になっている。あまりに狭くて、一度に車一台が登るか下るかどちらかしかできない。天文台に無線で連絡し、この道を今登っていいのかどうか確認する。「このアクセス道路を今下ってくる車がありますか?」こう尋ねたが返事がないので、「車が一台、アクセス道路を登っていますよ」と、自分の存在を告げる――そしてアクセルを踏む。トラックは飛び跳ねながら、ジグザグ道を苦労して進む。ごつごつした砂利道をどんどん進み山を登っていく――雨のときにこの道はどうなるかなんて、考えたくもない。突然、駐車場に着いた――アメリカの建造物には不可欠なものだ。頂上からほんの少し下にある望遠鏡の前に広がっている。

その一三五トンの天文台は、堂々たる大建築だ。職員たちの寝室とキッチンが地下にある。建物上部の可動部分には望遠鏡と各種装置が収まっている。前側の壁と屋根は格納でき、望遠鏡の直径一〇メートルのパラボラアンテナは何物にも遮られずに空を観測できる――ただし、このあたりで保護されている樹木がどれも邪魔しない限りにおいて、だが。そのようなあり得る邪魔物の問題を除けば、望遠鏡はこの複合建築のなかに心地よさそうに収まっている。階段を登ると、アンテナの真下にある小さな踊り場と制御室に着く。望遠鏡が位置を変えるときには、制御室と階段が一体になって、建物の外側と共に回転する。おかげで、今回の観測をとおして、天空を新しい座標系で方位測定するときは毎回、階段が望遠鏡と一緒に動くので、私たちは混乱させられっぱなしである。キッチンや自分の寝室から出るたびに、上に上がるのに階段がどこか探さなければならないのだ――そして、毎回違うところにある。イライラしないわけがない！

パラボラアンテナの主要部分は、ハニカム状にしたアルミニウムの薄層を炭素繊維強化プラスチックで挟んだ構造からなる。このアンテナは巨大な鏡のように輝き、太陽の方向には決して向けてはならない。さもないと、それは巨大な拡大鏡と化して、融けてしまう。最初期のサブミリ波望遠鏡の一つは、このようにしてアンテナを失った。

この山は、天空の観測には理想的な場所だ。というのも、電波信号の減衰をもたらす大気中の水蒸気が、この高度では非常に希薄だからである。大気自体の薄さに慣れるのに時間を要する人たちもいる。そういう人は息切れしやすい。私自身、軽い頭痛を感じるが、ありがたいことに、階段を登って制御室に行くのに苦労はしない。少年時代に熱中したサッカーとバレーボールは、やはり役に立ったのだ。空気に湿気が少ないため、喉が渇き、肌がむけてくる。おかげで、夜中に頻繁に目覚める――天文学者の運命だから仕方ない。私が持ち込んだ生活必需品までが気圧の低さに影響を受ける。せっかく買ったチップスの袋は膨張し、消臭スティックを開けたら、ローラーの球が、ポンという大きな音と共に私に向かって飛んできた。辛うじてよけたが、消臭剤が部屋中に飛散してしまう。このあと、あまり暑くならないことを願う――汗はなるべくかかないほうがいいだろうから。

戸外に出れば、そこはグラハム山の頂で、香り高いモミの木に囲まれる。少し歩くと、木の生えていない平らな場所に出る。眼前に、神々しさすら感じさせるパノラマが広がる——眼下には人家もまばらな山林が、そして頭上には天空が。サブミリ波長帯域で研究する電波天文学者としては、電波がほとんど遮られることなく大気を通過してパラボラアンテナに届いてくれるように、空には雲がないようにと願う。通常の電波は雲を易々と通過するが、私たちが観測しようとしている短波は、大気や雲に含まれる水蒸気によって吸収されてしまう。

グラハム山は天文学者の領分だ。SMTの二〇〇メートル東に、大きな灰色の物体が林冠の上に突き出している。こちらは大型双眼望遠鏡だ——巨大な光学望遠鏡で、直径八・四メートルの鏡が二枚並べて取り付けられている。この望遠鏡には、ドイツの研究機関が資金の四分の一を出資している。これらの鏡は、アリゾナ大学のミラーラボ（鏡研究所）自慢のハニカム技術が使われている。スチュワード天文台の元所長、ピーター・ストリットマターは、私が山を登る前にこう言った。「欲しい鏡、何でもあるよ、直径八・四メートルきっかりである限り」と。ストリットマターは、望遠鏡を売り込むのがとても上手だった。

SMTの西には、小さな、これといって特徴はないが、しかし、それでも特別な天文台がある。そこにはバチカン先端技術望遠鏡（VATT）が設置されているのだ。その長い建物は、少し教会を思わせる。長い身廊は銀色のドームへと続く。その下にあるのは、祭壇ではなく、口径一・八メートルの光学望遠鏡である。

バチカンの天文学者たちの影響は、今日なお感じられる。一六世紀に、現在も使われている暦を開発したのは彼らだった。一九世紀末ごろに近代的な天文台がローマに設立されたが、夜間に街灯が使われるようになると、ローマにほど近いカステル・ガンドルフォに移転した。二〇世紀には、アリゾナに支部に当たる研究所を設立した。

ある夜、観測の予定がなかったので、私は近隣の天文台を訪問することにする。カトリックの総本山バチカンの支援する天文台には、現在三人のイエズス会士が勤務している。地球に危険を及ぼす恐れがありそうな小惑星を探索しているのだ。静謐で柔和な雰囲気が心地よい。リチャード・ボイル神父がここに滞在している。彼はかつて、世界中で天文学を学ぶ大学院生向けのサマースクールをバチカンで主催しており、私も参加した経験がある。最近では、彼はほとんどすべての時間を望遠鏡の後ろで過ごし、まるで隠遁者のように山のなかで暮らしているらしい。天文台での生活は、実際、修道的で、瞑想じみた思索の日々という様相を帯びがちである。観測を行う天文学者は、自らの生活を天空を中心に秩序づける。恒星たちや銀河たちがリズムを定める。心をかき乱されるようなものは何もない。シンプルに生活でき、天空の近くに存在できる、この山の上の時間を私は楽しんでいる。

私たちのアリゾナチームは、EHTの同僚数名からなる。ヘイスタック天文台のヴィンセント・フィッシュ、アリゾナ大学のダン・マローネらだ。私は、この山頂のSMTではダンに代わって彼の役目を引き受け、彼はトゥーソンから指揮を続ける。この天文台には、これほど大きなチームに足りるだけのベッドがないので、同時に全員がここにいることはできない。SMTに来たその瞬間から、私はとてもくつろいだ気分だ。もちろん、望遠鏡とはどのようなものか、どのように機能するのか、私はよく知っている。しかし、実際にある望遠鏡を自分で使って研究するとなると、全く別物だ。それには長い道のりがある。電波を発見するところから始めて、ほかの天文学者、物理学者、そして全世界に見せられるような、その画像を作り出すのだから。しかし、宇宙が正体を現すとき、それを目撃するのは特別な経験である。

まず、望遠鏡のパラボラアンテナが宇宙から電波を集めて集束させる。私たちが使っている波長に対しては、アンテナの表面全体を、四〇マイクロメートル以下の精度になるように較正しなければならない――この望遠鏡は、それよりも高精度に較正されている。四本の支柱に支えられて、アンテナ面の真向かいにぶら下がっている副鏡を経由して、電波は副鏡の背後にあるフォーカス・キャビンに入る。ここにおいて電波は、金属製のフィード・ホーンを通って、受信器の導波管へと向けられる。フィード・ホーンは要するに旧式の蓄音機のホーンと同じ機能を果たす。受信器内では、高周波信号が低周波に変調されたのちケーブルに送られる。このプロセスを通して、自由に浮遊していた電波信号が銅線内の電気信号に変換される。

次のステップは、この、電波の情報を持った電気信号を記録することだ。最近では、光でさえもデジタル記録することができる――何と素晴らしいプロセスだろう！　まず、最初の電気信号を繰り返し濾過して（電気的フィルターをかけて）、私たちの装置側の、はるかに低い周波数に適合させなければならない。ダン・ワーティマーのＳＥＴＩプログラムで使用された装置は最初、地球外から来た電波信号を探査するために開発されたのだが、繰り返しフィルターをかけた電波をビットとバイトに（つまりデジタル信号に）変換する。これによって、宇宙の遠方からの光がピクセル化されて、高さがゼロ、一、二、あるいは三の仮想的な縦棒の配列で表現される。縦棒の高さは、電波の振動を極大雑把に表しているにすぎないというのは確かだ。しかし、たくさんの縦棒と、たくさんの振動があるわけである。

私たちが記録するデータの量は膨大だ。毎秒三二ギガバイトにものぼる――毎秒三二〇億個のゼロまたは一である。このデータの縦棒を紙の上に太さ一ミリの線で書いたとすると、二秒を少し超えたところで、地球を一巻きできるだけのロール紙が必要になるだろう。ありがたいことに、穿孔紙テープは、今ではハードドライブに置き換わっている。デジタル革命は、EHTにとってはまさに好都合だったのである。

測定データを記録したあとは、ハードドライブを郵便でボストンとボンに送るだけだ。そして、受け取った同僚たちがさらにデータ処理を行う。長大なプロセスを経てようやく、膨大な量のデータから小さな画像が一枚出現する――データ・リダクションとはまさにこのことだ！　実際のところ、私たちは雑音を記録しているだけである――空からの雑音、受信器の雑音、そして、ブラックホールの縁からの極わずかな雑音。ありがたいことに、あとでデータ処理を行う際に、空と受信器の雑音の大部分は除去することができる。このような望遠鏡が一晩のうちに、私たちが注目している宇宙の電波源から集める雑音の総エネルギーは、理解しがたいほど小さい。長さ一ミリの髪の毛を真空中で一ミリの高さからガラス板に落としたときに生じるエネルギーに等しいのである。その落下の衝撃は、ガラス板をほとんどひっかきもしないだろうが、私たちはそれを測定することができるのである。

あとでデータを正確に統合するためには、どの望遠鏡も絶対に正確な時計が必要で、正確な時計は、当然のことながらスイスで製作される――これは、一般論としても、物理学の領域の話としても正しい。私たちの場合、正確な時計とは、機械式の時計の名品のことではなく、量子力学の時代の極めて正確なクロノメータである。ベルンにほど近いヌーシャテルは、そのような時計の主な生産センターの一つである。ヨーロッパ版のGPSであるガリレオ・システムの各衛星に搭載される原子時計の多くがこの地で製造されている。私たちも、ヌーシャテル製の原子時計を持っていた。一個当たりの値段が数万ドルの水素メーザー原子時計一組である。

あなたが天文学者で、望遠鏡を使って研究したいと思っているなら、決して盾ついてはならない人物がいる。それは望遠鏡のオペレーターだ。呼び名のとおり、その人は望遠鏡を操作する。船の船長のように、望遠鏡の舵取りをするのである。彼らは自分の望遠鏡を知り尽くしており、コントロールルームで、壁いっぱいのスクリーンの前に座りながら、パラボラアンテナを操作する。SMTでは、常時二人のオペレーターが同時に山上に滞在して、一二時間シフトで交代して操作にあたる。彼らは地元の出身者で、グラハム山の孤独な暮らしに慣れている。先住民たちは、この山を「大いなる座せる山」という意味の言葉で呼んでいた。

ある種の測定では、オペレーターたちが部屋にいる天文学者の手に仮想舵を委ねることもあるが、何か問題が生じたり、強風でそれ以上の操作が不可能な場合には、すぐさま舵を取り返す。

VLBI実験では、参加する望遠鏡ごとに測定計画（何時何分にどの方角の空を観測するか）が厳密に決まっており、それをきっちり守る必要がある。理論的には測定は自動である。なにしろ、全部の望遠鏡が、コンマ何秒の精度で同時に同じ電波源にアンテナを向けているはずなのだから。タイムゾーンの違いを巡る混乱を完全に防止するために、時間はすべて世界標準時で与えられる。これは、今ではもう久しく博物館になっているイギリスの王立グリニッジ天文台が属する標準時である。

測定を行うとき、私たちは銀河中心やM87銀河をただ観測するだけではない。測定が終わる都度、次の測定とのあいだに、パラボラアンテナは大きく向きを変えて、較正用電波源へと向けられる。必要な測定感度を維持するためだ。較正用電波源としては、よく知られているパルサーや銀河を使うことが多い。たとえばその一つに、天の川銀河から二億四〇〇〇万光年離れた、ペルセウス座銀河団に属する、3C 84と呼ばれる銀河がある。ハーシェルが一八世紀後半(一七八六年)に発見したものだ。3C 84は、信頼性の高い強力な電波源である。

一回の観測セッションのあいだに、三つないし四つのクェーサーを参照して方位を測定することが多い。こうしないと私たちのシステム全体の較正を行うことはできない。原子時計でさえ、VLBIには不正確すぎる——私たちは原子時計を、このような宇宙の電波源の助けを借りて補正し、測定終了後にすべての時計が完全に同時に時を刻んでいることを確実にするのである。

パラボラアンテナが指している方向を変えるには数分かかることもある。その時間を埋めるため、アリゾナのオペレーターたちはちょっとした悪ふざけを思いついた。[19] 望遠鏡が動いているときはいつでも、オーストラリア映画『月のひつじ』の挿入曲、「クラシカル・ガス」が制御室とキッチンで鳴るという趣向だ。この映画、人類初の月着陸のテレビ映像を受信したパークス天文台の六四メートルパラボラアンテナのお話である。アリゾナのグラハム山で星やブラックホールを観測したことのある人なら誰でも、この曲が耳にこびりついて離れないはずだ。

測定のための微調整は時として厄介になる。望遠鏡もしくは何かの装置に再調整が必要になることが多い。大気の屈折で電波源の位置が少しずれて、違う場所に現れたり、温度揺らぎで巨大なパラボラアンテナが指している方向が、極わずかだが無視できないほど変化したりする。これらはすべて誤差の原因となり、私たちは絶対に特定して回避しなければならない。望遠鏡の焦点合わせとならんで、その「向きの調整」のプロセスも、測定セッションと次のセッションのあいだの中断の時間内に繰り返し修正が必要だ。この目的にも明るい較正用電波源を利用する。多くの場合、それはブラックホールである。天気が悪いときには、欲しい電波源がすぐに見つけられないことや、見つけてもすぐ見失ってしまうようなことがときどき起こる。そういうときには、黄昏時に双眼鏡で何かを探している人のように、見つかるまで根気よく探し続けるしかない。

天空における電波源の位置は常に変化する――なにしろ、地球は回転し続けているのだから。電波源がさまよっていくのを追いかけ続けるのが私たちの仕事だ。もう一つの問題が、恒星もブラックホールも、スペインではアリゾナよりも早く空に昇り、早く沈むということだ。世界中に散在する数基の望遠鏡が参加するＶＬＢＩ実験にとって、これは困難な問題となる。なぜなら、それぞれが設置されている位置から、すべての望遠鏡が同じ天体を厳密に同時に観察することは不可能だからである。合同観測セッションなのに、ほんの短時間しか重ね合わせ観測ができないことも珍しくない。

望遠鏡そのものが協力しようとしてくれないこともある。望遠鏡はしょせん人間にすぎないよ、と私はいつも言う。二〇一五年三月二一日、私たちはこう通知する。「天気はよさそうだ」と。そこで私たちは、時間どおりに観測を開始する。一時間も経たないうちに、技術的な問題が出てくる。「望遠鏡の調子が悪い。修理のため、オペレーターはスケジュールから外れなければならない」と、私たちはログに記録する。

また別のときには、あと一回転するのにケーブルの長さが足りず、望遠鏡は停止せざるを得なかった。望遠鏡は原則として、一回転半できるように設計されている。天空で、ある天体を追跡しているとき、望遠鏡は同じ向きにそれだけしか回転できない。最大限回転してしまったら、オペレーターは望遠鏡全体をぐるりと回転させて、巻きついたケーブルをほどかなければならない。そのあいだ、『月のひつじ』の曲が数分間流れる。私はちょっとイラつきながら、観測が再開できるのを待つ。少なくとも測定シーケンス一つを全部あきらめて、スケジュールの次の項目から再開するしかない。

週の終わりが来て、私はグラハム山をあとにする。嬉しいような寂しいような、複雑な気持ちだ。多くのことがうまく行って、私たちはいくつかのことを学んだし、天気はそこそこよかった。疲労を感じながらも満足して、私は車を運転して山を下る。数ヵ月後になって、部品のいくつかがまだ光学的に不適切だったと判明し、したがってデータの質も十分ではなかったとわかった。

二〇一六年の春、二回目の全般テストが行われる。それまでのあいだに、いくつかの望遠鏡は技術的なアップグレードが施された。しかし、とりわけ重要なのは、チリのアルマ望遠鏡を、試験的にではあるが、初めて私たちのネットワークに組み込むことだ。今回ＡＬＭＡを組み込んで万事順調にいくと示すことができれば、二〇一七年には、全般テストではなく、私たちのビッグ・プロジェクトの実際の封切りにあたる測定を試みる方向へと推し進めていくことが可能になる。

二〇一六年に入った直後、私たちが二回目のテストを開始できるようになる前に、科学の世界に爆弾が落ちたかのような衝撃が走った。LIGO/Virgo コラボレーションが二〇一六年二月一一日に記者会見を行うと発表したのだ。私たちは大騒ぎになるぞ、と期待した。秘密はすでに漏れて、その分野（重力波研究）の人たちのあいだでは広まり始めていたが、それでも私たちは、大学の講堂の大型スクリーンの前に釘付けになって立ち、世界中の大勢の人々と共に、その注目すべき発表に耳を傾けた。[20] 科学者たちは初めて、二つのブラックホールの合体で生じた重力波を直接観測することに成功したのである。宇宙を伝わる、極めて微弱な振動が、この地球上で検出されたのだ。合体した二つのブラックホールは、どちらも元々は私たちの太陽の約三〇倍の重さだったがそれでも、天の川銀河の中心のブラックホールに比べれば、約三〇万分の一の重さでしかなかった。「我々は初めて、ブラックホールを『聞く』ことができたんだ。だったら、今度はブラックホールを見たいものだね！」と、私は興奮して言った。

私がつくづく感じたのは、重力波測定に携わる仲間たちは、何という桁外れの幸運に恵まれたかということだ。彼らが測定を行うまでは、このサイズの崩壊するブラックホールが存在することすら誰も確信していなかった。その重力波信号は予測よりもはるかに強力で、おまけに、それが発見されたのはテストランの最後においてだった。科学者たちが二、三時間早く測定を終了していたなら、彼らは必要なデータを全く受信できなかっただろう。[21]あとで測定しても、それほど強力な信号は二度と見つからなかっただろう。「私たちはそんな幸運には決して出会えないだろうな」と、私はうらやましく思った。「来年私たちが大規模な実験を行うときには、天気は悪いに決まってるし、望遠鏡は壊れて、M87にあるブラックホールは私たちが考えていたよりもずっと小さいことが判明するんだ」と自分自身に語りかけ、私の忍耐力が試される長い試練の時を迎える覚悟をした。

二ヵ月後、アリゾナのサブミリ波望遠鏡に向かう狭路を再び車で登った。今回は、私が指導する大学院生のミヒャエル・ヤンセンとサラ・イッサオウン[22]もチームに参加する。ミヒャエルはライン川下流地域ののどかなカルカーの町の出身で、私の指導の下で優れた修士論文を執筆した。サラはアルジェリアのベルベル人一家の出身だ。彼女の両親は二人とも技術者で、彼女が小さかったころ、アルジェリアの社会情勢が混乱した時期に、ケベックに移住した。その後彼女の両親は、再び移住した。今度はオランダのアルンヘムに落ち着き、そこで近くのハイテク企業に二人とも勤務している。

サラはモントリオールのマギル大学で物理学を学び始め、学期と学期のあいだの休暇に、私の元を訪れ、何か自分にできる研究はないでしょうかと尋ねた。私は、二〇一五年のアリゾナでの測定活動で得られたデータを彼女に与えたのだが、彼女がそれを使って成し遂げた成果を目にして驚いた。やがて彼女は、較正曲線を改良した――というよりむしろ、すっかり書き直したのだ。

サラは並外れた才能のある天体物理学者なのだと私は気づいた。二〇一六年、私はサラを連れてアリゾナの望遠鏡を訪れたが、三日後になると、私にはほとんど仕事がなくなってしまった。ミヒャエルはソフトウェアの操作を自動化してしまい、チームの最年少メンバーのサラは、望遠鏡の制御をほとんど完全に乗っ取ってしまったのだ。それと並行して、彼女は、二〇一五年以来の私の古い較正測定を改良し続けていた。この先数年、望遠鏡の制御は彼女がコントロールし続ける。しかも彼女は、まだ博士課程を始めてすらいないのだ。最終的には、EHT全体が彼女とマイケルの仕事から大いに利益を得る。そして二人とも、このコラボレーションが評価されて、特別な推薦を受けるのである。

テスト測定の結果は、技術的には成功で、おかげで念願のALMAからの承諾を得ることができたが、その測定の結果が詳しく解析されたり発表されたりすることは決してなかった。二回の測定で、私たちのチームの、そしてEHT全体の気骨が試されたのだ。成功したければ、世界のありとあらゆる国、ありとあらゆる地域の科学者と技術者の寄せ集めであるこの集団が、協力して活動できるようにならなければならない。そして、今や私たちにはわかっている。すべてが順調に運べば、理屈の上では、来年それを成し遂げられるはずだ――ものすごく運が良ければ。

第10章　遠征への出発

大実験

さあ、私たちの大実験へのカウントダウンが始まった。種は蒔かれた。芽は健康な若木に育った。そして収穫のときが訪れた。

ＥＨＴに関わる全員が熱に浮かされたようになりながら二〇一七年の四月を待った。何年もの準備――科学上の、あるいは、政治的な緊張を味わい、そして数々の技術的問題の解決に取り組んだ日々を経て、私たちの夢の実現が、今迫っていた。二〇一七年四月上旬、ＥＨＴの八基の望遠鏡(1)がすべて、天空にある同じ標的に向けられることになっていた。八基のうち二基はチリに、二基はハワイに、残る四基はそれぞれスペイン、メキシコ、アリゾナと、最後に南極にあった。それに加えて、セラ・マルコフが、ほかの大勢の天文学者たちと共に、地上の、そして宇宙に浮かぶ、望遠鏡の大部隊を編成して、私たちと並行して観測を行えるように段取りをしていた。近赤外線望遠鏡からガンマ線望遠鏡まで、すべてが準備万端整った。私たちは、どんな種類の電波放射も見逃さないように、光のスペクトル全域を測定することになっていた。

それは、極端づくめの遠征になる。チリでは、天文学者たちは海抜五〇〇〇メートルを超える高地の乾燥した希薄な空気に対処しなければならず、一方、南極では、極低温に立ち向かわなければならない――年平均気温は、ほぼ摂氏マイナス五〇度だ。私たちが計画した宇宙への冒険は、昔の天文学を少し思い出させる。最善の観察地点から天空を観測し、宇宙の秘密の理解に少しでも近づくために、科学者たちが世界中を旅した時代を。当時も今と同じように、わずかな違いが失敗と勝利を分けた。金星の太陽面通過を観測しようと、インドで何年も費やしたものの成功しなかったギョーム・ル・ジャンティのように、私たちもブラックホールの画像を捉えることを目指す取り組みを、むざむざ何の成果もなく終えてしまいかねない。天候と技術が味方してくれなければ、私たちは失敗するしかないのだ。

もう春になり、同僚の多くが、準備の最終段階に入っていた。装置はもう発送されたし、数えきれないほどのメールもやりとりされ、ビデオ会議がいくつも開かれ、予備テストの段取りが整えられた。私たちは、コミュニケーションを円滑にするためにグループチャットを始める。次々とメンバーが加わる。三月五日、ドイツの天文学者ダニエル・ミヒャリクが南極点望遠鏡からメッセージを送信する。彼はそこ、南極の氷のなかで冬の数ヵ月を過ごしている。普段ミヒャリクはESA（欧州宇宙機関）の一員として働いているが――このミッションの前、彼はガイア計画に参加していた――この先二、三ヵ月、彼と一人の同僚はEHTの測定を行う。彼らは南極点に非常に近いところで暮らしているので、キッチンの窓から南極点を示す標識が見える。通信の接続が悪く、彼ら二人からの最初の消息は、ピンク・フロイドの『コンフォタブリー・ナム』の冒頭の歌詞だった。「ハロー、誰かいますか？」[2]という。南極で誰かが私たちのために砦を守ってくれているのだとわかって嬉しい。

同僚の大半は、三月末が近づくと、担当する望遠鏡へと向かう。数日間にわたり、世界中の科学者たちが、決定的瞬間のために自分の持ち場につく[3]。

ここにきて、まるで何かの奇跡が起こったかのように、ＥＨＴは真に国際的な、真に協調的な取り組みになってきたのがはっきりしてきた。チャットに新顔が現れるたびに、その新入りは仲間たちの歓迎の挨拶を受ける。喜びと興奮が綯交ぜになる。テンションが上がる。しかし、一人ひとりが、集中すべき自分自身の仕事を担っている――さもなければ、うまくいくわけがない。

二〇一七年の測定活動の期間以上に国際理解というものがはっきり見て取れたことはなかった。今日なお、各望遠鏡のチームごとの写真を見るたびに私は、これほど多くのさまざまな人々を、そうしようという意図などほとんどなしに、一つにまとめることに私たちが成功したという事実が嬉しくなる。二人の平和主義者、アインシュタインとエディントンも喜んだことだろう。そして実際、この測定活動のあいだはずっと、世の中はかなり平穏であり続けた。それ以前には、必ずしもそうではなかったし、それ以降もやはりそうではない。

四月三日、私はデュッセルドルフから、マラガ行きの飛行機に搭乗する。マラガからバスでグラナダへと向かう。そこにＩＲＡＭのスペイン支部があるのだ。町はイースターの祝祭の準備のさなかだ。受難週が近づくにつれ、町は特別な雰囲気に包まれる。春が訪れ、気温も快適な範囲まで上がってきた。私はずっとグラナダにいて、祝祭の行事を順番に詳しく見たい気分だが、アンダルシアを堪能している時間はない。目的地がもう地平線上に見えている——シエラネバダ山脈の雪を頂いた山並みが南西に屹立している。グラナダでは、朝車でビーチに出かけ、午後スキーをしに山に出かけることができるのだ。

ＩＲＡＭ望遠鏡は、ベレッタ山の頂上から少し下ったところに設置されている。標高三三九六メートルのベレッタ山はスペイン第三の高峰だ。中世には、ムーア人たちが名高いアルハンブラ宮殿からこの頂きを見上げた。山を登る道路は、ヨーロッパで最も高いところを通る舗装道路につながっており、自転車愛好家たちのあこがれのルートである。アリゾナの望遠鏡までの旅は一種特別だったが、四月にＩＲＡＭ30メートル望遠鏡を訪れる旅はまた全く別物だ。

ボンのトマス・クリッヒバウムが今回も私たちの小グループの一員である。クリッヒバウムは、これまでにここで数回観測を実施している。私たちは一台のライトバンに乗って山を登る。望遠鏡にたどり着くまでに、たった三〇キロメートルの道のりなのに二〇〇〇メートルも高度が上がる。道からのグラナダの眺めは素晴らしい。高地の空気に私たちが慣れるために、運転手は数分間停車してくれる——彼は一杯のコーヒーを飲み、私は素晴らしい荘厳な眺めを楽しむ、よい機会となる。

ここから山頂を見上げると、堂々たる望遠鏡がそこに聳えているのが早くも見える。スキー場のリフトのところで車を降りてからは、雪のなかを苦労しながら歩いて進み、スキースクールを過ぎて、一台の赤いキャタピラー式雪上車まで歩く。雪上車の側面にはIRAMという白い文字が記されている。私たちはスーツケースを黒い金属のバスケットに入れて、雪上車に乗り込む。雪上車は雪に覆われた最後の数メートルを、日差しを受けて燦然と輝く望遠鏡まで運ぶ。最後の部分は、斜面の上で雪が融けかけている。私たちの頭上に青空が広がる。万事極めて幸先がいい。

地球の最も僻地にあたるところに、大量のコンクリートと鉄で研究拠点が建設されているのを見るのは、いつも印象的だ。探索し、自分たちの視界を広げるために、人間は何と言う苦労を引き受けることだろう！　海抜二九二〇メートルの山の上に堂々と立っているIRAM望遠鏡は好奇心の記念碑だ。

この望遠鏡は、最初のスキー場リフトができた一九七〇年代に、当時のマックス・プランク研究所の所長の要請でここに建設された(4)。その所長はスキーの熱烈な愛好家で、そのことが立地の選択に影響したのではないかという噂があった。

今ではこの山は、いたるところにスキー場リフトとスキーヤーが見られるようになった。しかし、この天文台ほど大きな建物はほかにない。この施設は、アリゾナの開閉壁がある回転式の建物よりもはるかに大きい。雪のように真っ白なIRAM望遠鏡は、あなたが思い浮かべるであろう古典的な電波望遠鏡のような姿をしている。直径三〇メートルのパラボラアンテナは、円錐形の建物の最上部に載っている。建物には巨大なガレージ扉があり、そこから出入りする。戸外に設置されているため、雪や氷がつかないように、反射鏡は全体が加熱可能である。

望遠鏡のすぐ隣には、三階建てのコンクリートの建屋があり、その窓からはシエラネバダ山脈の息を呑むような景色が望める。ここが私たちが暮らし、働く場だ。ときおり、雲が低いときには、まるで飛行機に乗っているかのように、見渡す限り雲景となる。望遠鏡全体が霧に包まれてしまうこともたびたびあり、そうなると制御室からは望遠鏡の先端も見えない――だが私たちが到着したときには、雲も霧も一片《ひとひら》たりとも見えなかった。

ベレッタ山のEHTチームは五人のメンバーからなる。(5) 私は、ボンの技術専門家のヘルゲ・ロットマンに会い損ねた。ロットマンと私は、大学院生時代を共に過ごした仲間だ。彼は、私たちが来る前にここの技術面の必要なチェックを行ったあと、まっすぐチリのAPEXへと向かったのだった。

アリゾナに比べれば、IRAM30メートル望遠鏡は四つ星ホテルだ。ただ、一九七〇年代の様式ではあるのだが。グラハム山の望遠鏡よりもはるかにゆったりした造りで、階段は常に同じ場所にある。共有キッチンがあり、常に中身がいっぱいの冷蔵庫と食料庫のものを自由に使ってかまわない。しかし、あまり多くは必要ない。というのも、ケータリング・チームがローテーションを組んで、私たちのためにアンダルシア料理を準備してくれるからだ。このチームに参加している地元の人たちは、誰が一番おいしい料理を作れるか、競争しているかのようだ。到着してすぐ、私たちはスープ、コショウ味のミートボール、そしてたっぷりのデザートをごちそうになった。巨大なセラーノ・ハムがいつも置いてあって、誰でも好きなときに、切れ味のいい長いナイフで薄く数枚スライスして食べられるようになっている。おまけに、スペインのチーズと新鮮なブドウまである。技師、清掃スタッフ、そして天文学者全員のあいだで、和気藹々としているのも不思議はない。注意しないと、この山頂の施設に籠っているあいだに、恐ろしいほど体重が増えて、アリゾナのグラハム山で膨張した、あのポテトチップの袋になった気分を味わうはめになるかもしれない。

可愛らしいマスコットまでいる。近くの山を歩き回る一匹のキツネが、おいしい料理が提供されている気配を察したのだ。ある日、そのキツネは実際にセラーノ・ハムをまんまと盗んだらしい。少なくとも私はそう聞いた。野生動物に餌をやることは厳しく禁じられているが、キツネは依然として、ときおりやってくる。はたして、みんなちゃんとルールを守っているのかな？

この山頂にはWi-Fiはない。望遠鏡の繊細な電子部品にWi-Fiの電波が影響を及ぼす恐れがあるからである。私のようなスマートフォン中毒者には、これは辛い。

通常、一〇人強の人員が望遠鏡の操作のために山頂に滞在している。我がチームのほかに、二つの研究チームが来ており、私たちは観測時間を分かち合っている。一時間の観測に約五〇〇〇ユーロかかる。理想的には、施設が毎日二四時間使えるのが望ましい。私たちの観測にとって天候が悪すぎる場合――ここで、または、世界の別の場所で――ほかのチームが望遠鏡を使う。

二〇一七年四月四日から、一〇日間連続で、私たちの測定を実施するために、観測時間を割り当ててもらえることになった。ヴィンセント・フィッシュが、トマス・クリッヒバウムの協力を得て、今回も測定日ごとに、それぞれの望遠鏡の電波源ごとの観測プログラムを作成してくれた。時間と労力と、忍耐力を必要とする作業だ。この一〇日間の観測時間のあいだに、世界中のすべての望遠鏡のある場所で、私たちがプログラムを実行できるに十分天気がいい日が、一〇夜中少なくとも五夜なければならない。私たちの経験から言って、そのようなことはめったに起こらない。望遠鏡どうしが互いに調整しやすくなるようにと、ナイメーヘンのダン・ファン・ロッサムがEHTのオンライン・ネットワークを作ってくれた。すべての望遠鏡からのデータがここに集まり、ほかの望遠鏡の条件がどうか、みんなが見ることができる。欧州中期気象予報センターの世界気象モデルに基づくすべての望遠鏡のための気象予報が、このプラットホーム上で全員が閲覧できるように、オランダ気象局に勤務するベテラン天体物理学者ヘルティー・ヘルツェマが尽力してくれた。この気象予報を初めて見たとき、ある嬉しいことがわかった。明日から三日間、ほとんどすべての場所で、素晴らしい快晴の天気になるらしいのだ。だが私は、うちのチームの望遠鏡の周辺の気象情報は正しくないかもしれないと少し気になった。オランダ人が山の天気を本当に予測できるのだろうか、と。

シェップ・ドールマンはボストンに、アナログのコミュニケーション・センターを設置した。ここにも、すべての望遠鏡の情報が集まるはずだ。ドキュメンタリーの素材を記録するために撮影班も待機している(6)。

実際に観測を行うかどうかは、計画された各観測セッションの開始時間の四時間前に開かれるビデオ会議で決定される。過去数年間、毎回すべてのことがいささか混乱していた。今回はどうなるだろう? 八基の望遠鏡と数十名の科学者をうまく連係させるのは、受難節の時期に、甘やかされた神経質な都会っ子たちの丸々一クラスをお菓子屋に連れていくのと同じくらい難しい。どちらのグループも、言われたとおりには行動しない、ということだ。

四月四日、すべてのEHT望遠鏡が試運転を行う。VLBIネットワーク内には、常に何らかの技術的欠陥が存在する。私たちは望遠鏡をチームプレイヤーにしなければならない。しかし、コンピュータにまつわるものは何でもそうだが、鎖の一番弱い環はたいていユーザー、すなわち人間だ。些細なエラーが成功を阻む。二本のケーブルを取り違える、データのラベルが間違っている、うっかり違うコマンドを与えた、などなど。私たち全員、気が張り詰めている。技師が装置を再確認する。「JCMTとSMAのあいだのフリンジ（訳注：二基の望遠鏡のデータがまっとうな干渉縞を形成したということ）」と、レモ・ティラヌスが興奮して、ハワイからグループチャットに書き込んでくる。この文書は感嘆符四つで終っていた。「いかれた、よくわからんボックスをオフにして、またオンにしないといけなかったが」と、彼は書き添える。「フリンジ」を見つけるということは、少なくともハワイのマウナケアにある二基の望遠鏡、ジェームズ・クラーク・マクスウェル望遠鏡（JCMT）とサブミリ波干渉計（SMA）はうまく連係して働いているということだ。翌日は一日中、前途有望に見える。私は休息して充電するためにベッドへ行く。天気予報を見て、明日は佳境に入るとわかる。トマス・クリッヒバウムはまだ制御室で歩き回っている。「寝ないのかい?」と、私は彼に訊く。「ああ、私はただ万事具合がいいか確かめているだけだよ」と、彼は上の空で返事をする。

翌日、緊張は高まる。行儀悪く振る舞いたがるマーク6データ記録装置が、世界中で常に何か小さな問題を起こしている。ボストンの専門家たちが助けようとする。私たちの側では、すべてが正常のようだ。クリッヒバウムはグループに、「ピコのマーク6は再起動して正常に動作している」と書き送る。夕食時に、本測定に入るか否かを決める重要なビデオ会議が行われる。奇跡が起こっていた。世界中のすべての望遠鏡のところで、天気は最高だ――そして、技術もちゃんと機能している！

「VLBI実施。これはテストではない」と、ドールマンは私たち全員に書き送る。測定セッションは協定世界時二二時三一分きっかりに始まることになる。スペインでは、それは午前零時三〇分だ。私たちは、太陽のみならず、ブラックホールも真っ先に登る、最も西に位置しているので、最初に測定を開始する望遠鏡グループに属する。刻一刻と時間が経過している。

当然なのだが、私たちのクルー全体が、開始時間のかなり前から望遠鏡のコントロール・ルームに入っている。誰もこの瞬間を逃したくない。ここにある蛍光色グリーンとシルバーのコントロールパネルで、口径三〇メートルのパラボラアンテナを制御する。そこにはいくつもの巨大なノブとスイッチがならび、まるで違う時代から、あるいは一九七〇年代のジェームズ・ボンド映画から、ここに投げ込まれたかのようだ。二つの時計が、現地時間と恒星時〔訳注：恒星時とは、春分点〔天球の赤道と黄道〔天球上の太陽の通り道〕との交点。うお座の付近〕が南中するときをゼロ時とすることによって計られる時間。天文計算で重要〕を表示する。大きな赤いボタンが緊急時に施設全体を完全に停止させる。パネル上の四枚のコンピュータ画面だけが、今技術は七〇年代とは全く別のレベルにあることを示している。

同僚たちは緊張し始めるが、それは私とて同じ。今、すべてがうまくいかなければならない――いや、違う――すべてが絶対にうまくいかなければならないのだ。私たちはあれこれの装置を繰り返しチェックする。ハードドライブはちゃんとプログラムされているか？　各ドライブは、何時何分に記録し始めなければならないかわかっているか？　観測計画はちゃんと準備されていて、しかも、今日使う正しいやつか？　望遠鏡の受信器はデータを送信しているか？　焦点は正しく合っているか？　私は、制御室に表示されている、大気中の水蒸気レベルを示す数値をしょっちゅう見る。信じられないほどいい値だ。確かめるために、そして、自分の神経を落ち着かせるために、私は何度も外に出て、晴れた星空を見上げる。雲一つ見えない。

クリッヒバウムが責任者となり、スクリーンの前の観測者席に座る。彼は残り時間を利用して、最初の較正測定を始める。私は彼の隣に座る。昔私が若い学生だったころに、電波望遠鏡の操作法を説明する彼の隣に座っていたときとそっくりだ。変わらないこともあるものだ、たとえ二五年が経っても。私は椅子に深く腰掛け、楽しむ。彼は望遠鏡の視野を、宇宙の電波源の一つを横切るように動かす。電波放射がまず上昇し、続いて低下するのがはっきり見える――安心だ。私たちの期待感と同じく、信号は強い。

私たちのリストの最初の電波源はＯＪ２８７。三五億光年離れた、かに座の方向にあるクェーサーで、知られている最大のブラックホールの一つを含んでいる。それは、実際には互いを周回する二つのブラックホールであると考える人々もいる。(7)　ＯＪ２８７は、いわば私たちのウォーミングアップで、その電波放射がスクリーン上にはっきりと明瞭に見える。実際に私たちがスクリーン上に見ているのは、二つの釣鐘曲線にすぎない――それだけだ。最初の「ＶＬＢＩスキャン」――私たちの測定に私たちが付けた名前――は、七分間続くはずだ。今は午前零時三一分である。いよいよ開始する時間だ。スクリーンの表示が変わり、望遠鏡は自動的にＶＬＢＩモードに切り替わったと教えてくれる。

私はささっと、隣の機械室へと走る。そこには、人間の背丈ほどある棚にマーク６データ記録装置が数台鎮座している。ファンが回転し、ランプが点滅し、ノイズを発しているのが聞こえる。前にある緑の電球が短い間隔でせわしく点滅している——データが流れているということだ。記録装置はサッと作動し始めたのだ。控室には、電波をゼロと一に変換するアナログ−デジタル変換機のディスプレイと、原子時計のディスプレイがある。ここでも万事順調だ。私は安心する。

ヘルゲ・ロットマンがチリからシステムにログインしてくる。「ピコの四台の記録装置はすべてちゃんと記録しているよ」と、グループチャットに彼が書き込む。それは私たちにはすでにわかっている。そのあと私は、一晩中ここに走って戻ってチェックする。これらのハードドライブに記録されるものが、成功と失敗の差になるのだ。しかし、その後何ヵ月も、実際に何が記録装置に捉えられているのかは、私たちにはわからないのである。解析にそれだけの時間がかかるのだ。

さて、ここからは観測は単調になる。クリッヒバウムは望遠鏡が動くたびに、自分の記録ノートに手書きでそれをメモする。トマスは古風な天文学者なのだ。望遠鏡の制御室で座っているとき、彼はいかにも彼らしい。「君はいまだに何でも手書きでメモするのかい？」と、私は感心して尋ねる。エフェルスベルクにいたときも彼はそうやっていたのだが、私に、「君だってそうするだろう？」と訊き返した。しかし私は、私に代わって自動的にそうしてくれるプログラムをこっそり書いていた。「おや、手書きすれば眠くならないんだよ。午前四時には、間抜けなミスをやらかすもんだよ。何かやらなきゃいけないことがずっとあったほうがいいよ」と彼は応じる。私は溜息と共に鉛筆を手に取る。

EHTネットワークの観測では、八基の望遠鏡すべてが同時に観測を行っている瞬間は皆無だ。それは、私たちのスキャン・リストにある電波源を、あらゆる場所から同時に観測することが不可能だからである。そのため、今夜の測定プログラムの最初は、スペイン色が非常に濃い。チリのALMAとAPEX、メキシコの大型ミリ波望遠鏡（LMT）、アリゾナのSMT——すべて、かつてスペインの植民地だった——そして私たちがいるこのスペインのIRAM望遠鏡である。協定世界時二二時三一分きっかり、これらすべての望遠鏡が、遠方の宇宙にある同じクェーサーを凝視している。ハワイの二ヵ所のステーションと南極の望遠鏡はまだしばらく待たねばならない。

私はゆっくりと、心を落ち着けにかかる。私たちはうまく軌道に乗っている。目下の疑問は、ほかのステーションではどんな状況なのだろう、ということだ。チャットに少しずつ入ってくるメッセージは、楽観的になる理由を提供してくれている。「APEXでは万事順調」。もう彼らのシフトを開始したメキシコの同僚たちは、「LMT記録中。スキャン・チェックOK」と書いてきた。ドールマンはボストンから、アリゾナでも万事正常のようだと報告。だが、重要なアルマ望遠鏡はどうなのだろう？　チリからは、長いあいだ連絡が途絶えている。しかし、すぐに心強いメッセージがやってくる。「ALMAは、これまでのところすべてのスキャンの観測を終えた」。

小さな問題がちょこちょこ起こるが、それは普通のことだ。メキシコがＯＪ２８７の観測に問題があると報告する。うまく焦点を合わせられないのだ。カメラでよくあるのと同じように、パラボラアンテナが十分鋭く焦点を合わせられないのである。望遠鏡のネットワークは十分大きく、これを補うことはできるが、較正チームはあとで、この分の信号の不足をどうやって補えばいいか、その方法を探すのに難しい仕事を強いられることになる。しかしその後もメキシコのチームは何度も停止せざるを得なくなる――どういうわけか、モーターに十分な電力が供給されない。彼らは、一旦待って、再び最初からやり直さなければならない。しばらくのあいだ彼らからのデータを失うことになるが、まだ夜は長い。

一方、私たちの制御室では、いよいよ鍵となる局面に近づく。計画は、M87の最初の観測を指示している。午前二時四五分だ。これから私たちの望遠鏡に、五五〇〇万光年離れた巨大銀河のまさしく中心から、すなわち、盛んに活動するブラックホールが力を揮っている場所から――生じている電波放射を見つけ出してもらわなければならない。しかも、私たちはまだ、そのブラックホールがどのくらい大きいのかも知らない。

「Source M87」と、私はコンピュータにコマンドを入力する。画面は次の座標を表示する。赤経12h30m49.4s；赤緯+12°23′28″。望遠鏡はゆっくりと、宇宙で二番目に領域が広い星座、おとめ座の方向に向きを変える。私たちはディスプレイに釘付けになり、その動きを追う。望遠鏡は、正しい方位角――水平方向の角度――を見つけようと位置を変える。仰角――垂直方向の角度――も今は完璧だ。大きな動きではすべてそうだが、あとで少し調整が必要だ。「ベレッタ山、電波源M87観測中かつ記録中。近傍の3C 273を指しながら（このクェーサーを較正に使いながら）」とクリッヒバウムが報告する。制御室の点の表示はどれも、妥当な信号レベルを示している。ハードドライブは回転し、データが書き込まれていく。心強い兆候だ。地球の回転方向と逆向きに回転している私たちの装置では、ここの望遠鏡がいかにM87の中心を追っているかを見ることができる。もう何時間にもわたって、私たちはM87と較正用クェーサーとのあいだを、向きを反転させつつ回転するのを繰り返している。毎回数分間、クェーサーで較正を行うのである。こうして、今はすべてのものが自分で自分の世話をしているようである。

とうとう、全員が一種のトランス状態に入るところに到達した。奇妙な感覚だ。実際、みんな疲労感で圧倒されつつあるのだが、同時に、全員が望遠鏡の些細な動きまで絶対に見逃さないぞと決意している。じつのところ、クリッヒバウムに少しでも眠ってもらうために、私は早朝の時間帯は彼と交代することになっている。ともかく、二人でそう約束したのだ。しかし、彼はなかなか席から離れられない。結局彼は一晩中自分の監視ポストに留まる。彼の体には、こんな状況に備えて、秘密のエネルギー貯蔵庫があるに違いない。

夜が明ける。午前六時五〇分、ハワイの二基の望遠鏡が目覚め、しばらくのあいだ私たちと一緒にM87を観測する。ハワイとベレッタ山のあいだには一万九〇七キロメートルという途方もない距離がある——この電波源の観測のためのネットワーク内では最長距離だ！　今私たちの望遠鏡は、山脈のすぐ上を指している——そんなことは織り込み済みなので、ただ粛々と仕事を続けるのみだ。残りの一五分が経過し、総計三四スキャンの最後の一回が記録装置に記入されている。

光の点滅が止まる。クリッヒバウムが、最後の報告をグループチャットに送信する。「全ＶＬＢＩスキャン完了。私たちは少し疲れたので、三八時間の観測を終えて休憩することにする」。気の毒に、彼は前の晩も寝ていない。私たちが疲れた体を引きずって寝床に引き上げる一方で、アリゾナのサラ・イッサオウンや彼女のハワイの同僚たちはさらに何時間も測定を続ける。アリゾナは、中心的役割を担う望遠鏡として、シフトも最長で、また、私たちと同じように、サラもスクリーンから離れることができない。彼女は一九時間ものあいだ連続で観測を行うはずだ――さらに、準備の時間もある。私たちが次の夜の準備をするために起きたとき、彼女はまだ観測していた。彼女の休憩時間はあまりないだろう。

最後の秒読み

第一ラウンドは成功だった。この調子がずっと続いてくれればいいのだが！　ボストンでは、シェップ・ドールマンが喜んで、観測の第一段階が極めて良好だったと、私たちを称賛し、私たち全員に、今はぐっすり眠ってくださいと言った――しかし、私たちの大半が、日中に二、三時間眠ることしかできないだろう。

ほかの人々が寝ているあいだ、全く新しい一連の仕事が私を待っている。私たちの遠征が始まる少し前、全く思いがけないことに、私たちに関する記事がＢＢＣのウェブサイトに掲載され、私たちが「初のブラックホールの画像をまもなく捉えようとしている」と書き立てていた。彼らはどうやってそれを知ったのだろう？　私たちは報道発表など一切していない。自分たちがやっていることがうまくいくかさえわからないのだから。またぼんやり広がった光の塊のようなものしか捉えられなかったらどうしよう？　期待を高めすぎていないだろうか？　何年にもわたって、測定を続けなければならないとしたら？　私はマスコミ嫌いではないが、今この記事が世に出たのは、心乱される余計な厄介ごとだ。

それでも、その記事は本物のメディアの洪水を起こすのに十分で、私たちは事後になってプレスリリースを発信した。今や私の電話は、ベレッタ山ではどんな状況か知りたがっている世界中のジャーナリストのおかげで鳴りっぱなしだ。私は、スカイニュースとアルジャジーラのためにスカイプでライブ・インタビューを行い、オランダのラジオ局の取材に応じた。私たちのソーシャル・メディアのページも賑わい始め、あまりに賑やかになりすぎて、守旧派の電波天文学者たちは、そのことに、これらのサイトそのもので文句を言い始めた。私は、期待を少しでも抑えようと努力する。変てこなピーナッツみたいなものが何か見えればそれで満足ですよ、と私は言う。

もやは十分な睡眠をとる機会は絶対になく、そのつけは私の言語能力に回ってくる。オランダのツイッターユーザー数名が、私の文法に難癖をつける。私はじつはドイツ人なのだと聞いて初めて、彼らは少し寛大になったようだ。私にとっては褒めてもらえたようなものだ。

その夜、天候に関する次の決定が迫る。すべての場所で、観測の条件は模範的だ。短いビデオ会議のあと、期待どおりに、第二ラウンドの開始信号が来る。今回も、「ＶＬＢＩ実施」だ。今夜の予定表には一〇〇近いスキャンが載っており、これから一層しんどいシフトが待っていることを示している。私たちは昨夜より二時間遅い真夜中から開始する。四時間にわたり、3C273とM87のあいだを数分ごとに行ったり来たりする。ありがたいことに天気は持っている。この夜のスキャンを予定どおり午前七時三〇分に終える。このとき、私たちから見えるM87銀河は地平線からたった一〇度の高さ。最強の電波源も、やはり最後には沈む。

観測のときにはあれこれの楽しみもやってくる。グループチャットはどんどん明るくなってくる——夜の作業が延びていくにつれ、ますますふざけだすのだ。間違いなく、全員が上機嫌だ。突然、南極からダニエル・ミヒャリクが、自分と同僚(8)が分厚いジャケットを着てスキーゴーグルをかけた姿で南極点望遠鏡の巨大な受信装置キャビンの前に立っている写真を送ってくる。彼らの背後には、広大な平らな風景が地平線まで続いている——数百キロメートルの氷と雪が広がって虚空に消えている。風景の白が空の青にそのまま溶け込んでいく。その画像には比類ない美があり、「テクノロジー美術館」なるものがあったとしたら、特別な場所に飾られるべきだろう。この二人が何という信じられない条件の下で、南の果ての地で働いているのかという実感が、急に湧いてくる。気温は信じられないような華氏マイナス八〇度(摂氏マイナス六二度)だよ、とマイケルが書いている。

写真は素晴らしい。もっとたくさん見たいものだ。思い立ったが吉日と、私はEHT写真コンテストを開催することにする。新しいスレッドを立ち上げて、私はみんなに、自分の望遠鏡からの景色を写真に撮って投稿してくれと呼びかける。こうすればみんな、同僚たちのいるところをよりよく知ることができる――それに、同僚たち本人の姿もわかる場合もある。ＥＨＴのメンバーどうしなのに、観測前に直接会わなかったという人たちも多い。少しも肩ひじ張らない形で、誰が一番いい写真を投稿できるかを競い合えば、チーム全体がもっと緊密にまとまるだろう。

その翌日、観測が実施できるかどうかはっきりしない。いくつかの望遠鏡の近辺で、天気が危なっかしく、差し当たって決定は延期される。スペインのオペレーターたちは不安を募らせ始めた。早く決定が下されなければ、別のグループがこの望遠鏡を使用し、私たちは今夜は観測できなくなる。土壇場になって、私たちのグループが観測することになった。すべての観測地で三夜続けて観測できるという事実は、ものすごい幸運だが、終夜シフトというのは、私たちの心身には大きな負担になってきている。ドールマンはこのことをチャットで認め、チーム全体の疲労がどれだけ大きいかはよくわかっていると書き込んだ。しかし、使える日はしっかり使うべきだ。いつでもあとで眠ればいいのだから。

今回、私たちのチームの開始時間は、現地時間で午前六時ごろだ。ついに予定に銀河中心が登場した。ここにきて私は緊張感が増したが、すべては見事に進んでいく。翌日、それまで続いていた、天気にまつわる私たちの幸運はついに尽きた。メキシコは雨が降っている。ここ、ベレッタ山では雪も予想されている。アリゾナでも天気は安定せず、おまけに、強風が吹いている。大型望遠鏡には強すぎる風のようだ。私たちは二日間の休みを取ることにする。ほかの年なら根気よく続けていたかもしれないが、今、これを悲しむ者はいない。どのチームも消耗しきっているのだ。

私はこの時間を使って、今後の測定セッションを準備し開始するのに使える、ちょっとしたコンピュータプログラムを作る。私にとってプログラミングは、瞑想のようなものだ——心を落ち着かせるための、素晴らしい気分転換である。

二晩が過ぎると、また「ＶＬＢＩ実施」だ——重要なステーションはどこも、天気が落ち着いたのだ。私たちにとっては、今夜は素晴らしいコンディションだ。空気はこれ以上ないほど乾燥している。ところが、南極の望遠鏡が脱落してしまう。南極チームは数スキャンのあいだ待機せざるを得なくなる。しかしその後は設備が復旧した。このあともう一晩頑張れば、私たちの観測は終了で、一件落着となるはずだ。今夜もまたスムーズに進み、二、三のちょっとした混乱があっただけだ。午前八時ごろ、ピコからパブロ・トルネが報告する。「私たちの測定は終了した。スキャンを二本しくじったが、それ以外は、ここではすべて非常にうまくいった」。やったぞ。プロジェクト・マネージャーのレモ・ティラヌスがハワイからチェックインし、みんなに各自の仕事を感謝し、帰国の旅の安全を祈る。「あるいは、山スキーを楽しんでください」——この望遠鏡がどんなところにあるか、彼はよく知っている。

私たちはリラックスする。制御室の雰囲気には、厳粛なものがある。睡眠不足の影響は残っているものの、この瞬間はやはり勝利を感じる。少なくともさしあたっては——データが本当に使えるかどうかは、数ヵ月しないとわからない。それでも、私たちは責任を果たしたのだ。

最後のシフトが終了し、ほかの望遠鏡のチームでも緊張がほぐれていく。さあ、お祝いの時間だ。最初の「乾杯」は南極から来る。測定キャンペーン終了を祝うために、スコッチを一本手元に準備していたのだ。どうやって南極まで持っていったのだろう？　メキシコのＬＭＴでも、まちがいなく最高のムードだ。ゴパル・ナラヤナンが、最後のスキャンをクィーンの「ボヘミアン・ラプソディ」を伴奏にして今終了したところだと書き込む。プレイリストの次の曲は「ファイナル・カウントダウン」だそうだ。ボストンでもみんないい気分である。彼らはイズラエル・カマカヴィヴォオレの「虹の彼方に」を聞いていた。だが、一等賞を取ったのは、アリゾナの私の学生たちだ。サラ・イッサオウンはこう書いてきた。「ちょうど今、私たちが聞いているのは、ミューズの歌。『スーパーマッシヴ・ブラック・ホール』っていうやつ」。これには私はちょっと当惑してしまう。スーパーマッシヴ・ブラック・ホールは知っているが、「ミューズ」って誰なのか、教えてくれる人はいないかな？

帰途の旅

研究目的の旅行は、科学者の研究者人生において最も刺激的な経験だ。しかし、天文学者はとにかく頻繁に旅をするので、私は毎回、仕事が終わって家族のもとに少しでも早く帰ることができる瞬間を心待ちにしている。妻がいつも言うのだが、観測旅行から戻ってくるたび、まず、地上の現実の生活に私を戻さないといけないのだそうだ。スペインでの測定キャンペーンのあとは間違いなくそうだった。幾晩も連続での測定活動は、すべてのＥＨＴ測定チームのすべてのメンバーの体力を徐々に奪った。今私に必要なのは、一眠りすることで、ほかの望遠鏡の同僚たちにしても全く同じであろうこと間違いない。EHTの研究者たちが一斉に、地球の辺境から文明の地へと帰っていくとき、データ記録装置から取り出したハードドライブも彼ら自身の旅につく。一〇〇〇枚近いディスクが大きなクレートに詰めこまれて国際宅配便で発送される。「万事うまくいきますように」と私は思う。輸送中にVLBIのデータが失われたことは以前にもあった。EHTの貴重なデータのすべてがこれらのドライブに保存されている。バックアップはない。データ量が大きすぎるからだ。私たちは網も手綱もなしに作業を続けるほかない。もしもデータが失われたなら、私たちにとって、そして私たちのプロジェクトにとって、想像を絶する大災害になるだろう。このキャンペーンは全くの無駄になってしまうし、これほど好天に恵まれることが再びあるかどうか、誰にもわからない。

ハードドライブが詰まったクレートが一つずつ、ヘイスタック天文台に到着する。データの一部は、そこからボンのマックス・プランク研究所へ送られる。届くのに一番時間がかかるのが南極からのハードドライブだ。南極の冬が終わり、マクマード基地から空輸できるまでに半年かかる。南極のチームメンバーたちのほうも、それだけ待たねばならない。彼らの夜は、まだまだ続く（訳注：測定が行われた四月から約半年間南極は冬で、一日中太陽が昇らない）。

五日間の観測で、八基の望遠鏡のそれぞれが約四五〇テラバイトのデータを収集した。したがって、私たちは三・五ペタバイトのデータを解析しなければならない――ペタバイトとは、後ろに一五個ゼロが並ぶ数だ！　まず、異なる望遠鏡からのデータを相関させる。これはすなわち、さまざまな望遠鏡のデータを正確な時系列に並べて信号を重ね合わせて結びつける作業だ。マサチューセッツとボンのチームが手分けして作業する計画で、さらに、相手方が担当した分をダブルチェックすることになっている。どちらの研究施設もこの種の研究を数十年やってきた経験があるが、念には念を入れなくては。

相関づけのポイントは、保存された膨大なデータの海から電波を抜き出して、次々と上に重ねていくことだ。EHTは干渉計なので、それがもたらす情報は常に、二基の望遠鏡が検出した別々の電波を重ね合わせることによって得られる――私たちの目的には、単独の望遠鏡一基だけでは無価値なのだ。干渉は、次のようなものと考えれば理解しやすいだろう。池に石を二個投げ込むと、水には円形のさざ波が生じる。波が重なるとき、特定の場所では波が打ち消し合い、またほかの場所では波が互いに強め合って、特徴的なパターンが生じる。電波天文学者たちは、このパターンをフリンジと呼んでいるが、これは「フリンジ・パターン（干渉縞）」の略で、要するに干渉し合う線が作る縞模様だ。模様をなす線の方向と強さから、池に落ちた二個の石の相対的な大きさや、それらが水面に当たった位置を非常に正確に読み取ることができる。しかし、厄介なことに、電波天文学者が測定を行うのは、静かな池ではなく、嵐の海なのである。まず、夥しい波の山や谷を重ね合わせないことには何も見えない。また、これを実施するためには、波が正確に同期していなければならない。さもないと、波は拡散してしまう。

時間のずれを合わせるには、電波と電波を、いわば同じリズムに合わせて振動するように、相対的にずらしてやらねばならない。相関処理センターの専門家は、ターンテーブルの回転速度を調整して二つの曲のビートを合わせるDJのようなものだ。ビートが完全に同期すれば、二つの曲はまるで元々一つの曲だったかのように聞こえる。違いは、電波天文学者たちは二つのターンテーブルを回すのではなく、何基もの望遠鏡から送られてきた、マーク6データ記録装置に保存されている複雑な内容に取り組むという点だ。これらのデータがすべて完璧に同期する場合のみ、望遠鏡はVLBIモードで働き始める。

私たちにとってこれは、待つことを意味するが、DJなら自分の二台のターンテーブルが同期しているかどうか、すぐにわかる。失敗して、二つの曲のリズムが少しずれたなら、DJならすぐに——あるいは、遅くとも、ビートがぎくしゃくしだしたせいで、ダンスしている人たちが耳を覆ってダンスフロアから駆け出し始めたなら——気づく。しかし、測定をしているあいだ、測定者たちには、すべてが同期して進んでいるかどうか確かめる術がほとんどない。観測中の私たちの経験は、外洋を航行中の、初期の冒険家たちのそれに似ている。GPSもなく、標識もなく、切望する目的地を見つける希望を胸に、彼らは無限に広がる海を進んだ。私たちは、自分たちの努力が結局水泡に帰してしまうのかどうか、最後の最後までわからない。昔の探検家と同じく、無事に到着して初めてわかる。重ね合わせが十分できているという証拠のフリンジは、いつも見つかるというわけではない。結果の連絡があるまで、私たちは爪を噛みながら待つ。

すべての望遠鏡を統一するテンポを探すには、それぞれの望遠鏡の、天空に対する相対的な位置のほかに、宇宙からの電波の相対的な到着時間を知らなければならない——しかも、正確に。これらの値を見積もるために、VLBIの専門家たちは、地球の回転、不均衡、測定された極運動――海や大気の各層の運動による――を考慮に入れた地球の運動のモデルを使う。一〇〇〇個以上の演算ユニットを連結するスーパーコンピュータが、望遠鏡のすべてのペアについて、それら二基の望遠鏡が検出した電波のデータをサーチして、共通する振動を探し求める。このとき、二基の望遠鏡それぞれのデータのめぼしい波形をシフトさせて、何とか重ねようとする作業を続けて、最善の相関を突きとめる。

　正しい値を見つけるには多大な努力を要し、ミスをおかす余地がたっぷりとある。ほんの一ミリ秒でもずれていれば、膨大な数の別の可能性を確認して回らなければならなくなる。完全なデータ相関解析には観測自体よりも長い時間がかかることが多い。そのため、まずは、検証のために、小さなデータセットから始める。すなわち、非常に明るい同じ一つのクェーサーを観測する二基の望遠鏡から始めるのである。

　二〇一七年四月二六日、膨大なデータの複雑な処理に長いあいだ没頭し続けてきた相関処理センターから最初の知らせが届く。ＭＩＴの相関処理専門家のマイク・ティトゥスが誇らしげに、ハワイのＪＣＭＴとメキシコのＬＭＴとのあいだに最初のフリンジをクェーサーＯＪ ２８７のデータで見つけたと報告する。肩の荷が一つ下りた。「陸だぞー！」という叫びのようなものだ。そしてこのあと、さらに続く。少しずつ。翌日ティトゥスは、電波源３Ｃ ２７９のデータでＪＣＭＴ、ＬＭＴ、そしてＳＭＡのあいだに、先のものより一層強い干渉パターンを見つけたと報告する。毎日のように、新たな成功の報告が届く。徐々にネットワーク全体が含まれていく。五月五日、私はＩＲＡＭの所長[9]に、ＥＨＴは、ほぼすべての望遠鏡どうしのあいだでフリンジを見つけたと報告する。それは信じられないようなことだ――すべてうまくいったのだ！　データが何を示してくれるのか皆目わからなかったとしても――この種の実験で収集された、最善のデータである。私たちは宇宙の新しい領域に足を踏み入れつつあるのだ。

ところが、すべてのデータ――南極からのものも含めて――の相関処理が終わるまでに九ヵ月かかることがわかる。それらのデータが何を教えてくれるのか、見当もつかないうちに、私たちはもう次の観測キャンペーンを始める。

二〇一八年四月、運気は私たちの味方ではない。一基の望遠鏡の新しい受信機が間に合わず、そしてその次には、天候が許してくれない。ベレッタ山では、望遠鏡の先端はもはや私には見えない――霧のなかに入ってしまったのだ。チリのアルマ望遠鏡は、突然氷に覆われてしまった。アリゾナとハワイだけがほどほどの天気だ。それでも、台北からやってきた私たちの同僚が操作する、新たに運用が始まったばかりのグリーンランド望遠鏡（GLT）は、今回初めての参加となる。

すると、ショッキングなニュースが届く。メキシコのチームが、武装集団に銃を突きつけられて拘束されているというのだ。私の博士課程の学生ミヒャエル・ヤンセンは彼らのところにいる。私は必死で彼に連絡を取ろうとする。自分を責めながら。若い同僚に、何という危険に直面させてしまったのか？　これまでその付近では、事件など一度も起こったことはなかったのだが、私はプロジェクトの、そして私の同僚たちの責任者だ。ついにミヒャエルに電話がつながる。「望遠鏡まで車で行こうとしていたら、黒っぽいピックアップトラックが道を塞いだんです」と、彼は慌てたような早口で言う。「六人の重武装してマスクで顔を覆った男たちが私たちを取り囲んだのです。私たちは手を上げました。男たちの一人が少し英語をしゃべりました。そいつが緊張しているのがわかって、私はなおさら緊張しました」。ミヒャエルは驚くほど落ち着いた話しぶりで自分の身に何が起こったかを説明したが、どれだけ動揺しているか、私にはよくわかった。「私は、我々は天文学者だと説明しようとしました。そうしたら、ひどく混乱した状況になって。彼らは、私たちを守ることにすると言うと、車で走り去ってしまいました。ケイティ・バウマンとリンディ・ブラックバーンはすでに望遠鏡に到着していました。幸い、彼女らには何事もなく、私も今は安全です」と彼は話し終える。「帰ってきなさい、立ち去る安全が確保でき次第」と、私は言う。シェップ・ドールマンと私は、電話で激しいやり取りをし、続いて私はメキシコの望遠鏡のディレクターと話をする。[10] 私たちはその天文台からチームを撤収させることにし、キャンペーンはこの重要な天文台抜きで最後までやり通すことに決める。

それが誘拐未遂事件だったのか、それとも背後に秘密警察の存在があったのか、誰にもわからない。私たちは、はっきりさせるつもりもなかった。このころ、プエブラ州の組織犯罪とメキシコの中央政府との対立が激化し始めていた。休火山となっているシエラネグラ山へと登るその曲がりくねった視界の悪い道では、待ち伏せての奇襲攻撃が、その後ますます頻発するようになった。その結果、二〇一九年二月、この望遠鏡を運営する組織、メキシコの国立天文学・光学・電子工学研究所は、ＬＭＴと、近隣にあるＨＡＷＣガンマ線望遠鏡を当面閉鎖するという当然の決定を下した。[11]

この事件と、別のさまざまな理由――ほかの複数の望遠鏡で起こった技術的問題――のせいで、二〇一九年に予定されていた私たちのほかの測定セッションも実施ができなくなった。私たちは、二〇二〇年四月に再び挑戦するつもりで、私はフレンチ・アルプスにできた新しいＩＲＡＭの望遠鏡、NOEMAを訪問する計画を立てた。ところが、コロナウイルスのおかげで、私たちのキャンペーンに待ったがかかった。キャンペーンの二週間前にロックダウンとなった――またも測定は中止だ。二〇一七年が私たちの「奇跡の年」だったようだ。二〇一七年のデータは、私たちがこのまたとない機会を十分活用できたかどうかを示してくれるに違いない。

第11章　現れ出る画像

いかにしてノイズは画像になるか

遠方の宇宙の画像は、ただ空から降ってくるわけではない。実際にはその正反対で、天文学者なら誰でも、宇宙の画像を捉えるためにどれだけ努力と忍耐が必要か、よく知っている——とりわけ、光の波がハードドライブに貯蔵されている場合は。データの収集が終わったところで、コンピュータ上で、地球全体をカバーする一基の仮想望遠鏡を構築し、その巨大な望遠鏡のアンテナ〔ディッシュ〔皿〕と呼んだりミラー〔鏡〕と呼んだりする〕が現実の電波に対してどのように働くかを明らかにしなければならない。

宇宙からやってきた光を収束させる際にアンテナが行うのは、フーリエ変換と呼ばれる数学的操作だ。この手法を一八二二年に発表したフランスの数学者、ジャン・ジョゼフ・フーリエにちなんで名づけられたフーリエ変換は、今では私たちの日常生活のありとあらゆる領域で使われている。圧縮したＪＰＥＧ画像またはＭＰ３音声ファイルをコンピュータに保存している人は皆、フーリエ変換の性質を利用している。私たちの耳もやはりこれを利用して、振動を音に変換している。じつは私たちの耳は、シンプルな凹面アンテナであると同時に天才数学者で、複雑な数学的操作を、眠っているときにも自動的に行うことができる——真夜中に、間違ってセットした目覚ましの音で、驚いて飛び起きたことのある人の経験が示すとおり。しかし、コンピュータ上では、私たちはまず自分自身でこの変換をプログラム化する——つまり、コンピュータに、この操作を実行する方法を一歩一歩教える——という困難な仕事を完了しなければならない。

フーリエ変換が持つユニークな性質が、画像または音声の全体的な印象を損なうことなく、不要な情報を除去できることだ。電子的な圧縮プロセスでは、日々これが利用されている。あなたも画像または音声をフーリエ変換して、データの不要な部分を消去し、そのあとに残ったデータを保存している。そして、いつでもこの残ったデータを使って、画像や音声ファイルを元の状態に戻すことができる。フーリエ変換を施したことによる違いは、ほとんど見えも聞こえもしないが、変換後はデータ量が大幅に低下しており、そのため、たとえば一枚のメモリー・カードにより多くの画像が保存できる。

カメラのレンズにゴミがついているとき、あるいは、天体望遠鏡で反射鏡の表面がひっかき傷だらけのときも、類似の手法が使える。ごみや傷の結果、情報は失われ、そんな望遠鏡には、フーリエ変換を完全に遂行することはできない。とはいえ、得られた画像に穴が開いていて、特定の星が消えてしまうということはなく、すべての星が少しぼやけたような画像になる。私たちにはわからないとしても、情報の欠落による悪影響が、画像全体に分布している。反射鏡面の欠陥はどれも、画像内のすべての星に均等に影響するのだ。しかし、コンピュータのアルゴリズムはこのような欠陥の大部分を計算して除去し、ひいては画像全体を良くすることができる。

このため、巨大な一つの反射鏡から成るのではなく、多くの小さな望遠鏡がリンクされてできた全地球電波干渉計は、完璧である必要はない。参加するすべての望遠鏡で、世界の表面全体がカバーされている必要もない。これは、傷だらけで、穴だらけのデータしか取れない反射鏡面と同じだ。そんな欠陥のある測定装置でも、少しのスキルと、必要な数学的知識があれば、正確な画像が再構築できる。このおかげで、たくさんのアンテナと、それ以上の資金が節約できる。さらに、昨今では、仮に地球の表面を夥しい数の電波望遠鏡で完全に覆うという話になったなら、そんな迷惑はご免被ると拒否する地球住民も少なくないだろう。

画像のフーリエ変換は、交響曲にたとえると実感が湧く。あなたが見る画像は、あなたが聞く音楽のようなものなのだ。そんなわけで、画像のフーリエ変換は、交響曲における楽譜で、電波干渉計は、音楽を記録し分割して、楽譜に書かれている個々の音に戻す測定装置に相当する。どの瞬間においても、私たちのVLBIネットワーク内では、任意の二基の望遠鏡を取って見ると、それらは画像のうちの、全く同じ音符を測定している。その両者の測定信号を、相関器が計算するのである。二基の望遠鏡のあいだの距離が基線（ベースライン）だ。VLBIネットワーク内の、長さが異なる基線は、一台のハープの、長さが違う弦（違う高さの音を立てる）のようなものだと考えられる。ただし、「弦」の比喩については、VLBIネットワークでは長さの関係が逆になる。つまり、基線は音を立てるのではなく、音を「聞く」のであり、長い基線ほど、高周波の（波長が短い）画像信号を受信するのだ。交響曲の比喩に戻ると、短い基線はバスドラムやダブルベースを主に聞き、長い基線はピッコロやトライアングルをもっぱら聞く。

たとえば、ある人物の頭の画像をフーリエ変換する場合、低周波の画像信号は、頭の形を捉えるが、顔の細部は捉えない。一方、高周波の画像信号は、口や鼻の明確な輪郭を示してくれるだろうが、それらを取り囲む頭の形は示さないだろう。重要なのは、電波源から見たときに、二基の望遠鏡のあいだの距離――つまり、仮想的な「弦」の長さ――はどれだけか、ということだ。この弦を斜めから見たときは、真上から見下ろしたときよりも、短く見える。地球の回転のせいで、仮想弦の投影長さと方向は変化し、数時間の夜間の測定のあいだに、望遠鏡はぐるりと回転する。

ＶＬＢＩネットワークから良い画像を得るためには、個々の望遠鏡の測定感度を、ほかのすべての望遠鏡に相対的に正確に較正しておかなければならないし、望遠鏡間の相対的な遅延も補正しなければならない。これは、数枚のセグメントからなる一枚の鏡を調節し、均等に研磨することに、あるいは、ピアノの正確な調律に相当する。私たちの相関グループ[1]は、二〇一八年の春、この仕事を引き受ける。この作業は、たくさんの楽器が奏でる音楽という大きな図式のなかで、さまざまな音量レベルを調整して、適切な組み合わせになるようにするもので、コンサートの開始前に行う音合わせに当たる。この作業があって初めて、雑音が交じった聞き苦しい生データからブラックホールの調和した画像が出現するのである。

五月半ばのある日、いつものようにオフィスを出ようとしていると、サラ・イッサオウンがやってきて、私に話しかける。「いて座A*とM87の最初の較正プロットを、もうご覧になりましたか？　ものすごく興味深く思われるんじゃないかと」と、彼女は妙に落ち着いたそぶりで言う。いつも朗らかなサラなのだが、今日の彼女の目は、何やら悪戯っぽく輝いている。私は好奇心をそそられ、彼女のコンピュータ画面を覗いてみる。その次の瞬間、私は思わず二度見をしてしまう。びっくりして、私は尋ねる。「ここに見えてるもの、全部信じるかい？」「ええ、確かに。これは暫定的なデータです。もちろん、もっと注意深く確かめねばなりません……」と彼女は応える。

較正チームが見ているのは、ぼんやりしたいくつもの点が作る一つの曲線だ。それはM87の楽譜で、この天体から私たちが測定したすべての音の音量を、周波数順に並べて示したものだ――旧式のHi-Fiラックのイコライザーの表示と似ている。このデータでは、音量は画像の高周波側に行くにつれて徐々に低下し、ついにはゼロになっている。ブラックホールの画像がポートレートだとしたら、今私たちは、このデータからその頭の大きさが正確にわかる。高音が少ないほど（高周波成分が少ないほど）、頭は大きい。ところが、曲線は突如再び上昇しはじめる。私たちは、音量が大きい高音もたくさん測定したのだった。頭には顔もあり、私たちはそれを捉えたということだ！　最も高い――そして最も重要な――音は、最後の数分間、私たちがスペインとハワイで同時に観測していたときに届いたのだ。これは本当に驚きだ！

私は、安心したものの、なおも緊張が解けず、深呼吸をする。「これは本当とは思えないほど素晴らしい！」――私たち一人ひとりが、この曲線の形を知っている。それは、どんな電波天文学の教科書にも載っている。(2)「言いたくないんだが、これは、リングのフーリエ変換に、かなり正確に対応している。もしもそれが本当なら、M87は実際に、一部の人が言うほど大きいことになるし、私たちはその影を見ることができるよ」と、私はほとんど畏怖の念を覚えながら言う。「はい、太陽質量の六〇億から七〇億倍ですね」と、サラがニッコリして言い添える。

「よし、いいだろう、まずは様子を見よう」と、私は努めてさりげない口調で、ポーカーフェイスを決め込み、返事をする。とはいえ私は、その日は一日中落ち着かず、オフィスのなかを歩き回って過ごす。まるで、何十年も待ちわびていた、とても大切で特別な客がまもなくやってくるという知らせを受け取ったかのようだ——私にはそのように感じられる状況である。もうすぐその客に初めて会うことができるのだ。飾り気のない部屋のなかに、感謝の祈りが満ちる。

大きな驚き

VLBIではすべての音を測定するわけではないという事実は、理論的には、私たちの測定と矛盾しない画像が多数存在するということだ。ある交響曲のすべての音が把握されてはいないなら、理屈の上では、曲に沿っていろいろなメロディーを口笛で即興したってかまわなくなる——ただし、そんなメロディーの大半は全く調子外れに聞こえるだろうが。

私が気になるのは、どうすれば私たちが思い違いをしてしまうのを確実に防げるだろうか、ということだ。私たちは、自分たち自身に対する最も厳しい批評家でなければならない。ありがたいことに、チームの誰もがこの危険性をはっきりと意識しているようだ。そのようなわけで、私たちは解析のすべてのステップを、少なくとも二つの独立した方法で実施する。

較正チームは、データを処理するために信じがたいほど懸命に働く。この種の仕事の専門家、ハーバードのリンディ・ブラックバーンが、データパイプライン（訳注：処理要素を直列に連結し、ある要素の出力が次の要素の入力となるように並行に処理させるもの）を一つ作成し、ミヒャエル・ヤンセンは二つ目のそれを私たちのチームと協力して作成する。ミヒャエルは自分が作ったパイプラインをrPICARD[3]と名づける。私が大好きな『スター・トレック』のピカード艦長のように、「Make it so!《そうしたまえ！》」と言うだけで、データ処理は完全に自動的に進む。どちらのパイプラインも互換性のある結果をもたらす。さあ、道具の調整は終わった。これで、データを流して、そこから画像を作り出すことができる。[4] ＥＨＴコラボレーション全体から選り抜かれた、非常に献身的な大人数の画像作成チームが、今やその全集中力をかけてこの仕事に取り組み始める。

しかし、科学的に洗練された画像への道は、まだ先が長い。世界中から集まった数十名の仲間たちが画像作成チームに関わっており、彼らの仕事は、夥しい数の、さまざまな異なるステップからなる。一つの画像を作り出す、無数の方法があり得るが、ここでケイティ・バウマンが、この緊張した場面に加わる。彼女は電子画像処理の専門家だが、早くも高校時代からこの分野が大好きだったという。学校を終えたあと、バウマンはまずＭＩＴで研究し、その後ハーバードに移った。彼女は、画像処理の曖昧さについてのすべてと、最大の落とし穴をどうやって何事もなしに避けられるかを知り尽くしている。ＥＨＴのために彼女は、私たちのＶＬＢＩ専門家たちとアルゴリズムをテストする定期的なコンペを企画した。専門家たちは、彼女からシミュレーションで作ったデータを渡される。そのデータは、ブラックホールの姿のように見えるものや、ジェットに見えるもの、そして、帽子とマフラーを身につけたニンジン鼻の雪だるまに似ているものがあった。参加チームは、渡されたデータの背後にどんな画像が隠れているかを知らぬまま、その画像を再構築して、結果を提出しなければならなかった――それは本当に、一種の小規模ビューティーコンテストのようなものだった。各チームの成果を評価する審判団まであった。私自身も一度審判をやったことがある。このようにして、私たちは自らを、純粋なデータ解析のための一種の品質検査に繰り返しかけていた。そして、画像作成チームは二、三の実証済みアルゴリズムを選び、それらをさらに発展させることができたのである。

これまで画像作成チームは、シミュレーションで作った画像データと、較正チームからのデータのみを相手に仕事をしてきた。だが、ここからは絶対に気を抜けない本番だ。M87といて座A*それぞれの交響曲の、音合わせが済んだ演奏の測定データが彼らの手に渡ったのだ。緊張が高まる――私たちの二つのブラックホールは、どんな姿に見えるのだろう？　まるで、クリスマスの日の朝の子どもたちのような気分だ。ものすごく大きなプレゼントの箱が二、三個、ツリーの根元に置いてあるよ。さあ、包みを開けよう。しかし、この種のプレゼントは一度しか開けない。最初の一回しかないのだ。科学では、包みを開くこと（展開すること）、すなわち、データの評価も、また実験なのである。人間が行うという事実は、解析の場合にも影響を及ぼす可能性がある。

そのような次第で、グループは四つのサブグループに分かれ、それぞれが独立に、プレゼントの包みを開くことにする。[5] 私はチームⅡに参加する。私が指導する大学院生のサラ、ミヒャエル、そしてフリーク・レロフスも同じチームだ。このチームには三つの大陸からメンバーが参加しており、サラと、日本の同僚、秋山和徳がリーダーを務める。

どのグループも真に独立な結果を出せるように、サブグループ間のすべてのコミュニケーションが禁じられる。そして、当然ながら、誰も自分のグループが作成した画像をEHTの外部の人には絶対見せてはならない。リークが絶対に起こらないようにしたいのだ。だが、私はそれでもなお妻に画像を見せていることを告白せねばならない。

画像作成チームの仕事は、非常に厳しいスケジュールに従って進んでいる。二〇一八年六月六日の夜、M87といて座A*の測定データが四つのチームに手渡される。私たち全員が興奮する。大学院生たちは即座にデータの解析を始める。まず、一人ひとりが自分の画像を作成する。このとき私は、AAS（アメリカ天文学会）の会議でまたアメリカにおり、私たちの月周回電波望遠鏡（第1章で登場した鵲橋中継衛星に配備されたファルケらが開発した電波探査装置）の話をすることになっているのだ。私は、自分が興奮しているのを悟られないように努め、こっそりとフリークたちと電子的手段で連絡を取り続ける。その夜、最初のブラックホールの画像が世界中に出現する。誰が最初だったのか、誰にもわからないし、そんなことはどうでもいい。ドイツに戻る飛行機で私が座っているあいだも、事は粛々と進んでいく。デンバーから戻るこのフライトで、私の緊張は耐えがたいほど嵩じる。機内エンターテインメントのプログラムのなかに、ケイティ・バウマンのTEDxトークが見つかる。「この飛行機が着陸するまでには、このトークは時代遅れになっているんだ」と思って、私は一人でにやりとする。フランクフルト空港の滑走路についに飛行機が降りると、私はポケットからスマートフォンを取り出して、私のグループの画像を見る。待ち焦がれた大切な客がもうすぐやってくる。

　私の心理状態は、一九世紀の安っぽいロマンス小説のクライマックス・シーンのようだ。その画像は、何十年も遠く離れており、頻繁に交わした熱烈な手紙でしかその愛情を確かめることができない恋人のようなものだ。一度も会ったことはないが、私の頭のなかには彼女の明確な像がある。彼女こそあの特別な重要な客であり、ついに今、やってくる。最初の画像を目にするのは、馬車がついに止まり、扉が開き、私が初めて愛しい人の顔を見つめることを許される瞬間のようだ。期待の喜びには、恐れと不安が混ざっている。私の空想が、私を惑わせたのではないか？　そもそもすべてが幻想だったのでは？　現実は、私が思っていたより、粗雑で醜いのだろうか？　見ても自分が感動しなかったらどうしよう？　馬車は少し離れたところで止まる。扉が開く。

　少し震えながら、フリークが送ってくれたファイルを開く。天文学で使われる、特殊なファイル形式だ[6]。このとき私はすでにドイツＩＣＥ高速鉄道の列車のなかで、ラップトップを前に座っている。こっそり周囲を見回す。ほかの乗客たちは、私のことなど全く気にかけていない。ウインドウがついに開き、灰色の何か、焦点のぼやけたものが見えてくる。画像を拡大し、コントラストを調整し、私が好きな火のようなカラースケールを選ぶと、見えてくる。閉じていないリングだろうか？　それとも馬蹄？　いや、四分の三のリングのほうが近い。これは美しいではないか！

　この画像から離れることができない。いくら見つめても足りない。素晴らしく新しいが、なぜかとても懐かしい。まるでずっと昔からお互い知っていたようだ。一時間のあいだ、私は宙を歩くような気持ちを味わう——やがて、疑いが戻ってくる。これは束の間の姿でしかない！　明日はどんなふうに見えるのか？　そして、私の第一印象が明日確認されたとしても、関係を確立するには多大な努力が必要だ。長続きするだろうか？　結婚までにはまだ長い道のりがある。

その直後、秋山和徳から電子メールが届く。彼は明日、私たちのチームとのビデオ会議を計画している。チームⅡの全員が、自分の画像を、ほかのみんなの画像と比較することになる。彼は私たちに、画像ファイルをパスワードで保護してから彼に送るようにと、重々念を押す。そして、彼もひどく興奮している。「わーい！　今夜は眠れないぞ」と、彼は書いている。私はまっすぐナイメーヘンに行って、自分の学生たちに話したい。だが、今は、アーヘン工科大学に行き、自分のTEDxトークをやらなければならない。リハーサルの前、私はこっそり倉庫室にもぐりこむ。食料や備品の椅子のあいだに隠れて、私はブラックホールを一つずつ見ていく。よかった！　どの画像にもリングが現れている。やっぱり幻想などではなかったのだ。自分のトークのあいだに、このことについては一切漏らしてはならない。私が今行っている、このトークは、話した端から最新の話ではなくなっているのだが、私は活気に満ちたトークをする。(7)

七月下旬、極めて重要な画像作成ワークショップが、ボストン近郊のハーバード大学で開かれる。(8)　EHTコラボレーションのあらゆる部門から、五〇名の同僚たちが一堂に会し、彼らが得た画像を発表する。まず較正用電波源の、そして次に、M87の画像を。会合は夏休みの最中に行われる。私は妻と一緒にバルト海で過ごす。だが、夜になると、私はスマートフォンに釘付けになり、最新のニュースを待つ。完全に仕事から離れることができないのだ、今はまだ。ほかの三つのグループの画像も、やはりリングを示している。もはやその形は驚きではないが、それでも大いに安心する。とても熱烈なのになかなか姿を現そうとはしない、この若々しい恋人が、ついに愛する相手の家族に紹介され、その場で受け入れられる。

この時点で、EHTの科学評議会メンバーは、私たちの画像をこの先どのように解析し、公表していくべきかの議論を始める。夏のあいだに、いて座A*の観測データは処理と解析が一層複雑だと私たちは気づく。そのためさしあたっては、M87銀河のデータだけを評価することにする。「易しいところからやろう」と、親愛なる同僚で科学評議会の副会長のジェフ・バウアーは言う。

M87に存在する超巨大ブラックホールは、私たちの画像作成にまさにうってつけだ。なぜなら、その輝くプラズマがブラックホールの周りを光速に近いスピードで流れているにしても、ブラックホールがあまりに巨大なので、ガスが軌道を一周するには数日、あるいは、数週間かかるからだ。私たちのグローバル望遠鏡で画像を捉えようとして費やした八時間ほどのあいだ、M87のブラックホールは、丸々太って冬眠している熊のようにじっとしている。一方、いて座A*は、M87の一〇〇〇分の一の小ささだ。そのため、高温ガスは同じ期間内に一〇〇〇倍も多く周回し、その姿は変化する。画像を捉えようとすると、誕生会に出席中の落ち着きのない二歳児のように、動き回ったり跳び回ったりする。長時間露光の写真に幾分かのぼやけはつきもので、測定データから明確な画像をもたらすにはさらに多くの苦労があるだろう。

ハーバードでのワークショップのあと、ブラインド画像作成サブチームは解散となる。ここからは、チーム全体で最初からもう一度やり直す。私たちにはもう、電波天体Ｍ87がどのように見えるか、およその姿がわかっている。今度はコンピュータに、可能な最善の画像を計算してもらう番だ。私たちは、性能が実証されたアルゴリズムを三つ選び、それらを互いに競争させる。[9] あるチームが、実際のＶＬＢＩデータにそっくりだが、別のさまざまな画像に基づくデータを、シミュレーションで新たにいくつも作成する。何種類かのリングや円盤、ただ二つの丸い形が並んでいるものなど。データは自動的にアルゴリズムを通過し、画像作成チームが数千の画像を作成する。最後に彼らは、すべてのシミュレーション画像を同等に良く再現するパラメータをすべて正確に選ぶ。このとき、中央に影がないシミュレーション画像もちゃんと含める。リングをうまく再現することだけが得意なアルゴリズムを選んでしまうと、自分たち自身を欺くことになるからだ。

　こうして初めて、チームは三つのアルゴリズムと、今新たに選んだパラメータを、Ｍ87の実際の測定データに適用する。その結果、少しずつ異なるものの、明瞭な画像が三枚得られる。これほどいい画像が得られるとは、私は少しも期待していなかった。三枚とも、中央に暗い点がある輝く赤いリングを示している。その色は偶然ではない。私たちが「影」について書いた以前の論文の、理論的な予測にインスピレーションを得たものだ。アリゾナのある同僚が[10]、色の範囲を少し調整して改良してくれた。電波周波数の放射を見ることはできないだろうが、画像が発表されたら人々は、ブラックホールは赤く輝いているのだという印象を持つようになるだろう。その後実際ＮＡＳＡさえもが、ブラックホールの動画を作るときに、赤色を使うようになる。[11] あとになって、ブラックホール近傍の電波に赤い色を付けたという話を、現代のキリスト教徒のための賛美と礼拝の音楽を作曲する音楽家、ロタール・コッセにすると、彼は興味をそそられて、「存在するとは知らなかった色を、私は見ているわけですね」と言う。じつに言いえて妙だと私は思う。

これらの画像はもう十分公開できる段階だ。秘密の婚約式の日、のようなものだ――今日から結婚式の準備が始まるのである。

解析チームはすでに、結果の評価の準備に入っていた。今やパワー全開で作業している。理論グループ[12]は二四時間態勢で仕事に取り組んでいる。彼らはスーパーコンピュータを使い、データとの比較に使うために、シミュレーションによるブラックホールの巨大なライブラリーを作成している。これほど大規模で詳細なブラックホールに関するシミュレーションはいまだかつてない。もう一つのチーム[13]が、ブラックホールのサイズを測る準備をしている。大きさはどれくらいか？ 質量を推定できるだろうか？ 方位（訳注：ブラックホールのスピン〔自転〕方位）はどうだろう？

ごく短い期間に、驚くほど見事なものがここに結集してくる。数えきれないほどの大小さまざまな英雄的行為の物語がある。誰もが精一杯のことをする。だが、過剰なアドレナリンと幾晩もの徹夜の影響も出てくる。あちこちで誰かが限界まで、あるいはそれを超えて、無理して頑張っている一方で、遅れを取ったり、プレッシャーで押しつぶされてしまう者もいる。一見英雄的な無休の献身には、悪い側面もないわけではない。というのも、英雄本人も周囲の同僚たちも消耗してしまう、危険な過熱状態を引き起こしがちだからだ。力強い国際協調の傍らで、昔ながらの縄張り意識がときおり頭をもたげるのをたびたび目撃する。ある派閥が一丸となって別の派閥を、彼らの考え方や方法が「よそ者のもの」だからといって攻撃するのだ。マネジメント・チーム内の関係が悪化し、理事会と科学評議会はチーム全体をまとめるのに大わらわになる。火に油を注ぐ者もいれば、火消しに奔走する者もいる。しかしEHT組織全体では、私たち一人ひとりが、目標に到達し、可能な最善の仕事をすることに変わらず専念している。

ディミトリオス・サルティスは、プロジェクト・サイエンティストとして、この創造力に満ちた嵐をもっと合理的な流れに整えようとして、発表の計画を立てる。有名科学雑誌の一つ――たとえば『ネイチャー』誌など――に、速報的な短い論文と共にこの画像をすぐに発表すべきだろうか？　それは見当違いの行動だろう。この画像はあまりに華々しく、前例のないまさに先駆的なものなので、人々の興奮を煽っているという批判の的にされかねず、それは避けるべきだ。この取り組みからは、非常に多くの成果が生まれたのだから、それらをすべて文書に記録すべきだ！　私たちと、そしてコラボレーション全体との議論を何度も繰り返したのち、サルティスは、科学評議会が承認する学術論文を六件発表するという計画を提案する。私たちは、EHTに必要だった科学のプロセス全体を正しく描き出したい。VLBI技術、データの較正、画像の作成、シミュレーション、そして画像解析――これらの項目一つにつき一本の論文と、見い出した事柄をまとめ、分類するための総括的論文一件だ。結局全部で二〇四ページになる――一枚の画像のために、丸々一冊の本が執筆されたようなものだ。

二〇一八年一一月、EHTはナイメーヘンで大規模な合同セッションを開く――一二〇名の科学者がラドバウド大学に集まるのだ[14]。ここで、EHTのさまざまな側面のすべてが、共に話し合われる。前回の観測キャンペーン以来、そして二〇一七年に施行されたコラボレーション協定以来初の合同会議だ。当時私の助手を務めていたカタリーナ・ケーニッヒシュタインが、この一週間の会合の準備に惜しみない愛情とエネルギーを注ぎ込む。会議は、最近ラドバウド大学の所有となって改修された昔のイエズス会の修道院、ベルヒマニアナムで開催される。ここで、古いチャペルの聖人たちの厳しい視線の下、私たちはEHTと六件の論文が取るべき攻略法を議論する。

月曜の朝、私は修道院の扉の外で、付近のホテルから同僚たちを運んでくるバスを待つ。バスのドアが開くたび、見知った顔が次々と現れるので、私の心には温かな気持ちがあふれてくる。晴れやかでリラックスした雰囲気だ。「画面で拝見していました」——この言葉が何度も繰り返される。私たちの多くは、ビデオ会議でしか会ったことがなかった——オンラインでは何時間かわからないぐらい長時間一緒に過ごしたのに、これまで一度も直接会ったことはなかったのだ。

一年半後、コロナ禍が世界を襲い、多くの人々が隔離され、多数の企業が勤務体制を完全に変更した。昼夜のビデオ会議はEHTでは以前から全く普通のことだったが、私たちが取っていたリモートで仕事を進めるスタイルは、二〇一八年のコラボレーション会議で中断され、一週間の集中的な大規模対面ミーティングが実施された。この経験は、EHT内部のダイナミクスに途方もなく重要だった。人々が、パソコン画面、カメラ、マイクを介してのみ接触し続けていると、どんな感情的・社会的因子が欠落してしまうかが、私たち全員によく伝わった。ナイメーヘンでの会議は、まるで同窓会だった。今なお大いに身近に感じているのに、どこか疎遠になってしまった人々に、再び会える機会だったのだ。

休憩時間の会場は、ミツバチの巣のように賑やかだ——いたるところで、人々が集まって自然にグループができ、おしゃべりに花が咲いている。天気も味方してくれて、観測の際に完璧な天候が続いた日々が思い出される――この季節のオランダは、いつもは灰色でじめじめした気候なのに。古くからのVLBIの伝統に則り、小規模ながらサッカーの試合をやろうと、私はみんなに主張する。私は、ゴールを一本決めることもできた――翌日は、階段を登るのも大変だったけれど。この週の最大のイベントとして、カタリーナ・ケーニッヒシュタインがナイメーヘンの聖ステーフェン教会での晩餐会を企画する。最初私にはちょっと普通ではないと感じられたが、世俗化したオランダでは、これは、科学者組織が教会の維持のために重要な収入を生み出す一つの方法なのだと気づいた。そして私たちは、一つのグループとして、ここで胸を打つ経験を共有する。バルコニーにオペラ歌手が現れて、オルガンの伴奏に合わせて歌い始めると、この光景を動画に収めようと、誰もがスマートフォンを取り出す――さらに、涙を押さえるティッシュも。

全体会議では、それぞれの論文のコーディネーターが、各論文の計画を発表する。私は、ほかのすべての論文をまとめる総括論文の調整の責任者だ。そこで私は、出席者たちに問いかける。「私たちはどんな語り口で伝えますか？　何を話しますか？　どんな見解を堂々と発表しますか？」

私たちに影が見えているのは間違いない――まさに、ブラックホールに期待されるような影を。しかし、ブラックホールを証明することなど決してできないよ、と、サルティスが強調する。私たちに主張できるのは、この先もずっと、私たちの結果は一般相対性理論の予測と一致しているということだけだろう――しかし、その一致はなかなか見事だ。理論グループからの画像を見てみると、驚くほどの数のシミュレーションが私たちの画像に一致しているのがわかる――とりわけ、コンピュータ上のモデルの架空のVLBI測定の一対一シミュレーションを行ったときは（訳注：いくつものブラックホールモデルを仮定し、それぞれをEHTで使ったVLBIネットワークでどう見えるかをシュミレートしたところ、多くのモデルで、観測されたようなリング構造が得られたようだ）。これは有難いと同時に残念だ。先に述べたように、その影はブラックホールの非常に堅固で目に見えるしるしである。しかし、たとえば、私たちのブラックホールは回転しているのか、そして、もしもそうなら、回転速度はどれくらいなのかは、はっきりとはわからない。

それでもやはり、輝く電波の霧を突き抜けることができれば、黒い点が見えて、さらに、その大きさと質量には厳密な相関がある。リングは、ブラックホールの周全体で湾曲した光だ。それは、ガスがブラックホールの周囲を光速に近い速度で周回しながら私たちのほうへと向かっているときに期待されるのとまさに同じく底のほうが明るい。相対性理論によれば、この光速に近い運動では、光は前方に向かって集中し、強度が上がる。ジェットと、そのプラズマの回転軸は、上向きに、かつ、右向きに、私たちを越えていく方向を指し、ガスの下部は私たちに向かって動く。したがって、リングは時計回りに回転しているはずである。

しかし、私たちが得た最も重要な結果は、リングの大きさだ。天文学用語で言うと、その直径は四二マイクロ秒角である。長年にわたる研究と、スーパーコンピュータでの数千兆枚の画像処理の末に得られた、最大の疑問の答えが四二だとは、誰が予想しただろう？　すべてはこの数に行きつくのだ（訳注：ダグラス・アダムスのSF『銀河ヒッチハイク・ガイド』で、地球上最も優れた知能を持つ生物とされるハツカネズミが作ったスーパーコンピュータが、七五〇万年かけて導出した

「生命、宇宙、そして万物についての究極の疑問の答え」が四二だったことを想起しているようだ）。

　地球上の我々には、ブラックホールは、ニューヨークにある一粒のカラシの種子に開いている穴をナイメーヘンにいる誰かが見たくらいの大きさ、あるいは、三五〇キロメートル離れたところから見た髪の毛くらいの大きさに見える。このことからすると、M87は約五五〇〇万光年離れているので、その直径は一〇〇〇億キロメートルだということになる。私たちが行ったシミュレーションと比較することで、この途方もない天体の信じがたい質量を特定することができる――それは何と、六五億太陽質量である。私たちの太陽系との比較で言うと、この大きさのブラックホールの事象の地平面は、海王星の軌道の約四倍の周長を持つはずだ。

　しかし、この時点ではまだ、どのバージョンの画像が史上初のブラックホールの画像になるのかはっきりしていない。なにしろ、異なる四日の測定日と、異なる三つのアルゴリズムによる、合計一二の画像があるのだ。どれも一見そっくりなのだが、完全に同じではない。画像作成グループで、真剣な議論が起こる。ジェフ・バウアーと私が仲介しようとする。結局、画像作成グループは、三つのアルゴリズムの平均を取り、二〇一七年四月の最善の測定日のデータを使って、一枚の画像を作ることに決める。ほかの測定日の画像と、それぞれのアルゴリズムで作成した個別の画像も、メインの画像ほどには目立たせないけれども、ちゃんと示すことになった。ソロモン並みの賢明な解決だ。チーム全体の誰もが、彼らの仕事はこの一枚の画像に表されていると主張することができる。それは全く当然のことである。

　最後の大きな問題は、「いつ発表するのか？」だ。シェップ・ドールマンは二月中、世界最大の科学者の会議である、アメリカ科学振興協会の年次総会が開催されるワシントンで、大規模な記者会見が行われるタイミングでの発表を計画している。私にはこれはあまりに慌ただしいと思われる。ダン・マローネと私は、春、できれば夏の発表をと訴える。良い科学と、良い科学論文には時間がかかるのだし、一日には二四時間しかない。早い日程は不可能だということがすぐに明らかになり、私たちは四月の発表で合意する。次の観測キャンペーンのあと、ということだ。残念ながらこのキャンペーンは計画されたものの、キャンセルされてしまったのだが。ドールマンの「厳しいけれど達成可能だ」という掛け声は、部内者たちのモットーとなる。予備時間を使っても、すべての準備を四月までに整えるには、私たち全員の努力を集中させる必要がある。「厳しい」というのは控え目な表現だ。

生みの苦しみ

画像がついに世界に発表される。その前に、まだもう一つ大仕事がある。『アストロフィジカル・ジャーナル』が、私たちの六件の論文だけを載せた特集号を出すと約束してくれたのだ。どの論文にも、コーディネーターのグループ——たいてい、対応するワーキンググループからコーディネーターが出る——と、個々のセクションを受け持つサブコーディネーターのグループとがついている。執筆は共同で、数名の著者がオンラインのプラットフォーム上で同時に進める。

シェップ・ドールマン、レモ・ティラヌス、そしてヴィンセント・フィッシュは、装置についての論文のコーディネーターだ。ディミトリオス・サルティス、ルチアーノ・レツォーラ、そして私は、総括論文を執筆する。ワーキンググループのない唯一のグループが私たちのグループだ。というのも、私たちの仕事は、プロジェクト全体を要約することだからである——ほかのグループの結果がまだ完全に発表可能なまでに準備できていないうちに。何度も新たに草稿を書き直し、その都度、さらにコメントをもらうために、グループのほかのメンバーたちに手渡す。一文ごと、引用ごとに、疑問が提起され、議論の応酬が続く。執筆チームの全員が、過酷で体力を消耗するプロセスを経る。出版委員会[15]がプロセスを監督し、EHTの内部から査読者を選択し、各論文を、『アストロフィジカル・ジャーナル』に送る前に内部で査読にかける。

私たちの論文は、ほかのすべての論文を要約するだけではない。私たちの結果の長所と短所も議論する。リングはたまたまそこにあっただけではないのか——空中に浮かぶ煙の輪のように、ジェットが作っただけのもので、すぐに吹き消されてしまうのではないだろうか？　おそらくそうではないだろう、というのも、ブラックホールの周辺でのジェットを捉えた何千ものVLBI観測で、そのようなものが見出されたことはなく、しかも、私たちが捉えた構造は、安定しているようだからだ。もしかすると、ブラックホールのように見えるけれども、実際には何か全く別のものがそこにあるのだろうか？　まだ知られていない素粒子の巨大な集まり——ボソン星とか。理論物理学者たちは、このような独創的だがほとんど裏付けのないアイデアをたくさん考案した。そして私たちは、これらの代替理論のシミュレーションを作成した[16]。それらを完全に排除することはできない。事象の地平面の近傍のトワイライトゾーンには、未知の、そして、はるかに複雑な物理学が潜んでいるかもしれない。しかし、さしあたっては、ブラックホールが最も単純で最も妥当な説明で、しかもそれは、宇宙のたくさんの宇宙物理学的現象を説明する。

私たちの真のブレークスルーは、超大質量ブラックホールに人間に可能な範囲内で最接近したことだ。我々が知っている限りでは、銀河のなかの大質量のダークなモンスターは実際にブラックホールなのだと、今の私たちには言うことができる。

五〇年近く前にクェーサーの先駆者たちが、そうではないかと疑ったことを、私たちは今、自分の目で見ることができる——そして、まもなく世界全体もそれを見ることになる。新たな段階が始まる。何十年もブラックホールを探し求めた末に、私たちは今、その寸法を測り始めることができる。今や疑問は、ブラックホールは存在するかどうかではなく、私たちはそれを正しく理解しているかどうかだ。明らかになったのは、ブラックホールが私たちが考えていたのとは違ったとしても、その違いから生じる不一致は小さいはずだということだ。さもないと、私たちの画像は違う姿をしているはずである。

事象の地平面は、もはや、アインシュタインやシュヴァルツシルトの時代のような、抽象的な数学的概念ではない。それは具体的な場所であり、そこでは科学的な問いを追究することができる。重力波、パルサー、そしてイベント・ホライズン・テレスコープのあいだで、私たちは今、相対性理論を宇宙の最果てで、いくつもの異なる尺度において、詳細に検証するための、盛りだくさんの内容のある一組のツールをまとめあげた。それはたとえば、事象の地平面のサイズとその影はブラックホールの質量に比例するという、一般相対性理論の根本的な一つの予測の検証に使える。二〇一六年に発見された重力波は、本質的にはこの影の領域から生じたものである。ただし二〇一六年の観測の場合は、小さな恒星ブラックホールの影の領域だった——そのサイズは、結果として推定することができる。

私たちのブラックホールは、恒星ブラックホールよりも一億倍も重いが、大きさもやはり一億倍大きい——まさに私たちが期待したとおりだ。したがって、アインシュタインの理論の、最も基本的な予測、すなわち「スケール不変性」と呼ばれるものが検証されたのである。しかも、とりわけ印象的な、小数点以下八桁近くという見事な精度において。

私たちの論文執筆が進むあいだに、私はもう一つ困ったことに気づく。M87銀河のブラックホールをどう名づけるかという問題だ。この重力の驚異を呼ぶ用語が、全く存在しないのである。天文学者たちは、そのような天体を何と呼ぶべきかについて、考えたことがなかったのだ。私たちが名づけてやらなければ、それは今後永遠に「M87銀河の中心にあるブラックホール」という口幅ったい名称で呼び続けるほかなくなってしまう。それに、そもそもM87というのはその銀河全体の名前であって、ブラックホールだけを呼ぶものではない。

そのようなわけで、共同研究者らと広い範囲にわたる議論を行った末に、いて座A*と同じように、銀河の名前にアスタリスクを付けるだけにした。天文学者にとって、これは効率的で理に適った決定であり、その原則は容易にほかの銀河にも拡張できる。しかし、先の話ではあるが、マスコミの科学担当記者たちはこれにはどうしても満足しないだろう。気になるものや好きなものには格好のいい名前が欲しいところなのに、M87*では、気が利いていて、いつも呼びたくなるような名前にはほど遠い。半ば冗談で、ブラックホールを「カール」や「アルベルト」――シュヴァルツシルトかアインシュタインへのささやかな敬意のしるしとして――と呼んではどうかとも検討した。しかし、それが本当に大多数の人々の心に響くだろうか？

私たちの論文が世に出た直後、ハワイ大学からもプレスリリースがある。言語学の教授が、このブラックホールに「ポヴェヒ」という名前を付けたという発表だ。(17) これはハワイの神話から取った言葉で、「装飾が施された、果てしない創造の暗い源」というような意味である。これは素晴らしい名前だ。ハワイの人々がこれを誇りに思うのは当然のことだし、この言葉は、今後彼らの文化の一部となり得る。しかし、この画像は世界各地に設置された多数の望遠鏡を使って生み出されたものであり、すべての人、すべての言語に属する。国ごとに、その国独自の愛称をM87*に付けてやるべきなのかもしれない。

私たちの論文が完成したとき、それは九ページ分の文書となった。だが、関与したすべての共同研究者、研究機関、大学、出資者、電波望遠鏡を挙げるためには、ほぼ同じだけのスペースが必要だ。三四八名の著者はアルファベット順に記載された。最初は秋山和徳、最後はSMT（サブミリ波望遠鏡）の建設と維持に関与したアリゾナ大学の教授ルーシー・ジウリスだ。

二月初旬、私たちは論文を『アストロフィジカル・ジャーナル』に送った。残るはいわゆる査読のプロセスだが、それには私たちの結果を確認する独立した専門家たちが必要だ。通常このような作業は数週間から数ヵ月かかるが、今回は査読者、つまり「審判」たちはすでに前もって選定されて待機していたので、すぐに作業が始められた。これは最後の大きな難関だ。査読者たちが私たちの論文を拒絶したり、私たちが見落としていた間違いを見つけたりしたらどうなるだろう？　敵対心をもって反応し、著者をひどい目に遭わせる査読者もなきにしもあらずだ。数日後、私たちは無記名の査読結果を受け取った。急いでその全体に目を通した私は、安堵して椅子に腰を下ろした。反応は大いに好意的だ――私たちの努力と自己犠牲のすべてが報われたのだ。数ヵ所些細な変更をすればいいだけだ。ほかのすべての論文も同様に大した傷を受けることなく査読を終えた。

もう四月上旬の記者会見まで、二、三週間しかなくなった。アメリカでは、シェップ・ドールマンが手綱をしっかり握り続けている。彼はワシントンで、ＮＳＦ（アメリカ国立科学財団）と共に大規模な会見を行いたいという考えだ。ヨーロッパの私たちは、通常のビデオ会議に主要なメンバー全員に参加してもらい、ブリュッセルで開くヨーロッパでの記者会見のお膳立てを決めることになっている。さらに、東京、上海、台北、そしてサンティアゴで開く追加のイベントもすぐに開催が決まる、ローマ、マドリード、モスクワ、ナイメーヘン、そしてほかの多くの都市で、ブリュッセルの記者会見がライブ配信され、現地の専門家が支援することになる。このようにして、あらゆる国の市民たちが、彼ら自身の言語で、私たちの結果を聞くことができる段取りになった。

ヨーロッパにとって、これは新たな枠組みだ。通常、この種の記者会見はガルヒングのＥＳＯ（ヨーロッパ南天天文台本部）かジュネーヴのＣＥＲＮなどの大きな研究所のどこか一ヵ所で行われる。科学がヨーロッパの政治の中心地に到達したことは、これまでに一度もない。しかし、この画像はヨーロッパ全体の協力と財政支援の勝利である。ちょうど今、ブレグジット（イギリスのEU離脱）が進みつつある。この画像によって、私たちは、この多様性豊かな大陸のすべての市民の友情のお手本を示すことができる。財政支援と関心を持ってくれたことで、彼らはこのプロジェクトの成功に貢献してくれたのだ。私にとってはこれが大切なのである。

二〇一九年三月二〇日、最後の論文が受理された。私たちは長い時間をかけて記者会見の計画を練ってきた。今や最も重要なのは、ほかの何をおいても、何事も一切公にリークしないことだ。大勢の共同研究者が参加している、これほど大きなプロジェクトにとって、それは非常に難しい。四月一〇日に何か大きなことが発表されるらしいという噂は、すでに少し前から出回っている。

ある科学担当記者が、近々六つの記者会見が世界中で同時に行われることになっているという情報を耳にしたとき、警報が鳴り始める。私のところに、来る日も来る日も、一日中、数えきれない問い合わせが届き始める。「ニューヨーク・タイムズ」紙の有名な記者が、私に直接ではなく、指導している大学院生のサラ・イッサオウンに電話をよこし、身分を偽ってまんまと情報を引き出そうとするが、彼女は口を割らない。しかし、彼は結局欲しい情報を手に入れてしまう——アメリカから。大半のジャーナリストは、私たちが天の川銀河の中心の画像を発表するのだと予想している。このあと、彼らの多くが、前もって書いた記事を必死に書き直すはめになる。

記者会見の前日、私はルチアーノ・レツォーラ、モニカ・モシチブロツカ、アントン・ツェンスス、そして彼の同僚のエドゥアルド・ロスと共にブリュッセルに赴く。私たちの多様性に満ちたグループは、五つの大陸と、少なくとも六つの言語を代表している。

アメリカでは、シェップ・ドールマンと三人のアメリカの同僚たちが、ワシントンに向かっているところだ。その一行に、アムステルダムの私の同僚、セラ・マルコフも含まれている。東京、台北、上海、そしてサンティアゴでも準備が進んでいる。これも一種の地球規模の観測遠征だ——今回は、私たちのほうがじっくり観測される対象なのだが。多くの大学で、教授陣と学生たちが、私たちのイベントをライブで見守るだろう。三年前、重力波観測が発表されたときと同じように。天文学者にとっては、これはちょっと、サッカー・ファンがワールドカップの際に集まってお祭り騒ぎをするパブリック・ビューイングに似ているが、出てくるビールははるかに少ない。

前日の午後、ある報道の専門家の協力を得て、私たちは記者会見の計画を立てる——偶然のことだが、かつて私たちがERCの専門家たちの前で助成金の請願を擁護するために面接を受けたのと同じ部屋だ。窓のブラインドが下ろされる。私は、担当する冒頭の挨拶を練習し、緊張しながら、EUの担当者たちに例の画像をスクリーン上で初めて披露する。すぐに私には、目を輝かせ心を奪われた人々の顔が見え、数秒のあいだ、ここにいる経験豊富な専門家たちさえもがほとんど畏怖の念に包まれ、沈黙が続く。この画像の感情を揺さぶるパワーの予兆を私は感じる。

その夜、私はホテルの自分の部屋に戻り、自分の挨拶についてもう一度考え、鏡の前で練習する。私は、四つの言語で「これが史上初のブラックホールの画像です」という一文を言いたい。サラ・イッサオウンが私に代わってこれをフランス語に訳してくれる。ドイツ語とオランダ語は私が自分でできる。こういった作業をしている最中に、息子のニックがちょっと立ち寄る。彼は、まだ若いにもかかわらず、すでにミュージシャン兼動画作曲家として好調なスタートを切っている。彼は、ＥＳＯのウェブサイトのために、自身の最初のミュージックビデオ作品を作成することになっている。一連の私たちのビデオクリップを、例のブラックホールにズームインしていくようにつなげたものに、彼が作曲した音楽を添えていくのである[18]。動画には、記者会見の日に録画されたシーンも使われることになっている[19]。

真夜中ごろ、広報部門でトラブルが発生する。ある科学担当記者と私の旧友[20]とが、十分なセキュリティー対策が取られていなかった私たちのウェブサイトから、例の画像を含む極秘の報道発表文書を見つけたのだ。彼はそこにリンクを張ってネット上で一躍有名になることもできたのだが、ありがたいことに、彼は私たちにこの問題を知らせてくれる。私の同僚数名が徹夜で対策をし、穴を塞ぐ。ほかに誰が見つけただろうか？　彼だけだろうか？　張り詰めた気持ちのまま、次の日が来て、記者会見が始まるのを待つ。しかし、誰か見た人がいたとしても、その人たちは沈黙を守り、科学の祝祭の日となる。

一九九二年、のちにノーベル賞を受賞するジョージ・スムートが、ビッグバンのたった三八万年後の若い姿で私たちの宇宙を示す史上初の電波画像を発表したとき、彼は意外にも厳粛な態度でこう言った。「宗教心のある人には、それは神（の顔）を見ているようなものです」。私は、これに対する私自身の返事をしたいと思っていた。もしもビッグバンが時空の始まりなら、ブラックホールは何か終わりのようなものを意味するだろう。そしてそれゆえに、私は記者会見での自分の挨拶を、こんな言葉で終える。「それは地獄の門を見ているようなものです」。そして、全世界が私たちと共に見る。

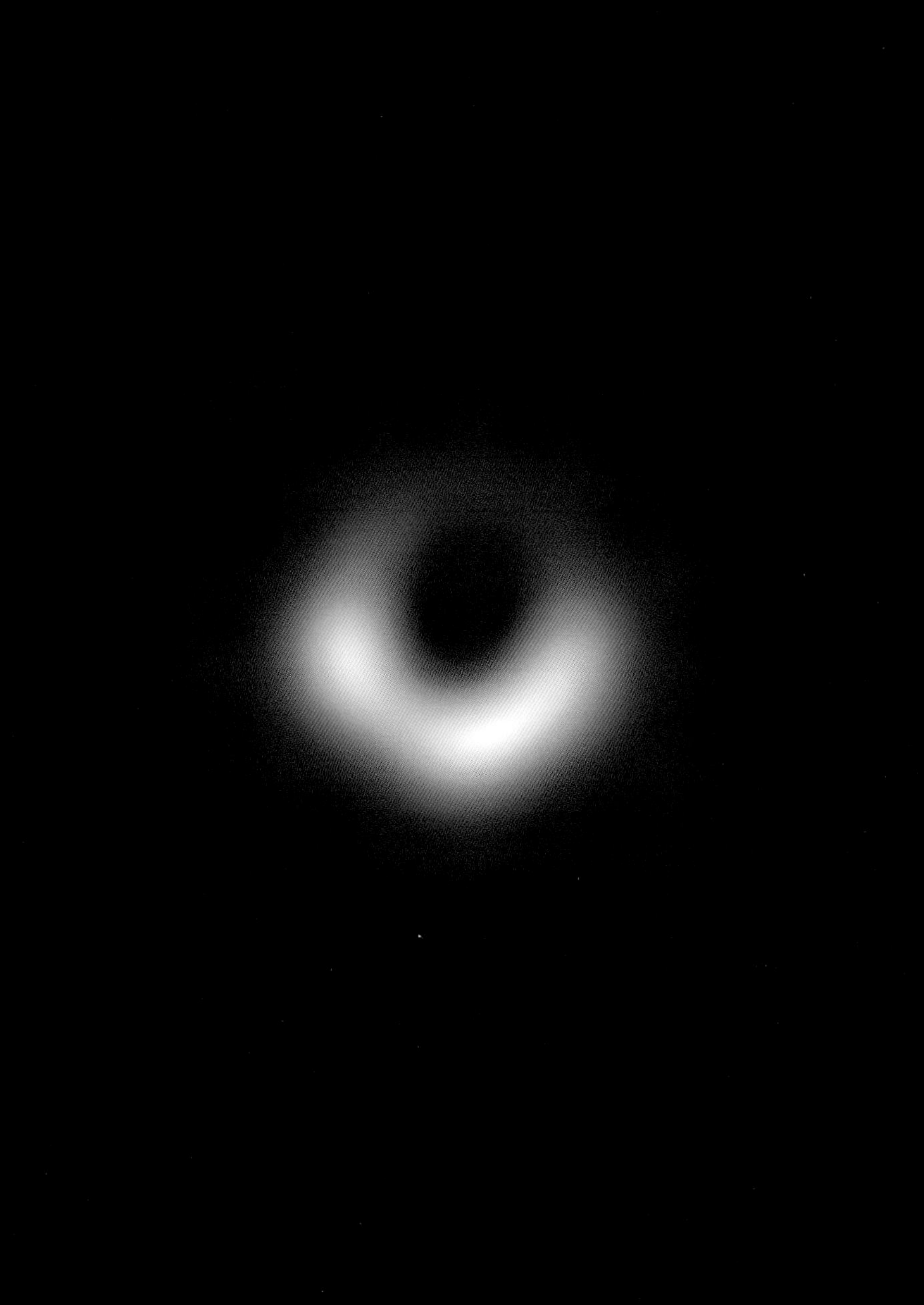

図1：ブラックホールM87*の画像――光の輪の直径は1000億キロメートルで、私たちから5500万光年離れている。©EHT（イベント・ホライズン・テレスコープ）

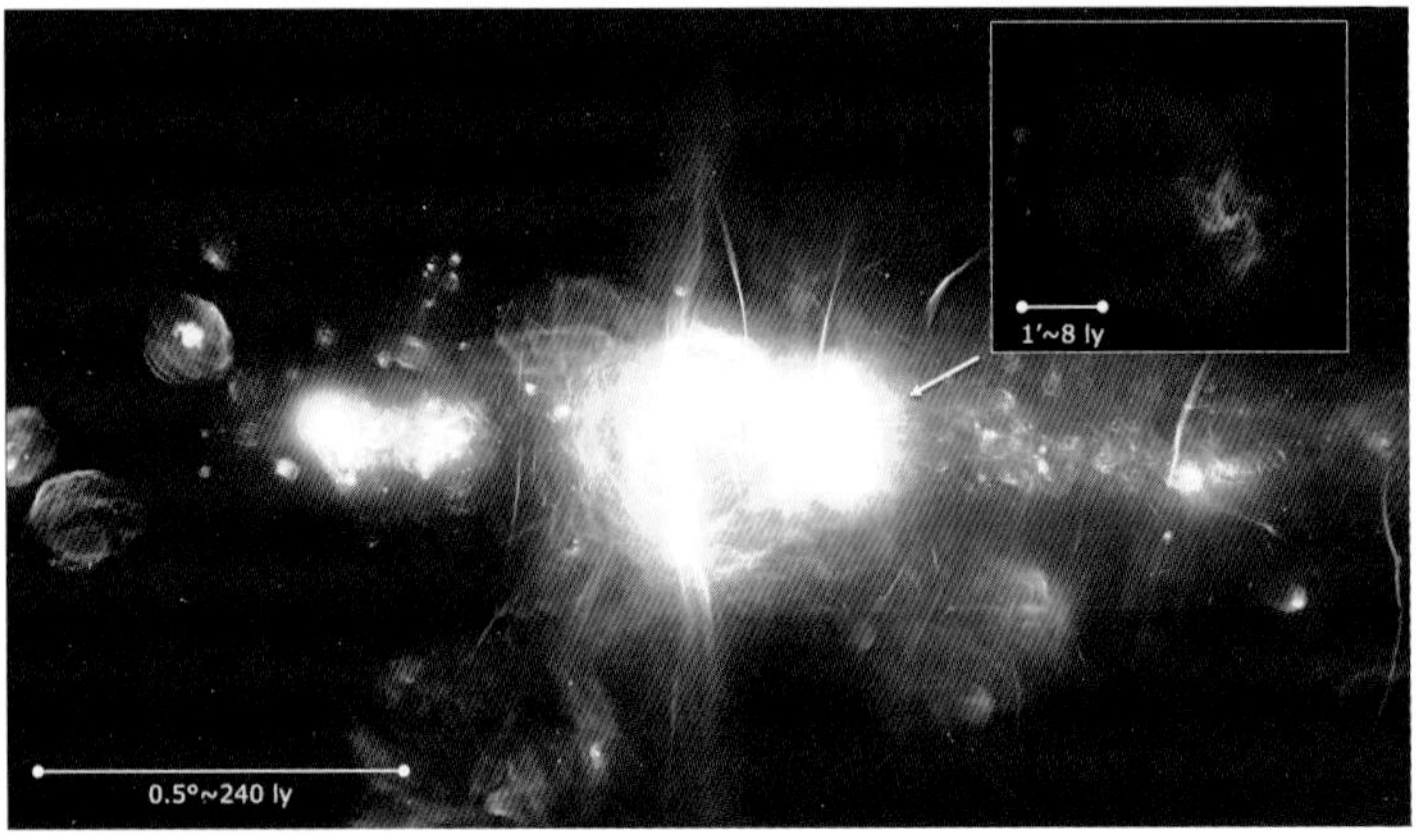

図2：電波で見る天の川の中心部（南アフリカ共和国のMeerKAT望遠鏡とアメリカのVLA)。2万7000光年の距離にある銀河円盤の中心の、高温ガスと磁場の輝きが見える。中央右の明るい部分が、「いて座A*」と呼ばれるブラックホールの中心部。©ハイノー・ファルケ、SARAO（南アフリカ電波天文台）、NRAO（アメリカ国立電波天文台）

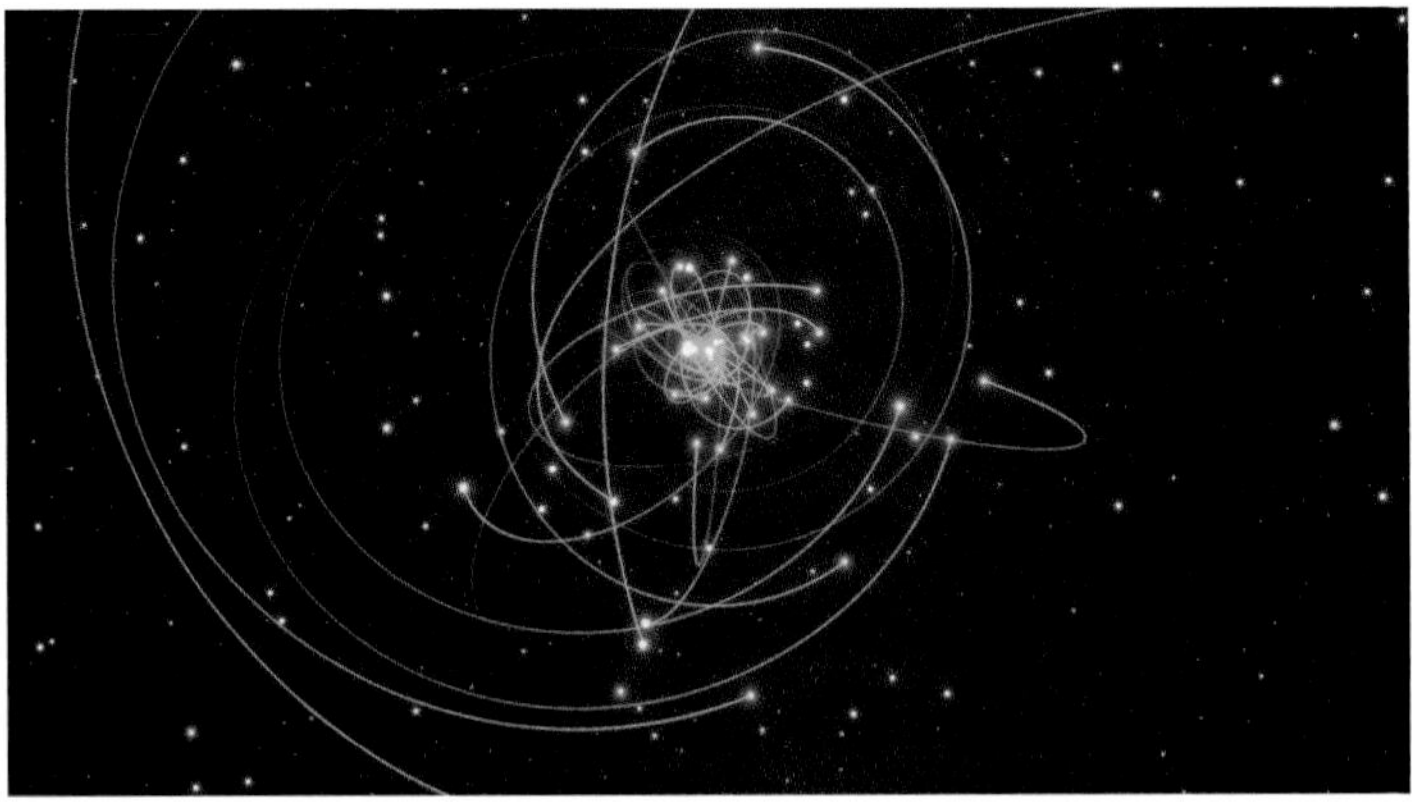

図3：銀河中心部のブラックホール周辺での星の乱舞──実際に測定された恒星運動をもとにしたシミュレーション。星々は、「いて座A*」という電波源の周りを秒速数千キロメートルで駆け回っている。©ESO（ヨーロッパ南天天文台）

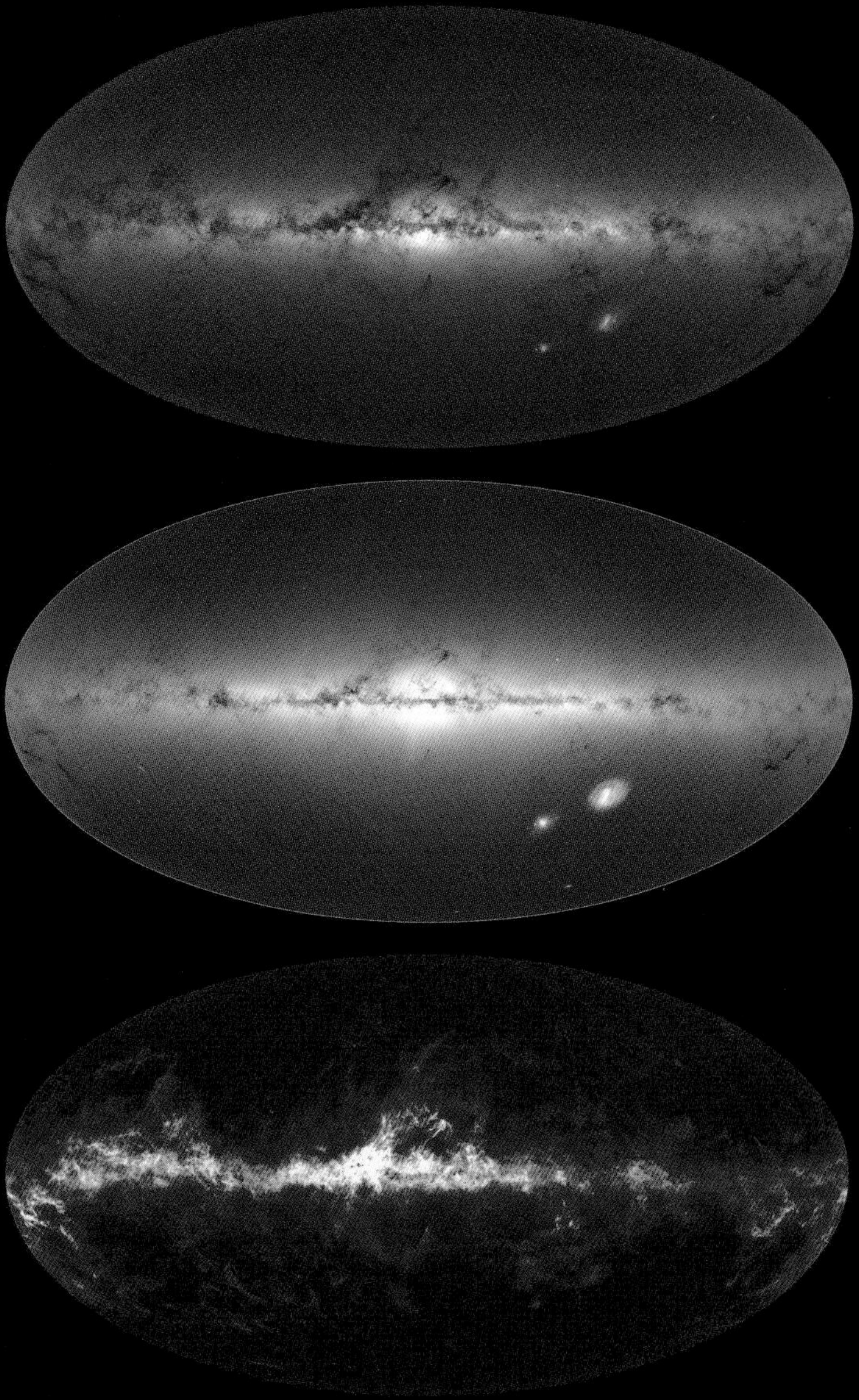

図4：私たちの天の川――ESAのGAIA衛星によって測定された17億個の星。明るさ（上）、個数（中）、星間塵（下）。空全体が表示されている。

ハッブル宇宙望遠鏡 ©NASA&ESA（欧州宇宙機関）

図5：450光年の距離にある原始星、おうし座HLタウリ星の周りのダストリング──新しい太陽系が出現している。円盤の大きさは、海王星の太陽周回軌道の約3倍。アルマ望遠鏡で記録されたミリ波帯の電波を見ることができる。

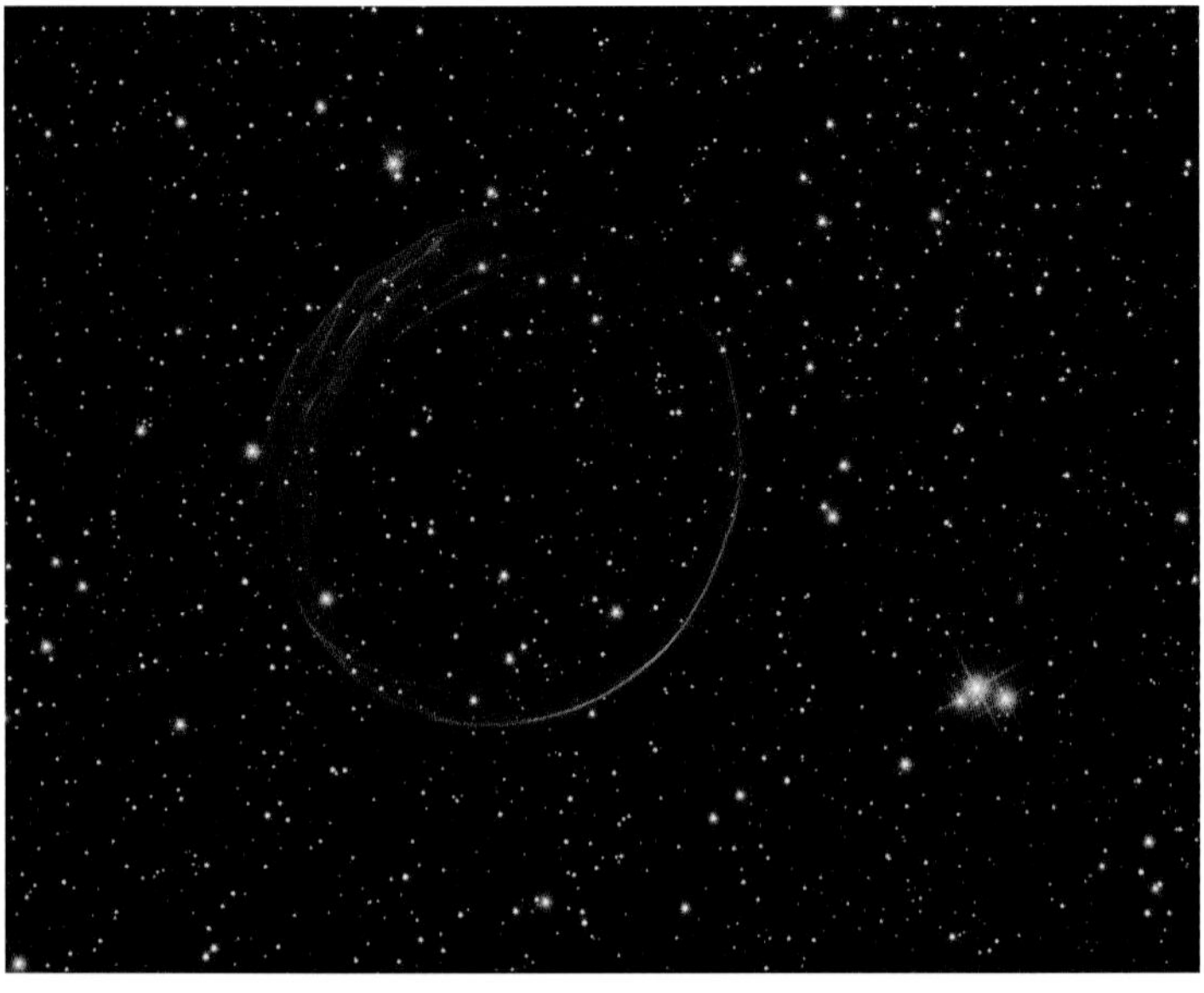

図6：直径23光年の超新星の残骸。恒星が爆発した結果、中心部にコンパクトな中性子星やブラックホールが形成された。

図7：アンドロメダ銀河——天の川銀河の姉妹。直径十万光年、数千億個の星からなり、我々から約250万光年の距離にある。新しい星は、円盤の褐色の塵の雲のなかで形成される。 ©アダム・エヴァンズ、フリッカー、Creative Commons Attribution 2.0 Generic

図8：210万光年の彼方にある銀河団に属する大型楕円銀河ヘラクレスA。ブラックホールは、長さ160万光年に及ぶプラズマジェットを宇宙空間に噴射している。赤色はVLAで撮影された電波画像。白黒とほかの色はハッブル宇宙望遠鏡のもの。©NRAO&NASA

図9 ： ブラックホールの詳細なGRMHDコンピュータシミュレーション。赤が降着円盤、グレーがプラズマジェット。中央には、事象の地平線に光が消えていくブラックホールの影が見える。 ©ジョーディー・ダヴェラー／ラドバウド大学

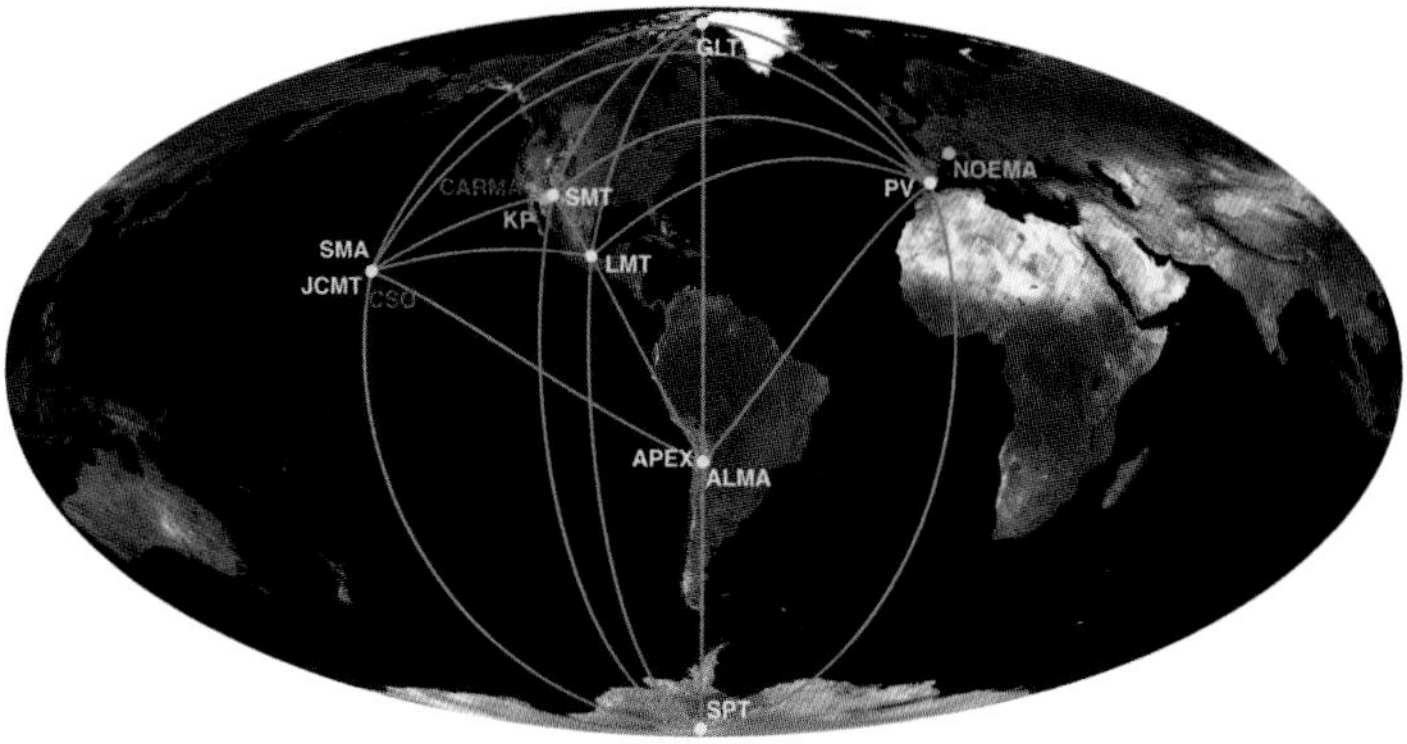

図10：イベント・ホライズン・テレスコープ（EHT）。©EHT、『アストロフィジカル・ジャーナル・レターズ』

図11：EHTの望遠鏡の一つ、ベレッタ山にあるIRAM 30メートル望遠鏡。2017年の観測実験を終えたクルー（左からサルヴァドール・サンチェス、レベッカ・アズレイ、アルトゥーロ・I・ゴメス-ルイス、ハイノー・ファルケ、トマス・クリッヒバウム）と共に。

© サルヴァドール・サンチェス

図12：EHTの望遠鏡の一つ、JCMT（ハワイ、マウナケア、4092メートル）。

図13：EHTの望遠鏡の一つ、ALMA（チリ、チャナントール高原、4800メートル）。

第 4 部

限界を超えて

未来を覗き見る：
物理学の重大な未解決問題、
人類が宇宙で占めている場所、
そして神の問題

第12章　私たちの想像の力を超えて

圧倒的な歓迎

画像の衝撃は圧倒的だ(1)。すべての人を惹き付けるようだ。世界中の主要な新聞と週刊誌が、この科学と人類の歴史のなかでも比類ない成果を報道している。テレビのニュース番組でもトップニュースだ。ソーシャルメディアプラットフォームはこの話題で賑やかだ。それは、素晴らしいと同時に恐ろしい。世界中が共有する喜びの瞬間。一九六九年七月の月面着陸がもたらした感情の再現。私の娘は、成長して若手牧師補となり、現在ある学校で見習い牧師としてのインターン期間にある。「職員室の誰もが、お父さんの画像をスマホで見てますよ」と、彼女は誇らしげに私にメールしてくる。

多くの人々が、この画像を即座に自分自身のものにするのを見るのは、息を呑むような経験だ。それは無数の写真に組み込まれ、数えきれないほどの回数シェアされ、ネコ写真や面白いミームに再利用されている。グーグルはホームページでグーグルドゥードゥルにこれを使う[2]。その日の政治の世界の出来事に合わせて加工されて、ドイツの主要報道機関のニュース編集室の掲示板に貼り付けられている。この画像を初めて目にして喜ぶケイティ・バウマンの写真がインターネットで大人気となり、彼女は不本意ながらソーシャルメディアのスターとなる[3]。中国のある大手ストック写真提供業者が、我々のブラックホールの画像の著作権を自分たちが所有していると主張し、それを販売しようとする。インターネットで猛烈な怒りの抗議が巻き起こり、その会社の株価は二七パーセント下落する——記者会見の二日後、その会社は私たちの画像のおかげで時価総額一億二五〇〇万ユーロを失ってしまった[4]。

たった一枚の科学関連の画像が、これほどすぐに、これほど多くの人々の想像力を刺激したことは、これまでになかったようだ。しかし、つまるところ、私たちの成功は、彼らの成功でもある。チームのどの科学者も、どのメンバーも、一人でこれを成し遂げたのではない。私たちがちゃんとやっていけて、自分たちの研究を進められるように、多くの人々がしてくれたことなしには不可能だった。私たちのパンを焼いてくれたパン屋さん、私たちの部屋を清潔に保ってくれた清掃担当者さん、天文台のケータリングチームや技師の皆さん。結局、すべての市民が、私たちが取り組んだ「世界が共有する利益」を支援することによって、この世界全体をつなぐプロジェクトに貢献したのだ。

後日、世界中の私の同僚たちが、この素晴らしい日にどんな経験をしたかを、詳しく伝えてくれる。彼らは皆、友人、隣人、そして報道関係者に、ここで何が一つにまとめあげられたのかを説明しなければならなかった。大規模記者会見後の一週間は、過剰分泌のアドレナリンのせいでぼんやりしているうちに過ぎる。私たち全員が、熱狂に巻き込まれた。インタビュー、講演、そしてその合間に、無数の電子メールとテキストメッセージのやり取り。私たちは皆、最後の力を振り絞って悪戦苦闘し、画像が発表される日まで着実に前進した。そして今私は、排ガスを何とか燃料に回してやっている状態だ。人生で初めて、私は胸が妙な具合に締め付けられるのを感じる。もう何週間も、エンジンを高回転数に保ちながらアイドリングしてきた自動車のような気分だが、まだ当分休めそうにない。

私は五日間に七件の講演をすることになっている。しかも、私にとって特に重要な時期である受難週のあいだに。しかし、復活祭がやってくる気がまだ全くしない。棕櫚《しゅろ》の日曜日、私は満員になったナイメーヘンの博物館で講演をする。洗足《せんそく》木曜日、ケンブリッジで大勢の天文学者の前で話す。今回もやはり満席だ。聴衆のなかに、イギリスの王室天文官のマーティン・リースがいる。一九七〇年代に、ブラックホールという概念を初めてまっとうなものにした人物だ（訳注：ブラックホールがクェーサーのエネルギー源になっているという説を提唱した）。今彼は、史上初のブラックホールの画像を自分自身の目で見、重要な疑問を一つ呈する。「この画像で、私たちは実際何を見ているのですか？　事象の地平面ですか？」と。「それは影です」と私は答え、その瞬間、自分が過去の自分自身の影になったように感じる。喉がいがいがして、めまいがし、体力の限界が来たとわかる。疲れ果て、体を引きずるように家に帰る――しかし、復活祭を祝う計画は変わらない。

翌日は聖金曜日で、例年どおり妻と一緒にコロンのＹＭＣＡの礼拝に行く。私の信仰の物語が始まったのは、この場所においてだった。私たちはイエス・キリストの死と苦難の物語を聞く。棕櫚の日曜日に熱狂した群衆に歓迎され、洗足木曜日に友人たちに別れを告げ、その日の夜に裏切られ、そして聖金曜日には、彼に対する陰謀の無垢の犠牲者として、揶揄され磔にされた。私は一番後ろの列に座り、物語に耳を傾けつつ、この二、三日の歓喜を振り返ると同時に、そこまで至るために乗り越えなければならなかった苦難、参加したすべての者たちの痛みも、思い返した。私は涙を流す。今私に必要なのは、復活祭がもたらす心の静けさと強さだ。

立ち直るのに二、三日かかってしまう。私は徐々に普段の生活に戻るが、胸苦しさが本当に和らぐのはなお数週間先だ。

予定はしていなかったが、私の復活祭後の最初の大きな公開講演を、ザウアーラント地方で毎年開催されるキリスト教徒の大規模な集い、スプリング（SPRING）で行う。この集いで科学者が話をするようなことがあったとして、そんなときは、小さなセミナー室を使うのが普通だが、主催者側が、直前になって、大きな「カンファレンス・ホール」を確保した。

ホールに科学への敵意は全くなく、満員で人があふれそうだ。ここには好意的な期待の気持ちしかない。看護師、ブルーカラー労働者、学生、退職者、教師、会社員、そして実業家たちが、身じろぎもせず席に座って、熱心に聞いている。私の音楽の友人ロタール・コッセが溌剌と、「何事も可能であり、何事も不可能だ」と言う。そして、彼の次のアルバムでは、天とブラックホールについての言葉が随所にちりばめられる。ブラックホールはすべての人を等しく惹き付けるようだ。しかし、どうしてそうなのだろう?

ブラックホールが私たちについて語ること

重力の怪物、宇宙の大食い装置、奈落のごとき底知れぬ穴。どんな最上級を使おうが、ブラックホールを記述するには足りない。ブラックホールは宇宙物理学の恐竜だ。その恐ろしい評判にもかかわらず、というよりむしろ、まさにその理由から、ブラックホールはティラノサウルスと同じくらい人気者なのだ。私たちのブラックホールの画像が世界中の雑誌の表紙を飾ったという事実は十分素晴らしい。しかし、人々がそれほど感情的に反応することで、この科学の成果は一層感動的になった。

人々は、自分がいかにこの画像に魅了されたか、発表前夜にどんなにわくわくして眠れなかったか、あるいは、実際に見たときにどれほど深く感動したかを私に話してくれる。ヒッグス粒子も重力波の発見も、これほど人々の感情をかきたてはしなかった。だとすると、ブラックホールは私たちについて、どんなことを語ろうとしているのだろう?

私には、ブラックホールはほかのどんな科学的現象とも違う特別な形で、人間の根源的な恐れを体現しているように思える。それは、広大な宇宙のなかの大きな謎の一つだ。宇宙物理学においては、それは決定的な終端を意味する。ブラックホールは、まさしく無慈悲な破壊装置である。

人々は直感的にそれを感じ取る。私たちの想像のなかでは、ブラックホールはすべてを吸収する無、それを越えるとすべての生命とすべての理解が停止する境界を象徴する――まさに地獄の深淵が垣間見える場所だ。

ブラックホールは、私たちの世界とは全く異なる世界のことを教えてくれる。光が直線ではなく円を描いて運動する場所である。前方を見ているのに、自分の後頭部が見える。ある人には時間が完全に停止しているように見えるが、ほかの人には時間は普通に経過する。ガスはその周囲を光速に近いスピードで周回し、すべての物質が一個の粒子にまで砕かれる、終末的な高温に達し得る。分子や原子核は、すべて陽子と電子の白熱した雲――プラズマ――に成り果てる。私もブラックホールのなかに落ち込むかもしれない。その一方で、理論上は、生き残って科学的な測定を行う可能性さえある――しかし、そこで何を見たかは誰にも告げることはできない。ブラックホールから、情報は一切出ていくことができない。光の波動さえ、出ていくことはできない。ブラックホールは私たちを「向こうの世界」に近づける。

そして、「向こうの世界」は本当に存在する――物理学においてさえも。一般相対性理論では、向こうの世界は超自然的でも何でもない。むしろそれは、世界を二つの領域に分けるこの理論の、重要な一部なのだ。「こちらの世界」は、私が結びついている世界で、私はそこから情報を得ることができ、そことコミュニケーションすることができる。そしてさらに、「向こうの世界」が存在するが、それは本質的に、私が知る能力を超えたところに存在する空間である。私はそれについて一切何も知ることができない。それは無言で私を見つめている。これらの二つの領域は、私の地平面によって隔てられている。

ブラックホールは頑なに、そして徹底的に、私たちの好奇心と知覚能力を拒否する。事象の地平面の向こう側に消えるものはすべて、永遠にそちらに存在する――少なくとも、アインシュタインの理論がこの問題に関する決定的なものである限り。

ブラックホールが体現する永遠の「向こう」は、現代物理学にとっての最大の難問の一つを提起する。理論的には、事象の地平面の先の空間は、明確に定義された位置を持っているのに、それは私たちの想像のなかにしか存在しない。全く非現実的なのに、それと同じ程度に現実的である。今日、電波望遠鏡によって、宇宙の遠方のどこに「向こう側」への扉があるかを驚くべき精度で可視化できる。それを物理的に記述し、光が内側に消えてゆき、一つの黒点となって、二度と再び出てこないかを見ることさえ可能なのだ。

「そこだ、ちょうどそこにある。まさにこのスポットに、この世のものではない場所がある」と、私たちは言うことができる。だが、そのあとはなすすべもなく、両手を膝の上におろして、それを測定することは私たちにはできないのだと自ら認めるしかない。

物理学者にとって、これは破産宣告に等しい。私たちの宇宙のなかに、明確に定義された位置を持ちながら、あらゆる種類の調査を拒むような空間があり、そこで有効だなんて、いったいそんな物理学があるだろうか？ 「いや、もちろんそれは物理学だよ」と、理論物理学者たちは言うだろう。「だって、この空間のなかで何が起こるかを正確に計算できるんだから！」「いやいや、そんなの物理学じゃないよ！」と、私は応じる。「それは『向こう側』の物理学だよ！」というよりむしろ、今のところはまだ、形而上学（訳注：感覚や経験を超越した本質的なものや絶対的存在の、思弁的思惟や知的直観による考究）である。

たいていの人は、「向こう側」を考えるとき、物理法則など気にしない。しかし、「向こう側」とは何かという認識は誰もが持っていて、しかもこの認識についての知識は古くからのものだ。向こう側の世界という概念は、私たちの想像力を刺激し、私たちを挑発し、また、それと同時に、死と密接に結びついている。ブラックホールは、数多くの死の象徴の一つにすぎない。

一〇万年以上前、私たちの祖先は、死者の埋葬を始めた。彼らはすでに死後の生という認識を持っていた可能性がある。当時の、そのような「向こう側」の認識が具体的にどのようなものだったのか、誰にもわからない。しかし、死者を尊重する態度と、死者を思う気持ちを表す最初の儀式は、その最初の埋葬からあったわけだろうし、それは少なくとも、私たちが今持っている、高度に発展した「向こう側」の認識をもたらす文化的進化を証言していると言えよう。

永遠の命、神の審判、天国と地獄などの信仰の多くは、異なるさまざまな文化で同じである。大昔、人々は、上にある生きている者たちの世界と、下にある死者たちの世界とを信じていた。これは、本当に多くの異なる文化に見られる信仰だ。ギリシア人たちは、この場所をハデスと呼んだ。北欧神話では、死の女神ヘルが、ヘルの館に住んでヘルヘイム（死者の世界）を支配している。これがおそらく、のちの「地獄」の概念の起源だったのだろう。一方、戦死したヴァイキングたちは、戦士の館であるヴァルハラで生きることができた。ローマ人たちも、下にある暗い世界を想像した。彼らはそれをオルクスと呼んだ。マヤの先住民族は、冥界をシバルバー――恐怖の場所――と呼んだ。
「向こう側」の概念は、主要な世界宗教と共に確立した。キリスト教もイスラム教も、楽園（パラダイス）あるいは天国（ヘブン）があり、さらに死後の生があると教える。ユダヤ教には二つの異なる立場がある。一方は魂の不死を仮定し、魂は死後も生きて、神のもとに帰るとする。他方の正統派ユダヤ教徒たちは復活を信じる。彼らは死者を火葬しない。死者の埋葬と休息は、彼らにとって神聖である。仏教徒とヒンドゥー教徒は、我々は何百万回も生まれ変わると信じる――動物や植物にさえも。涅槃《ねはん》に到達することによってのみ、魂はこの循環を断ち切り、終えることができる。

ブラックホールは「向こう側」にまつわるこれらのさまざまな神話に、新たに現代的な神話を一つ加える。それは、自然科学にインスピレーションを得た神話で、そのなかでは、大いに人間的な問題が現代物理学から持ち込まれた概念と混ざり合っている。私たちにとっては、生物学的な死は一つの閾《いき》を越えることを意味する。「今、この場」から、それについては何も知ることができない「向こう側」へと渡ってしまうことだ。「向こう側」については、それが存在するのかどうかさえ知ることはできない。その後さらに何かが起こるのだろうか？　それとも、そこには無しかないのだろうか？　愛する者の死を見守ったことのある人は皆、彼らの人生の最後の数分間に、死に行く人が自らの身体から離脱し、あとに空の容器を残していくのを見ている。この愛する人の、最後の経験、思考、そして夢について、何らかのことを知ることは、私たちには許されていない。彼らは、そのような心の内にあるものを、墓に、そして「向こう側」に持って行ってしまう。「彼女はこれからどこに行くんだ?」と、私の母が私の目の前で息を引き取ったとき、私は自問した。二、三分前まで、私はまだ母の手を取って、共に祈っていたのに。

死は私たちをとことん揺さぶる。終末が完了する前の戦慄は、私たちの最も根源的な、最も古い感情の一つだ。私たちはそれを避けようとするが、それはほとんど魔術のように私たちを引き付ける。これまでは、ブラックホールは単なる抽象的な概念、ハリウッド映画で命を与えられた、想像の産物にすぎなかったが、今や史上初めて、ブラックホールは具体的な特徴を持った。私たちは、ブラックホールに触れたり、それを感じたりすることはできないだろうが、見ることはできる。今私たちは、かの有名なすごいやつを直視できるのだ。これは、この戦慄を生む恐れを克服する第一歩なのだろうか?

「見て、これがその姿だよ、地獄への入り口の」という、私の潜在意識のささやきが聞こえる。「パニックを起こす理由などない、お前は安全だ、お前はただ自分の机の前に座っているだけだよ」。そこで何が生じるのかよくわからないとしても、少なくとも私はわが目でそれを見たのだ――恐怖はもはや漠然としてはいない。それは、描き記述することができるのだ。

太陽の光が窓から射してきた。地球はいつもと変わらず地軸を中心に回っている。私はこのブラックホールの画像を改めて見つめ、ああ、これはものすごく遠いんだと納得する。ブラックホールなんて、天の川銀河にたくさんある小さなやつにしたって、どれも私たちを「向こう側」に引きずりこんだりしないいんだ。知られている最も近いブラックホールは、太陽の五倍以上重く、地球から約一〇〇〇光年離れている(5)。それだけの距離からなら、その重力も普通の恒星のそれと大して変わらないし、その事象の地平面はコンスタンス湖（ボーデン湖）ほどの大きさしかない。[6]私たちがそんな小さなブラックホールに対峙するはめになる確率は、ほとんどゼロだ。この四〇億年間、そんなことは起こらなかったし、近い将来もやはり起こらないだろう。

そのような次第で、私たちは安全な距離からブラックホールの観測を続け、その風変わりな物理学を楽しむことができる。しかし、一枚のスナップショットが象徴としての力を持つようになることもある。その点において、私たちの画像は単に科学であるのみならず、芸術や神話でもある。[7]ニューヨーク近代美術館とアムステルダム国立美術館が、私たちの画像を印刷したものを収蔵品として取得し、あちらこちらの個人が同じプリントを自宅の玄関ホールに飾っている。

芸術家は、抽象的なものを言葉や画像のなかに捉え、そこから実在を作り出す。その実在は、芸術を通して、変化し、解釈される。このプロセスに関して、科学もまた、芸術としての側面をいくばくか持っている。科学が作る画像は、それ自体で実在だということは決してない。それは実在の証言をするだけである。しかし、それと同時に、そんな画像たちは、自分たちが語る物語を通して新しい抽象的な実在を作り出し、世界に関する全く異なる考え方や概念を触発し、新たな問いを促す。

科学の画像は、その物語なしには全く無価値である。私たちの画像も、背後の物語なしにはただの黒い点になってしまうだろう。つまり、画像の意義は、それを作り上げた人々の信頼性、そしてその人々がその画像に与える物語の信頼性によって、生きもすれば死にもする。じつのところ、これは科学上の発見のすべてについて言えることだ。私たち科学者は、事実のみで生計を立てているのではなく、私たちに寄せてもらった信頼によっても暮らしているのである。

だとすると、画像のなかに込められているのは、物理学の歴史のすべてと、天文学の発展、それに加えて、感情、余分なものかもしれないが神話的なもの、知性ある沈黙、星を見上げる行為、地球と宇宙の測定、空間と時間の理解、最先端技術、世界規模の協力、人間の緊張、忘れられてしまうという不安、全く新しいものの希求である。あらゆる点で、この画像は私たちを限界に追い込む――そしてなおも、ブラックホールにまつわるすべての疑問が解決したわけではない、絶対に。

ＥＨＴの仕事は続く。私たちは、二、三基の望遠鏡だけで取った古いデータを解析し直したものに基づき、Ｍ87*の影のサイズは一〇年のあいだほとんど変わらなかったことを示した。ブラックホールなら、あまり変わらないと期待されるが、そのとおりだった。また、Ｍ87*ブラックホールの周囲には磁場が巻きついている様子も確認できた。今は誰もが皆、天の川の中心のブラックホールがどのように見えるか知りたくてわくわくしている。天の川の銀河中心でも画像を取ることができるだろうか？　それとも、宇宙のスープが猛烈な乱流となって、画像取得を妨害するだろうか？　いて座Ａ*も、いつかその影を見せてくれるだろうか？　今後の数年間、Ｍ87*はどのように見えるだろうか？　たった一枚の画像ではなく、動画までも撮ることはできるだろうか？　私たちはもっとたくさん観測を行いたくてうずうずしており、より多くの望遠鏡が今すぐ必要だ。うまくいけば、近々アフリカに望遠鏡が一基できる[8]――さらなる支援はどんなものでも、いつでも大変ありがたい！　地球を周回する電波アンテナができ次第、素晴らしく鮮明で決定的な画像を何枚も撮ることができるだろう(9)。これが実現すれば、本当に地球よりも大きな望遠鏡が手に入ることになる。見るべきものはまだまだたくさんあり、それには地球だけでは足りないのだ！

第13章　アインシュタインを超える？

ワームホール

幼い子どもだったころ、私は両親と共に大きなアパートで暮らしていた。裏庭には砂場と、芝生が植わった場所とがあった。裏庭は周囲をがっしりした壁で囲まれていた。私はいつも、向こう側には何があるのか知りたかった。それで、あるとき、釘と棒を使って、壁の板と板のあいだに穴を掘り始めた。私の小さな手には、これは大変で骨の折れる仕事だった。こっそり、内緒のまま、大人が見ていないときを狙って、何ヵ月もこれに取り組んだ。溝はだんだん大きくなったが、向こう側までたどりつくことはできなかった。私にとってその壁は、ただもう強すぎたのだ。

学校に行くぐらいに成長したころ、いつのまにか、壁の向こう側の地域を自由に歩き回ることができるようになっていた。通学する校舎がそちら側にあったのだ。壁を突き抜けるのではなく、裏庭を抜けて、歩いて角を曲がって、大きな門を通り過ぎれば、それまでは謎の領域だったところに行けた。辛抱強く、自分が成長し大人になるのを待つだけで、壁を通り抜ける直接のルートは間違っており、正しいルートは角を曲がって行くものだったと気づけることは珍しくない。

壁と境界のこととなると、私は今なお同じ好奇心を持っている。向こう側には何があるのだろう？　いつかはこの限界を超えることができるのだろうか？　ブラックホールの暗い壁をぐるっと回って、「向こう側」に行ったりできるのだろうか？　事象の地平面のどこかに、なかを覗き見できる隙間はないのだろうか？　あるいは、事象の地平面を迂回する方法はないものだろうか？

アルベルト・アインシュタインは、一九三五年に助手のネイサン・ローゼンとブラックホールの内側について議論していた際に、これと同じ疑問を投げかけた。数学的には、ブラックホールの逆のもの——物体が外に出てくるばかりで、内部に入ることはできない物体、すなわちホワイトホール——も、方程式は許している。さらにややこしいことには、理論的には、ホワイトホールとブラックホールが橋でつながれることも可能で、その橋を通って、ブラックホールの内部に入り、ホワイトホールを通って、反対側の端から再び出てくることができるというのである。

物理学では、この構造は「アインシュタイン－ローゼン橋」と呼ばれるようになった。ところが、一九五〇年代、プリンストン大学の教授ジョン・アーチボルド・ホイーラーが、抜け目ないマーケティング戦略で、この仮説上の構造を「ワームホール」と改名した。おかげでその後何世代もの科学者たちは、この名称を喜んで使い続けている。アインシュタインとローゼンの考えによれば、ブラックホールから逃れられるだけではなかった。ワームホールは宇宙のなかの、遠く離れた二つの領域を結びつけることもでき、その結果光速を超える速さで移動することも可能なのだった。さらに、時間のなかを移動して、別の宇宙に行くこともあり得るというのだ。

しかし、数学的に可能なことのすべてが、実現するのだろうか？　数学は科学の神話だ。それは、現実の経験を記述する抽象的な方法で、それらの経験を、荒唐無稽な想像上の動物を描くのと全く同じように、素晴らしい形で記述するものだ。数学のなかで存在するものは、現実のなかでも存在し得る――しかし、必ずしも本当に存在するわけではない。この二つ――可能なものと現実に存在するもの――を厳然と区別することによって、物理学者は生計を立てているのである。

ホワイトホールとワームホールに関して、私たちはこれと同じ疑問に直面している。つまり、「数学的には、どちらも実在のようだが、しかし、物理学の観点から見て、両者は意味をなすのだろうか？」という疑問だ。ワームホールが宇宙に存在するという兆候は、まだ全く見つかっていない。私たちも実際、M87*の画像を作成していたとき、これがワームホールである可能性はあるのかと、しばらく考えたことがあったが、そのサイズが予測に全く適合しないことがわかったのだった。(1)

ワームホールが数学的に安定ではないおかげで、事態は一層困難になる。もしも物質がワームホールのなかを飛ぶとすると、ワームホールは崩壊する――少なくとも、理論によればそうだ。これを防ぐには、反重力をもたらす新しい形の物質を発明しなければならない。反物質にしても、必要条件を満たさない。というのも、反物質は通常の物質と同じ重力の法則に従うからだ。反物質を空中に投げると、それは地面に落ちるはずだ(2)――その前に、まばゆい光を放って対消滅し、物質を道連れに自らを破壊しない限り。

もう一つ問題があって、それは、なかを通過することができるようなワームホールが、どのようにして自然に形成され得るのか、全くわからないという問題だ。おそらく、私たち自身で作らなければならないのだろう。一部の独創的な理論家たちには、これは全く問題ではない。「非常に高度な文明にどのような技術と物質が利用できるか、私たちには全くわからないので、私たち物理学者には、通過可能なワームホールのモデルを構築する上では無限の自由があるのです」と、ノーベル賞受賞物理学者キップ・ソーンは『ニューヨーク・タイムズ』で主張した。[3] 私はそれよりもちょっと懐疑的だ。ワームホールが存在するのだとしても、それが実際に、奇跡のような予測をすべて実現できるかどうか、まだ理論的にすら保証されてはいない。しかし、まだ夢を持ち続けることはできる。

ホーキング放射

量子論とアインシュタインの相対性理論は、すべての科学のなかで、最も革新的な理論と言えよう。どちらも、私たちの世界を最も本質的な意味で記述し、しかも根本的である。ところが、両者を結び付けようとすると、精神の未開拓領域に踏み込まざるを得なくなる。どんな天体よりも、ブラックホールはこの解決不能な両者の対立を露わにする。

一般相対性理論は、大きなもののなかでも最大のもの、すなわち時空を記述する。私たちの命は、時空のなかで始まって、そこで終わる。全宇宙のドラマが時空のなかで展開する。それは、私たちの宇宙の発展が演じられる劇場だ。すべてのものは時空のなかに、それ自体の場所、それ自体のスポットを持っている。しかし、引き伸ばしたシーツの例を思い返してみると、この劇場の舞台は固定されたものではなく、俳優たちに応えて、共に演じ、反応し、変化する、柔軟性のある背景幕のようなものだったことが思い起こされる。ブラックホールは、この宇宙の舞台で最も過激な俳優だ——文字どおり場面を引き裂き、深い問いを私たちに突きつける。

すべてのものに時間と場所があるんだって？　本当にそうなのだろうか？　いや、違う！　なぜなら、私たちにはもう一つ、同じくらい根本的な、別の理論がある。量子論だ。相対性理論は、非常に大きなものを記述するが、量子論は、小さなもののなかでも最小のもの、すなわち、物質の構成要素である、分子、原子、素粒子について私たちに教えるものだ。とはいえ、時空を測定可能にしているのは、光の構成要素である光子である。これらの光量子は、抽象的な数学的記述の暗い世界から時空を引っ張り出して、知覚可能な実在の明るい光のなかに連れてくる。そこにおいて、相対性理論と量子物理学が出会うのである。

しかし、アインシュタインの理論とは違い、量子物理学では、すべてのものがそれ自体の場所や、それ自体の時間を持っているわけではない。ごく短い時間のあいだなら、プロセスは順方向にも逆方向にも進み得る。誰も見ていない限り、粒子は一度に二つ以上の場所に存在し得る。量子論は、その最も極端な形においては、ブラックホールの縁の巨視的な世界と同じぐらい私たちには馴染みのない、微視的な世界を開く。それにもかかわらず両理論は、私たちの日常生活の要素となり、隣どうしで仲良く働いている。たとえば、私たちのスマートフォンのなかで。スマートフォンのなかにある、すべてのチップ、すべての半導体に量子物理学が適用される。量子物理学がなかったなら、インターネットもコンピュータも存在しないだろう。だが、それと同時に、私たちが目的地への行き方の指示を求めて使うスマートフォンのナビゲーション・システムは、一般相対性理論からもたらされた結果を使っている。

しかし、ブラックホールの縁では、この二つの理論は根本的なところから衝突してしまう。ここでは、全く新しい物理学が働いているに違いない。そして、何年ものあいだ、地球で最も聡明な数万人の科学者たちが知恵を絞って、この新しい物理学はどのようなものか明らかにしようとしている——が、今日に至るまで、明らかな成功は見られない。

これまでのところ、これは純粋に理論的な問題だ。特に目立った貢献をしたのが、事象の地平面において、量子論的に記述される粒子に何が起こるかを熟考した、名高い宇宙物理学者スティーヴン・ホーキングである。

量子論で記述せざるを得ない対象物は、物理学において知られている最も小さな腕白小僧たちだ。神はその無限の叡知によって、この小僧たちに、私たちが夢にも思わぬことを許した。たとえば、量子的な粒子は誰の許可を得ずとも、一時的に多少のエネルギーを「借りる」ことができる。どういうことかというと、誰も気づかないうちにそのエネルギーを返してしまえば、何もなかったのと同じ、というわけである。

その本質を考えるには、空っぽの空間を、巨大な泡立つ海になぞらえるといい。何度も何度も繰り返して、海水のしぶきが自ずから空中に飛び上がっては落下して、海へと戻って海水と混じり合う。海と空の境界はぼやけてしまう。海面の近くに行くと、海で泳ぎもしないうちから、濡れてしまう。

これと同じように、小さな粒子が空っぽの空間のなかに現れて、そしてまた消えてしまう。つまり、空っぽの空間は、完全に空っぽなのではなく、粒子のしぶきに満ちているのである。しかし、無から粒子を作り出すには当然エネルギーが必要だ。では、どこでそのエネルギーを調達するのか？　海の上では風が起こり、その風が海水の水滴を作るエネルギーを供給してくれるが、空っぽの空間に風は起こらない。そこで自然は、単純な帳簿上のトリックを使う。エネルギーを短期的に、仮想的な光量子として借りるのだ。そうすることによって、自然は量子論的な粒子のペア（粒子対）を作り出す。粒子対は、正反対の特徴を持つ双子である。つまり、粒子と、その反粒子――言ってみれば、微小天使と微小悪魔のようなもの――である。一方が正の電荷を持っていれば、他方は負の電荷を持つ。一方が右向きスピンなら、他方は左向きスピンだ。一方が物質なら、他方は反物質だ。海の比喩に戻ると、粒子は湿気をもたらす空中の小さな水滴のようなもので、反粒子は海水中の小さな気泡のようなものである。

この二つが再び出会うと、それぞれの性質が打ち消し合い、物質と反物質は互いに破壊し合う。あとには何も残らない――一瞬で時空の大海のなかへと消えてしまう、仮想的なエネルギーのフラッシュのほかは。そしてそれと共に、エネルギーの借金は返されて、誰も告訴することはできない。

しかしそれは、財政危機のようなものだ。このごまかしを使えるのは、誰にも気づかれていないあいだだけ、そして、すべての借金が返済され続ける限りにおいてのみだ。悪天候になると、事態はまずくなる。水滴は風によって海の上をどんどん運ばれて、港に押し寄せ、しぶきとなって陸にあがっていく。海の水が失われていきそうだ。陸にいる人間たちはびしょびしょに濡れてしまう。しかし、このようにしてすべての水が海から出てしまうには無限の時間がかかるだろう。おまけに、川や雨が繰り返し海水を補充してくれる。

ホーキングによれば、まさにこのプロセスが、ブラックホールの縁でも起こる。時空の海では、事象の地平面が海岸線だ。ブラックホールは嵐に相当する。風のエネルギーに代わって、重力のエネルギーが登場する。

ホーキングは、市民向けの公開講演では、このプロセスを次のように要約される形で説明していた。粒子と反粒子の双子のペアたちが、ブラックホールの縁で生み出され、その強力な重力場からエネルギーを借りる。双子たちが再び一体化できる前に、その片割れの粒子が事象の地平面の向こう側に消えてしまう。残ったほうの片割れは、もはや反粒子である双子の兄弟と結びつくことができず、広大な宇宙空間へと逃れていく。一時的に生じただけだったはずの粒子対が、突然、永続的な単一の粒子になってしまう。

しかし、この粒子を生み出すために貸したエネルギーは、もはや返済されない――丸々損したことになる。ブラックホールは、粒子二個を生み出すエネルギーを貸したのに、一個の粒子だけしか戻ってこなかった。その結果、ブラックホールはエネルギーと質量を失う。海岸の近くにいると、風に海を感じるが、それは水滴が風に乗って常に一定したペースで海の外へと運ばれているからだ。ブラックホールもそれと似たような形で、エネルギーと質量を失っているというわけである。外から見れば、まるでブラックホールが放射を行っているようだ。これがホーキング放射で、今は故人となったこのイギリスの科学者が一九七四年に初めて記述したものである。

しかし、この市民向けの解説に使われた粒子と反粒子のイメージは少し不完全である。これは、量子論で使われる計算方法を説明するためのものだ。つまるところ、放射されているのは粒子ではなく光子である――すなわち、光であり、それも、ブラックホールそのものよりも大きな波長の光である。さらに、この放射は直接事象の地平面で生じているのではなく、ブラックホールを取り巻く、より広い範囲から生じている。つまり、まるで重力場が放射を行っているようなのだ。

物理学の正式な用語では、ブラックホールから生じている放射を熱放射として記述することができる。カップ一杯のコーヒーは、たとえ覆いをして水蒸気が逃げないようにしておいても、ある程度の時間が経てば冷めるだろう。それはコーヒーが入っているカップが熱放射を行うからだ。カップの表面の原子が熱のせいで少し振動し始めるのだが、原子が振動するときそれらの原子は量子論的な光の粒子を放射する。この放射の性質は、一九〇〇年にドイツの物理学者マックス・プランクによって発見され、量子論の基礎を築くものとなり、また、量子論を熱力学と結びつけた。透明ではない黒い物体はすべて、何でできていようと、また、どんな形だろうと、高温に熱せられると放射を起こす。

このように、一杯の熱いコーヒーでは、量子物理学が実際に働いている最中で、主に近赤外の光を放射しているのである。その結果一杯のコーヒーはエネルギーを失い、徐々に冷めていく。サーモグラフィー・カメラは、この光を見ることができる。しかし、私たちの目には見えない。だが私たちの手は、カップに触れないうちから、この放射を感知することができる。言ってみれば、私たちは見えない光によって、カップの内側の量子振動を感じているのである。

熱放射の数学的な方程式は常に同じような形をしており、温度にのみ依存する。温度が高いほど光の振動数が高くなる。鉄を熱すると、まず可視光ではない近赤外線域の光を発し、続いて可視光の赤、黄、白の光で輝くようになるのはこのためだ。色の変化は、放射光の振動数が徐々に高まっていることを表す。恒星が青みがかった光で輝く場合もあるのは、溶融した鉄よりもなお高温に達するからである。

少なくとも理論的には、ホーキング放射を行っているブラックホールは、これと全く同じ光を放射することができる。したがって、ブラックホールに温度があると見なすことができ、この温度はブラックホールの質量によって決まる。小さいブラックホールほど高温であるようだ。ホーキングによれば、月の約〇・五パーセントの質量を持つブラックホールは、淹れたての一杯のコーヒーと同じぐらいの温度で、同じぐらいの量の放射を発するという――しかし、同じ味がすることがないのはほぼ確実だろう。

ホーキング放射の結果、ブラックホールはエネルギーを失い、それと共に質量も失う――なにしろ、アインシュタインの最も有名な方程式が教えるとおり、質量はつまるところエネルギーなのだから。だが、置きっぱなしにしておけば熱放射の結果冷めてしまう一杯のコーヒーとは違い、ブラックホールは放射する結果、ますます温度が上がっていくのだ！　ブラックホールが小さくなるほど、その温度は高くなり、より効率的に放射を行うようになる。ある時点で、ブラックホールはその最期を迎え、爆発を起こし、ほぼ無限の量の熱を放出する。自然界に小さなブラックホールが存在しないように見えるのは、このためかもしれない。ディーゼル機関車二両分の質量──一六〇トン──を持つブラックホールは、自らを放射することによって一秒以内に消滅するだろう。

しかし、天体物理学的なブラックホールとなると話は別だ。小惑星イカルスと同じくらいの質量──約三〇億トン──を持ったブラックホールは、消滅するまでに宇宙と同じくらい長く生きるだろう。太陽と同じ質量を持つブラックホールなら、消滅までに10^{67}年、そして、M87*なら想像を絶する10^{97}年かかるだろう。

これを視覚化する方法を見つけようとしたのだが、無理だった。知られている宇宙全体の質量──どこであれ、宇宙に存在するすべての恒星、惑星、そしてガス星雲──を取ってきて、すべてをまとめて巨大な物質の海にしたとしよう。そして、ほぼ宇宙の寿命と同じ、一〇〇億年に一度、この物質の海から小さな小さな陽子を一個釣り上げ、この作業を海がからっぽになるまで続けるとしよう──それでもなお、ホーキング放射のせいでM87*が消滅するよりも、宇宙のほうが一〇〇〇万倍速く消えてしまうだろう。

その上、ブラックホールが完全に蒸発してしまうためには、その前に宇宙が完全に死に絶えて、空虚な暗闇になっていなければならない。なぜなら、宇宙に存在するどのガス粒子も、どの光波も、ブラックホールを成長させ続けるからだ。私たちが想像できるよりもはるかに長い時間のあいだに、M87*のような超大質量ブラックホールは大きくなるばかりである。M87*のホーキング放射は極めて弱いので、その放射の最低限の証拠を見つけるための検出器ですら、私たちの宇宙の生涯のうちに製作するのは不可能だろう――たとえM87*まで人間が飛んでいけたとしても。

とはいうものの、純粋に理論的な立場からは、ブラックホールは実際に蒸発し、その結果、かつてブラックホールの内部に閉じ込められたすべてのものが解放されるという可能性はある。永遠に存続するものなどない――ブラックホールでさえも。

ホーキング放射を計算する際には、事象の地平面の存在が鍵となるが、もしもホーキング放射が本当に重力場の放射性崩壊ならば、中性子星や普通の物質さえもがホーキング放射と同様のプロセスで崩壊し、その結果すべての重力場が最終的には解体して光になってしまうのではないかと私は想像してしまう。だが、今のところこれはまだ全くの憶測にすぎない。

初めに光があった。そして、終わりに宇宙のなかに残されているのは、光だけなのかもしれない――その前に、何か新しくてわくわくすることが起こらない限り。

私たちが画像を発表した記者会見の最後に、研究・科学・イノベーション担当欧州委員のカルロス・モエダスがスティーヴン・ホーキングの言葉を引用した。「ブラックホールは、描かれているほどには黒くない。私たちが考えていたような、永遠の監獄でもない。物体はブラックホールから外へ出ることができる。ホールの外側へも、また、可能性として別の宇宙へも。だからこそ、自分はブラックホールのなかにいるように感じるとしても、あきらめないで。出口はいつもあるのだから」。

これは、重要な記者会見の、希望に満ちた締めくくりだった。しかし、ホーキングの考えにこだわるなら、ブラックホールは本当に、なかに落ち込んだ人間が復活できるチャンスを与えてくれるのだろうか？　ブラックホールは、真の悟りに到達する途中の、一時的な煉獄状態にすぎないのだろうか？

この偽りの希望に惑わされないようにしよう。私が死んで火葬されたあとにサイクロンがやって来て、残った灰と煙をかき集めてくれて、この残骸のすべてから私を元どおりに構成してくれる確率のほうが、ブラックホールに吸い込まれたあとに再び私が戻ってくる確率よりもはるかに高いのである。

しかし、理論物理学者は、この「実質的には不可能」ということに納得していない。そのようなことが起こるという単なる見込みがあるだけでも、彼らの心は際限なくざわつくのだ。

情報の損失

いつの時代にも大きな話題がある。そのような話題は私たちの世界観に影響を及ぼし、その影響は科学にまで及ぶ。私の同僚の一人が皮肉な指摘をしたことがあった。宇宙の始まりを意味する「ビッグバン」という言葉が、史上初の原子爆弾の投下のあとまもなく選ばれたことは（訳注：一九四九年、フレッド・ホイルがＢＢＣの番組で使ったのが最初）、自分にとっては驚きではなかったというのだ。今日私たちは、情報の時代に生きており、物理学が情報理論の言葉で書き直されているのを、ますます頻繁に目撃するようになっている。その最新バージョンは、重力もビットによって記述できる、自然法則はプログラム言語に似ている、あるいは、宇宙の全体はじつのところ一つの巨大なコンピュータ・シミュレーションだとまで主張している。[4] 私は、このような大胆な憶測にはあまり同意しないが、情報が自然科学の重要な一部になったというのは確かである。

すべては情報である。物質、エネルギー、そしておそらくブラックホールさえもが。ここで最も重要な概念の一つが、情報の対極にある、情報を持たないこと、無秩序、あるいは、ちょっと高尚な言葉でいうと、エントロピーである。実のところ、光と時間、知識と無知、偶然と運命などの概念は、すべて密接に関連しあっているのである。

一九世紀後半、オーストリアの科学者ルートヴィッヒ・ボルツマンは、熱力学のさまざまな側面——たとえば、熱、圧力、エネルギー、そして仕事など——のあいだの関係について研究していた。蒸気機関のなかでは、たくさんの小さな水蒸気の粒子が運動して圧力を生み出し、その圧力が仕事を行って、機関車の動力となる。

ボイラー内の粒子は、エアキャッスル（周囲を柔らかい壁で囲われた大型トランポリン）のなかで遊んでいる子どもたちのようなものだ。彼らが元気に跳び回るほど、エアキャッスルは激しく揺れる。なかで跳び回る子どもの数が増えるほど、そして、彼らがより自由に跳び回るほど、壁への圧力は高まる。個々の子どものエネルギーと速度が、ボイラー内の温度に対応する。誕生日のパーティーが終わるころには、子どもたちは疲れ果てて、エネルギーは下がりはじめる。エアキャッスルは静止する。ボイラーは冷却する。

子どもたちが跳び回り始める前に、彼らを二つのグループに分けよう。始めに、青いTシャツを着たおとなしい子どもたちをエアキャッスルのなかに座らせておくことにする。「始め！」の合図の笛が鳴ると、赤いTシャツを着た、元気のいい、運動好きな子どもたちが駆け込んできて、そのうち二、三人が青いTシャツの子どもたちと、勢いよく衝突する。しかし、怪我人が出たりすることはめったにない。さて、ついにイノシシがエアキャッスルに入ってくる段になると、なかにいるほぼ全員が、後ろの壁に向かって、一斉に同じ方向に突進し始めるので、キャッスルは見ていて不安になるほど激しく揺れ動く。この時点ではまだ、高秩序で低エントロピーの状態の一つが支配的である。しかし、キャッスルはあまりに大勢の子どもたちで一杯なので、おとなしい子どもたちも、跳ね回り始めないわけにいかなくなる——さもないと、押し倒されてしまう。そして、元気のいい子どもたちは、少し控え目に跳ねまわるようにしなければならなくなる——さもないと、お互いに衝突してばかりになってしまう。二つのグループは交じり合う。騒ぎがますます全体に広がって、グループを区別するのが難しくなっていく。物理学者なら、この状況を次のような言葉で記述するだろう。「エアキャッスルは熱平衡に達し、エントロピーが増大した」と。まもなくすべては交ざりあって一体化し、赤と青のTシャツが至るところに同じようにある状況になる。もしも子どもたちがTシャツを脱がなければならないとすると、元々どの子がどちらのグループだったか、誰にもわからないだろう。

蒸気機関の内部でも、これと同じようなことが起こる。熱い空気が満たされたボイラーを、冷たい空気が満たされたボイラーに接続すると、高温のボイラーから低温のボイラーに向かって空気が流れ込み、タービンに動力を供給することができる。熱を加えるのをやめると、両方のボイラーの温度が等しくなり、ガス粒子はどちらのボイラー内でも等しい速度で運動し始める。やがて、空気はもはや一方向だけには流れなくなり、タービンは停止するだろう。系が熱平衡に到達したのだ。すべての粒子は完全に混ぜ合わされてしまった。秩序正しかった系――冷たい粒子はこちら、熱い粒子は向こう、と分かれている系――が、無秩序な系になった。エントロピーは増大した。系はもはや仕事を行わない。この状態を物理学者は系が熱平衡に達したという。こうして系は完全に混ぜ合わされ、一つの同化された大きな全体になって、すべての粒子に共通する一つの温度という性質しか持たなくなる。

さらに、無秩序は増大する一方だということもできる。これは、若い親たちが発見する最も重要な事実の一つだが、同じことが物理学にも当てはまるのである。それは、すべての閉じた系において、そしてすべての子ども部屋において成り立つ、熱力学の基本原理の一つを記述している。つまり、温度が等しい二つのボイラーが自ずと、一方は高温で、もう一方は低温になるのを目撃する人などいないということだ。子ども部屋のおもちゃのブロックが、自ずと色ごとに集まるのを目撃する人などいないのと同じである。エントロピーを低下させるには、常に、まずエネルギーを与えなければならない。片付けるのは退屈な仕事だ——そして、それにはエネルギーを要する。

ところが、色がぐちゃぐちゃのブロックが入った、散らかった箱ですら、可能な最大のエントロピーには達していない。そうなるのは、すべてのブロックがすりつぶされて、ばらばらにされ、最後に光として熱放射されて拡散していくときだけだ。そのようなわけで、散らかった子ども部屋でさえ、状況が悪化する余地は常にある。

この宇宙の年齢が、たったの一三八億歳だなんて、私たちは何と幸運だろう。それ以上に途方もなく古い宇宙に暮らしていたなら、私たちがいかに努力しようと、そこは最大限の無秩序と完全なでたらめさを特徴とする世界だろう。もはや銀河も、恒星も、粒子も、そしてブラックホールも、そこには存在しないだろう。光は無限に引き伸ばされて消えてしまったように見えるだろう。宇宙は、砂漠の風に吹き消されたロウソクの煙ほど退屈なものだろう。この意味で、宇宙が有限であることは、私たちの存在の前提条件なのだろう。

興味深いことに、エントロピーの概念は、情報理論にも登場する。アメリカの数学者クロード・エルウッド・シャノンが一九四八年に示したとおりだ——先ほどの比喩の、子ども部屋、あるいは、ボイラー内のガス粒子を、文字で置き換えればいいだけである。本書のページを例として考えてみよう。私が伝言ゲームをやっているとする。ある文章を、隣の人に小声で読み聞かせる。その人は、記憶だけを頼りにその文章を思い出して、自分の隣の人に小声で教える。教わった隣の人は、同じように自分の隣の人に文章を教える。これを続けるうちに、どんどん間違いが増えていき、ゲームの参加者が多いほど、間違いはますます増えるだろう。伝わっていく文章は、半分ぐらいは情報を伝えていてほしいものだが、最終的には、もはや情報は全く含んでいない、ちんぷんかんぷんなものになってしまうだろう。修正を一切せずに、ただゲームを続けていくなら、情報の損失と無秩序は増大する一方だろう。ボウル一杯のアツアツのアルファベットのスープが、想像できるどんな時間が経過しても、読む意味のある本になることは決してない(5)。必要なのは、意図的に供給されるエネルギーだ——たとえば、チョコレートのなかに蓄えられた太陽エネルギーの形で。著者の脳は、論理的な文章を書くには、これが欠かせないのである。

エントロピーの概念はブラックホールにも拡張できる。実際、ブラックホールは何でも均等化してしまう究極的な情報の破壊者だ。アインシュタインの法則をブラックホールのなかに落ち込んだ人間に適用すると、その人間の歴史、思考、外見、性別、そして記憶のすべてが、一つの数、すなわち、その人間がこの宇宙から消えた瞬間にどれだけ重かったかという数値に還元されてしまう。したがって、アメリカの大統領よりも土嚢五つのほうが、ブラックホールには大きな影響を残すだろう。

一つのブラックホールによって形成された系全体は、そのブラックホールの質量と角運動量によって完全に決定される。この意味でブラックホールは、恐ろしく大きいにもかかわらず、宇宙で最も単純な物体である。ミミズの細胞一個のほうが、ブラックホール一個よりも計り知れないほど複雑である。

ブラックホールに本当にホーキング温度があるのなら、ブラックホールの事象の地平面の面積が、そのエントロピーの目安になる（訳注：両者は比例関係にある）と示すことができる。アインシュタインの理論によれば、ブラックホールは大きくなる一方なので、そのエントロピーも増大の一途をたどるが、その間、宇宙の情報のすべてと、複雑さのすべては、減少するはずだ。一人の人間、あるいは、一匹のミミズが失われるたびに、宇宙はその歴史をほんの少し失う。少なくとも地球上では、それらのものは亡骸を残していくが、もしもブラックホールのなかに消えてしまうなら、それは完全な喪失である。

ホーキングが正しければ、ブラックホールは最終的には蒸発する。つまり、その質量、大きさ、そしてエントロピーは減少していく。しかし、宇宙の総エントロピーは減少しない。なぜなら、そこから生じた放射がエントロピーを運んでいくからである。ブラックホールの地獄の口に吸い込まれ、一つの点に還元された人間にとってそれは、最終的には体が物質の最小の構成要素に分解され、宇宙のあらゆる場所へと放射されることを意味する。その人間のすべての思考が、何らかの形で外に出るだろうというのは確かだが、それらは絶望的にごちゃまぜにされ、宇宙の量子雑音と混ざりあって、聞き分けるのは不可能になってしまうだろう。宇宙が情け容赦なく膨張を続けることからすると、最終的には無に帰してしまうだろう。

このように、蒸発したブラックホールは、いろいろな色のおもちゃのブロックが詰まった箱がひっくり返ったようなものだ——全くめちゃめちゃである。しかし、蒸発の結果総エントロピーが変化することはないので、これが意味するところは、ブラックホールはそもそもまったくめちゃめちゃだったということだ。そして実際、現在宇宙のほとんどすべてのエントロピーは、あちこちのブラックホールのなかに含まれているのである。[6]

しかし、多くの理論物理学者が、この情報の損失を受け入れることができず、これをブラックホールの情報パラドックスと呼んでいる。量子物理学では、情報の保存は神聖にして不可侵である。すべての情報が保存される場合にのみ、量子系が法則にしたがって予測可能な形で発展することが確実になる。ある所与の時点において、外部から影響を受けておらず、測定されておらず、見られていない粒子の状態は、それが前に持っていた状態によって厳密に決定される。[7] このように、一つの粒子の現在と未来ははっきりと結びついている。量子物理学の方程式は反転可能である。時間を順方向に進めても逆方向に進めても、同じ結果になる。しかし量子物理学では、粒子の状態は常に、確率によって表されるにすぎず、一つの粒子の一つの値に対して、ある大きさの確率としての相対的な正しさしか示されない。そしてほかの値については何ら決定されぬままである。ハイゼンベルクの不確定性原理によれば、一つの粒子のさまざまな値は決して正確に測定されることはなく、また、一つの粒子を測定するという行為はすべて、その粒子の状態を変えてしまう。

これをアーチェリーのようなものだと考えることができる。アーチェリーの名手が的を狙うとき、矢は命中するだろうと、比較的確実に予測することができる。しかし、的のどの輪に矢が刺さるかを正確に予測する方法はない――これは、ある確率によってしか言うことができない。矢が実際に刺さるときになってようやく、その一射に何点の得点が与えられるかが正確にわかるのである。

量子論的粒子は、空中を飛ぶ矢のようなものだ。測定されるときには、矢はすでに的に刺さっている。振り返れば、どの射手が矢を放ったのかもわかる。この問いは可逆的だ――矢と射手は結びついている。このため、物理学は――ある誤差の範囲内で――見事に正確な予測を行い、原因と結果を結びつけることができる。

しかし、ブラックホールが情報を破壊するなら、ブラックホールは時間のなかを進む明確な経路も妨害するということだ。つまり、矢が空中を飛ぶのが妨害されるような事態が起こるということだ。矢がどこから飛んできたのか、あるいは、どこへ飛んでいくのか、知ることはできないだろう。矢は、突然どこに刺さってもおかしくない――射手の後ろにいる観察者のすぐ脇に刺さってもおかしくないだろう。情報の保存という教義に生じたひび割れは、量子物理学の万能性と、物理学全体の予測能力に疑問を投げかける――これは大問題だ。

理論家の幾人かは、すべての量子情報はブラックホールの中心、すなわち、特異点の近傍に保存されていると考えている。しかし、だとすると、事象の地平面の向こう側に消えてしまったすべての情報は、そのブラックホールが最後に蒸発してしまうまで、そこに留まっていなければならない。これは、あまり意味をなさない。なぜなら、情報を保存するためだけでも、空間とエネルギーが必要だからだ。つまるところ、ブラックホールは非常に小さいので、一〇億個の太陽の情報を保存するだけの余地はないのである。

ほかの物理学者たちは、情報は事象の地平面の上、または、そのすぐ向こう側に留まっているという説を提案している。何かが事象の地平面を越えるとき、事象の地平面が膜のように振動して、そのような振動の形で情報を保存するということなのだろうか？　ブラックホールは単に、その表面に保存された情報にすぎないのだろうか？　これら二つの説を聞いたなら、アインシュタインは墓のなかで身をよじって安眠できなくなってしまうかもしれない。というのも、彼の等価原理によれば、自由落下する粒子がブラックホールの暗黒の深淵に落ちるとすると、その粒子は事象の地平面を通過したことに気づかないはずだからだ。特異点にぶつかる瞬間においてのみ、粒子は、何かまずいことになったと気づくだろう。相対性理論においては、事象の地平面上に情報を保存する余地はない。

それにもかかわらず、たいていの物理学者は、ブラックホールは何らかの形で情報を保存し、放射を行う際にその情報を再び解放しているのだと考えている。おまけに、ブラックホールが発する放射には秘密の暗号が含まれていて、少なくとも理論上は、それを解読してなかに落ちたものも含めたブラックホールの過去について学ぶことができるかもしれないというのだ。スティーヴン・ホーキング自身も、当初はこの見解に懐疑的で、それに反対する立場で賭けまで行った。しかし賭けに破れ(8)、結局はこちらに宗旨替えをするに至った。一方、名高い数学者でブラックホール理論の先駆者であるロジャー・ペンローズは、情報は真にブラックホールの内部に入って失われてしまい、それはもう取り返しがつかないのだと主張した。重力場が量子論的粒子に実際にどのようなことをするのかについて、私たちはまだよくわかっていないのである。

私は、どちらかといえばペンローズ寄りの立場だが、ちょっと慎重である。ブラックホールは、その巨視的な物体であり、中心にある特異点だけに限られてはいない。むしろブラックホールは、その周囲の湾曲した時空の領域全体である。それは、特異点に存在する量子的粒子と、その外側に存在する量子的粒子を合わせたすべてからできている。どの量子的粒子も孤立しておらず、ほかの量子的粒子から影響を受ける。情報は集団化されている。[9] これが事実だとすると、それでもなお、個々の関係や、個々の粒子の情報について話すことができるだろうか？　空間が量子化されていないなら、量子物理学の原理を使って空間について議論することに意味はあるだろうか？　量子論は可逆的だが、実際の巨視的な宇宙はそうではない。どうしてブラックホールが可逆的なはずがあるのか？　ブラックホールは、宇宙で最大のランダムな生成装置なのだろうか？

物理学は情報危機の只中にある。このテーマについて山ほどの本が書かれている。相対性理論と量子論のどちらが間違っているのだろう？　さまざまな強固な意見が出ているが、そのうちのどれかが、私たちをどこかへ導いてくれるのかすらわからない。しかし、物理学の危機は常に、新しい理論が生まれるチャンスだ。物理学者たちは、新理論を四〇年以上探し続けてきた――しかし、今のところ成功には至っていない。いまだに、重力の物理学と量子物理学を調和させて共に使うことができない。量子重力理論を構築するのは、計り知れないほど複雑な取り組みだ。試みのほとんどが、一個のリンゴが地面に落ちるようにするためだけですら、困難を極めている。

しかし、不足しているのは独創的なアイデアではなく、これらのアイデアのどれが正しいのかという、神からの明確なヒントだ。この分野の牽引者の一人である量子重力研究者、ポツダムのヘルマン・ニコライが、かつて私にこう言った。「考えることだけでは、これ以上先へは行けないと思う――私たちには実験が必要だ」と。かつての相対性理論のためのエディントンの観測遠征と同様の遠征が、量子重力のために必要なのだ！

だが、これまでのところ、この物理学の危機が起こっているのは主に理論の分野だ。私たちのブラックホールの画像が出現したからといって、私たちはまだ、たくさんの新理論のどれかを確証したり、どれかを排除したりできるようなところに至ったわけではない。当面のところ、この画像を理解するために私たちに必要なのは相対性理論だけであり、一般相対性理論の一部のパラメーターは、ほかのどんな手法を使う際のパラメータよりも、よりよく制約されている（取り得る値の範囲がよりよく狭められている）。ブラックホールの影の大きさと形の数値に数パーセントの違いをもたらすような新理論が登場したら、そのときには、ついにその新理論の効果を見ることができるだろう。しかし、その違いが量子論的な物体の尺度でしか生じないのなら、効果は永遠に私たちの目には隠されたままだろう。

ブラックホールの画像のおかげで、二つの理論が調和不可能であることが、以前よりもさらにもう少し現実味を増し、実感できるようになった。影の闇を覗き込むとき、私たちはまさに、相対性理論と量子論が覇権をかけて争っている、事象の地平面の縁を見ているのだ。二つの大理論を統一するという問題は決して抽象的ではない。それは非常に現実的である。私たちが成し遂げたのは、この問題に場所を与え、あなたがそれを指させるようにしたことだ。この画像の真の謎は、その明るい炎のような輪ではなく、その影に隠れているのである。

第14章　全知と限界

万物が測定可能なのか？

ハッブル宇宙望遠鏡の最も魅力的な画像の一つは、一九九五年のクリスマスのころに撮影された。一〇日間にわたって、ハッブル宇宙望遠鏡は北斗七星の右端の少し上にある、これといって特徴のない、ほとんどでたらめに選ばれた空の一角を見つめて、三四二枚の写真を撮影した。これらをつなげて一枚の画像にしてできあがったのが「ハッブル・ディープ・フィールド」だ。宇宙の広大さに比べて、この画像が捉えた領域は非常に小さい。針の穴を、腕を伸ばした距離から覗くときに見える空とほぼ同じ広さだ。その画像は、宇宙の闇のなかに散らばる大小さまざまな光であふれている。もっとじっくり見ると、これらの小さな点の一つひとつが、それ自体で銀河をなしていることがわかる――一枚の画像に三〇〇〇個の銀河が写っているのだ。全天空を画像化するには約二六〇〇万枚の、このような針の穴サイズの画像が必要になる。それによって数千億個の銀河が捉えられるだろう。一つの銀河には数千億個の恒星が存在することを考えると、これは、私たちの宇宙には少なくとも10^{22}個の恒星が存在することを意味する――実際にはこれよりはるかに多いだろうが。

「数えきれない満天の星のように、量り知れない海の砂のように」(1)――預言者エレミヤは二五〇〇年以上も前に、計り知れない大きさというものを表現してこう記した。彼が裸眼で見ることができた星は、たった数千個だったのだが、彼はすでに、理解を超えた宇宙の広大さという感覚を持っていたのだ。実際、この世界の浜辺の砂粒と、同じくらいの数の星が天空には存在する――しかし、星の数を正確に特定するのは、はるかに難しい。

私たちは、特別な時代に生きている。今日私たちは、古《いにしえ》の預言者たちにはごく漠然としかわからなかったものを、自分の目で見ることができる。望遠鏡と衛星が未知の世界を覗き見る窓を開いてくれたのだ。それは、私たち以前のどんな世代にも与えられなかった機会だ。神と同じように、私たちは上から地球を見下ろし、それが黒いベルベットのような宇宙を背景に、青い真珠のように浮かんでいるのを見ることができる。火星の雲や砂嵐が見えるほか、新しい星を生み出す巨大な塵雲が成長するのが見える。虹のすべての色に輝く星々を含む遠方の銀河が見える。そして、針の穴の大きさの空の極一部に数千の銀河が満ちているのが見える――それとて、宇宙全体にある夥しい数に比べれば極わずかにすぎない。宇宙からの豊富な画像は、一人の人間が把握し、理解することができる何物をも超えており、そして私たちの知識はますます増えていく。

これは、科学と技術の間違いない成功の象徴である。これが私たちの時代――自然科学の時代だ。すべては測定可能だ——人間さえも。以前は、直感、希望、そして信仰が意思決定を助けてくれたような場面で、今私たちは、研究、測定、モデル、そしてデータバンクに頼ることができる。どの意思決定も、合理的に正当であり、データとモデルによって裏付けられていることが前提となっている。今日、神学者や人文科学の研究者さえもが、自然科学から借用した、コンピュータに基づく方法や統計学的なアプローチで研究を行っている。技術が私たちの生活を完全に掌握しており、その上さらに、娯楽やインスピレーションまで提供している。私たちはもはや庭では遊ばず、コンピュータで遊んでいる。神は手懐けられてしまった。人間はコンピュータを用いた計算により神に頼らず予測ができるようになった。日常生活で下すすべての決断に合理的で科学的な根拠を見つけられるような段階に、いつか私たちは到達するのだろうか？ ひょっとして、アプリの助けを借りて？

物理学は、この展開の最前線でほかよりもはるかに先を行っている。物理学と宇宙物理学は、宇宙の美を見せてくれるだけではない。人間に関わる非常に大きな問題へと導いてくれるのだ。望遠鏡によって、空間と時間の始まりまで振り返り、ビッグバンを調べることができるようになった。そして今、私たちはブラックホールの虚空のなかを覗き見ている。ほんの少し前まで、誰がこんなことが可能だと思っただろう？ 時間の始まりと終わりが視野に入ってきた——これは物理学の偉大な勝利ではないだろうか？ これは、世界を完全に明らかにし理解することに向かう長い進化の最新の一歩ではないのだろうか？ あらゆる大陸の科学者たちが、人類が直面する最後の大きな謎を解き明かそうと協力して取り組んでいる。誰が、あるいは何が、今私たちを止めることができるだろう？　全世界が一致団結して努力している今、私たちの凝視から逃れられる、どんな秘密があろうか？

私たちが自分の体重の極一部をもらっているヒッグス粒子を発見するのに一つの大陸が必要だった〔訳注：ＬＨＣがＣＥＲＮ〔欧州原子核研究機構〕の施設でフランスとスイスの国境をまたがる地域にあることを指しているようだが、世界各国が参加している〕。時空の震えを捉え、重力波を検出するには二つの大陸に分布する研究拠点と研究者たちが必要だった〔訳注：アメリカのＬＩＧＯとヨーロッパのVirgoの協力によって達成された〕。そして、いよいよブラックホールを可視化するためには、全世界が必要だった。

世界は、物理学と人間の大きな疑問を解き明かす最後の闘いに向けて準備をしている。私たちが自然界の最後の謎を解いてしまうのは、単に時間の問題なのだろうか？　神の顔を覆い、私たちの視界から隠しているヴェールをはぎとるよりも前に？

科学の歴史を通して、私たちの地平は広がり続け、知識と発見は指数関数的に増加した。一つの国だったものが、一つの大陸になった。一つの大陸が全世界になった。全世界、すなわち地球は、太陽系になり、太陽系は一つの銀河全体になった。そして一つの銀河は、全宇宙になった。今や物理学者は、複数の異なる宇宙、多宇宙について議論している。

ドイツの物理学者フィリップ・フォン・ジョリーは、物理学においては、ほとんどすべてがすでにもう発見されていると発言したことで、歴史に残ることになった。一九世紀後半、彼は若きマックス・プランクに、物理学の研究の道には進むなと助言した。プランクの記憶によれば、ジヨリーは、「あちこちの片隅で、どこかから転げてきたゴミ屑か、小さなあぶくを確認して分類しなければならないかもしれないが、体系全体としては、かなり堅固にできあがっている」と、説明を続けたという。当時、大学に進学しようとしていた学生だったプランクは、それで意気消沈したりはしなかった。彼は、アインシュタインの相対性理論に道を開き（訳注：アインシュタインの特殊相対性理論の重要性にいち早く気づき、推進者の一人になった）、そして量子論の創始者の一人となった。

そして、今後もこれと同じパターンで続いていくのだよね？　いや、本当にそうだろうか？と、私は自問する――そして、そう自問しているのは私一人ではない(2)。

もしかすると、次の大発見は、私たちはすべてを発見できるわけではないということかもしれない。自らの限界を知ることは、謙虚さを知ることでもある。

確かに、新しい物理学は実際、知識の限界に基づいており、この限界が物理学そのものの根本的な一部になっている。相対性理論において光速が有限であるという事実は、私たちはすべてのことを知ることはできない、宇宙のすべての星を数えることはできない、すべてを正確に測定することはできない、そして何事も完璧に予測することはできないということを意味する。量子力学は、その不確定性原理により、何物も厳密な言葉で表現できるようには存在しないという認識をもたらす。熱力学とカオス理論は、未来は究極的には、そして実際本質的に、予測不可能だという洞察をもたらす。

現時点において、最新の手法を用いて、天の川銀河に存在するすべての恒星のうち、二〇〇億個近くを、私たちは数え終えたところだ。これは、宇宙に存在するすべての銀河のなかの恒星の実際の数に比べれば何というほどのものでもない。すべての恒星の目録を作ることは、私たちには決してできないだろうし、ましてや、すべての恒星を訪れることなどあり得ないだろう。私たちに観測できる遠方の恒星の姿は、過去の残響にすぎない。多くのものは、もはや全く存在しないだろう――私たちはその恒星たちが大昔に放った光を見ているだけだ。宇宙が膨張し続けているため、現在観測できる銀河の九四パーセントには、たとえ光速で移動できたとしても、私たちが到達することは決してできないだろう(3)。

現在の知識と、今日の科学界の総意からして、ビッグバンとブラックホールは科学的な実在である――しかし、この二つのものが、その実在性と共に私たちに見せつけている「限界」も、また真実性を帯びてくる。つまり、この二つのものの「向こう側」にあるものはすべて、想像と数学の領域に留まり続けるということだ。私たちはブラックホールのなかを覗き見ることはできないし、ビッグバン以前の時間にさかのぼって耳を傾けることはできないのだ。

もちろん私たちは、これらの限界を押し広げ、未踏の領域への窓を探し続けるだろうが、そのような窓が存在するという保証はない。私たちの地平を根本的に広げるには、物理学について私たちが理解するようになったすべてにおいて、徹底的な革命が必要だろう。物理学は、そのようなことが起こるのを許すだろうか？　科学の歴史を記述するために、いかに難解で重々しい言葉を使ったとしても、後から振り返ったとき、科学は複数の革命の結果であるというよりも、一つの長い革命のプロセスとして進むように見える。アインシュタインはニュートンを不要にはしなかった。ある意味彼は、ニュートンの理論の限界を指摘し、そしてそれを、より包括的な新しい理論のなかに組み込んだだけである。

物理学の最後の大きな謎を明らかにするには、全世界の一致団結した努力が必要だ。この先何十年も、わくわくするようなことが私たちを待ち受けている。しかし——それより長くかかるとしたら、どうだろう？　数十基の大型望遠鏡が宇宙空間に散らばって配置されてできた巨大な干渉計？　惑星サイズの粒子加速器？　だれがその資金を出すのだろう？　そもそも、実行可能なのだろうか？　そして、もし可能だとしても、それが私たちのすべての疑問に答えてくれるのだろうか？

もしかすると、と、私は自問する。自然科学の最大の勝利は、同時にその最大の敗北ではないだろうか？　もしかすると、世界を完全に掌握し完璧に理解する最後の闘いの只中で、私たちは思い上がって幻影を追いかけていただけで、科学それ自体は、人間の大きな疑問の答えに、ただの一歩も近づいてはいないのだと、思い知ることになるのかもしれない。

大きな疑問——私たちはどこから来たのか？　私たちはどこへ行くのか？——には、技術を使うことによっては決して答えることはできない、そして、私たちは何事もあり得るという妄想に取りつかれている、ということなのだろうか？　だからといって、私たちは疑問を提起するのをやめるべきだというわけではない——しかし、自然、神、そして人間の存在についての疑問を、もっと謙虚に尋ねるべきだ。

今後も、科学の偉大な努力からたくさんの喜びを経験することができるだろう。しかし、そのこと自体が神聖な目的なのではないし、また、科学の神聖な目的でもない。科学は、世界のなかと、世界を超えたところに存在する万物を説明する絶対的な方法ではなく、むしろ、人間の独創性と好奇心を祝うことである。最終的には、私たち物理学者はおそらく、大きな疑問に答えるための最後の闘いに敗れるだろう——だが、それにもかかわらず、暗闇に光をもたらすための闘いには価値がある。

時間の霧

科学には預言する能力があるようだ——科学は、驚くほど素晴らしい予測をすることがある！この預言の力は、科学が自らに対して要求する重要なことで、多くの人にとって、それは素晴らしい成果だ。ボールの飛翔、さまざまな物質の振る舞い、光が太陽の近傍でいかにそらされるか、あるいは、ブラックホールはどのように見えるか——これらのすべてが、前もって見事に計算できる。今日、天気予報さえもが非常に有効になっており、科学者たちはコロナ禍が今後どのように経過するかを予測しようと全力で取り組んでいる。いつか、すべてが予測可能になる日が訪れて、その日には、未来のすべてがすでにあらかじめ決まってしまっているのだろうか？　私たちの直感は、そのような空想にたじろいでしまう——そして、ありがたいことに、たじろぐのは正しい。

若かりしころ私は、時間とは何だろうと不思議に思った。私は、時間とは濃い霧に包まれた森のようなもので、私はそのなかを止まらずに歩いて通り過ぎなければならないのだと想像してみた。神だけが上から見下ろして、この霧の森のなかのすべての道を見ることができる。神だけが過去と未来を同時に見る。しかし、私自身は、自分が歩いている道の少し先までと、その道の自分の後ろ側が少しだけしか見えない。私の前に、不確実さという霧のなかから少しずつ未来が現れてくる。私の後ろでは、私の記憶の霧のなかに、過去が徐々に消えていく。私はこの森のなかを急いで進むこともあれば、ゆっくり行くこともあるが、決して立ち止まることはできない。分かれ道に出会うたびに、私は新たな決断を下さなければならない。このようにして私の道は変化し、新しい、不確実な未来へと続く。ほかの人々は彼ら自身の道を、この霧の森のなかで進む。私はときに彼らと出会い、共に歩むこともあれば、相手を見失ってしまうこともある。

しかし、どうして霧の森のなかの旅は一方向にしか進まないのだろう？　現実の生活のなかの時間は、どうしていつも前にしか進まないのだろう？　どうして時間の矢は、常に一つの方向しか指さないのだろう？　そして、どうして私たちは、未来を永遠に先のほうまで見通すことができないのだろう？

なにしろ、空間のなかでは前向きにも後ろ向きにも、右にも左にも、そして上にも下にも移動できるのだ。さらにそこでは、同じ点に何度も繰り返し戻ってくることができる。時間はそうはいかない。時間は物理学の方程式の多くにパラメータとして登場するが、それらの方程式のなかでは、映画と同じように、時間を早送りしたり巻き戻したりすることができる。実生活では、私たち全員がときおり時間を巻き戻したいと切に願ったとしても、そんなことは不可能だ。

これらの疑問を理解するには、物理学のすべての領域を一度に見なければならない。極めて小さなものを扱う理論である量子論、極めて大きなものを扱う相対性理論、そして最後に、多くの粒子を扱う熱力学だ。

一つ明らかなことがある。時間がなければ展開はない。時間は祝福であると同時に呪いだ。私たちの誕生も経験も、そして衰退も死も、時間のおかげである。時間が存在するということは、始まりと終わりがあるということだ。定常的な宇宙では、苦しむことも失うものもないが、経験したり発見したりすることも全くない。

一般に、物理学において時間の出現はエントロピー――不可避な崩壊――の結果と解釈される。ほかの多くの物理法則とは違い、エントロピーに関する法則である熱力学第二法則は、一つの向きにしか働かない。つまり、エントロピーは増加しなければならないのである。まさに時間と同じだ。その結果、プロセスは不可逆になる――プロセスというものは、時間のなかで一方向にしか進まない。一冊の本を蒸気機関の動力を得るために燃やしてしまったなら、その同じ本は二度と再び灰のなかから自然に出現することはあり得ない。仕事が行われたあらゆる場所、そして、エネルギーが使われたあらゆる場所では、少量のエネルギーが失われ、無秩序の増大というかたちで消えてしまう。私たちが生き、呼吸し、動くとき、私たちはエネルギーを消費し、エントロピーが増大する。このように、生きているものは皆、時間のなかでは一方向にしか動けない。

重力も奇妙な一方通行だ。電荷は正または負であり得るし、引き付け合うことも、反発し合うこともある。磁場にはN極とS極がある。重力だけがそのようにはなっていない。質量はただ引き付け合うばかりだ。地球の重力場のなかにある一個のリンゴは、下へと落ちるばかりで、また、ブラックホールはただ大きくなるばかりである。

しかし、展開を可能にしているのは、まさにこの一方通行だ。ビッグバンのあとに重力が全くなかったなら、ガスやほかの物質は宇宙の虚空へと失われてしまっただろう。そういう物質が集まって恒星や惑星が生まれることなどなかっただろう。人間など出現しなかっただろう。重力がなければ、太陽は燃焼しないし、植物が生えることもなかっただろうし、人間は何も食べることはできなかっただろう。私たちが存在するのは重力のおかげだ。

エントロピーは増大する一方だという気が滅入るような法則にも、そこから必然的に導かれる明るい帰結が一つある。的を絞ってエネルギーを使うことにより、特定の場所のエントロピーを低下させることができるのだ。少しエネルギーを使えば、子ども部屋を片付けることができるし、少しエネルギーを使えば、本を書くことができる――宇宙の総エネルギーを少し消費することによって。時間の矢と重力だけが、空間のなかに独創性の島の存在を許してくれる。大きな疑問は、次の一つだけになる。「このエネルギーは、元々どこから来たのだろう?」というのがそれだ。これは今も、私たちの宇宙の最大の謎の一つであり続けている。

しかし、私たちに命を与えてくれている、まさにその同じものが、すべてを知りたいという私たちの願望に制約を課している。エントロピーが大きいほど、個々の粒子の過去または未来について、わかることが少なくなる。本を燃やせば最終的には灰になるということはわかる。しかし、その灰がどのように分布するかを予測することはできない。このように、世界の進行は本質的に決定不可能で、固定されていない。

私はときおり、会話の最中に、今なお多くの人が、心の奥底に徹底的な決定論的世界観を持っているのだという印象を持つことがある。その人たちは、科学によって形成された思考を持っており、決定論的世界観は自らの良識に反すると自覚しているにもかかわらず。もしも、ある正確な瞬間に、世界の状態を知ることができさえすれば、すべての物事の今後の展開は完璧に固定され予測可能になる――そのとおり。おまけに、事前にそれを計算することもできるのだ。世界は本当に一つの巨大なコンピュータ・ゲームだ。一人ひとりの人間が自由意志を持っているというのも、また錯覚にすぎないだろう――私たちの脳細胞の量子系が、私たちが環境から受け取る情報の影響の下で起こす展開――その展開は、つまるところ前もって決定されている――の結果である。しかし、だとすると、あなたが下すすべての決断は、前もって決定されていたのだ――じつは、あなたが生まれるずっと前から。ビッグバンは、今私が警告のために左の人差し指を上げると決めたのだろうか？

世界は予測可能ではない。実際、世界は根本的に予測不可能だ！　物理学者たちは、彼らが計算できるあれこれのことを非常に誇りに思っているが、彼らがそう思うのも当然のことだ。しかし、科学者はときどき自らの限界を見落としてしまう。物理学者にとって、決定論はピンクのユニコーンのようなものだ（訳注：「見えざるピンクのユニコーン（ＩＰＵ）」は、一般には有神論者や超自然的存在への信仰を揶揄するのに使われる言葉）。彼らの夢のなかでは、それは素晴らしいが、現実にはそれは存在しない。決定論は、ある短い時間間隔にわたって、限られた小さな空間のなかにおいてのみ、近似的に成り立つものだ。ドミノ牌を適切な間隔で多数並べて、最初の一枚を倒してやると、その行為は、最後の一枚はやがて倒れるということを決定論的に定めたということですよね？　しかし、本質的に、未来も過去も予測することはできない。偶然という霧は、私たちが永遠の彼方まで明瞭に見ることを拒否する。実生活においても、ドミノは必ずしも私たちの予測どおりには倒れない――たとえば、シュレーディンガーの猫がたまたまこっそり部屋に入ってきたときには。

私の同僚のサイモン・ポーテギーズ・ツワートは、これを印象的な方法で示した。彼はコンピュータを使い、三つの回転しないブラックホール、すなわち、三つの質点の運動を、ニュートンの古典的な重力の法則だけによってシミュレートした。ただし、数値計算の明確性はランダムとした。これは、想像し得る、ほとんど最も単純な物理系である。これら三つの重力系の展開は、未来へも過去へも同様に、好きなだけ正確に予測できると、あなたは期待されるかもしれない。じつのところ、そうではないのである。なぜなら、ブラックホール相互の距離を、プランク長さの精度で知らなければ、宇宙の年齢と同じ長さの期間内に、この系は予測不可能な変化を起こす可能性があるからだ。プランク長さは約10^{-35}メートルである。これは、私たちが知ることだけでも可能な最小の距離だ――量子論的に記述されるどんな粒子よりも小さい。このサイズの距離を測定することは根本的に不可能である。なにしろ、これほど小さなサイズでは、知られているすべての自然法則は適用できないのだから。したがって、三つの質点からなる単純な系ですら、展開は非可逆的で予測不可能になるわけだ。逆に、そのような系は、その起源に向かってさかのぼることも不可能だ。これらの三つのブラックホールが最初はどのようなものだったのか、私たちは知ることができない。

もしもサイモン・ポーテギーズ・ツワートとその同僚たちが、ブラックホールではなく、変化を起こしやすい惑星の系を計算していたなら、あるいは、ニュートンの単純な重力法則ではなく、もっと複雑なアインシュタインの相対性理論の方程式を使っていたなら、系は一層カオス的に展開していただろう。恒星やブラックホールをさらに加えたなら、完全なカオスの姿を見せ始めるだろう。宇宙は根本的に予測不可能でカオス的だという事実を、私たちは受け入れるほかないだろう。

人間は、三つのブラックホールからなる系よりも計り知れないほど複雑だという事実を、私が言い添える必要があるだろうか？　おそらくないだろう！　短い時間間隔のなかでさえ、予測可能な人などいない。小さな子どもの親なら誰もが知っているとおり。そのような次第で、いつか人間たちをコンピュータ上に移して、彼らの生活のあらゆる側面を計算しようと夢見る人はみな、ピンクのユニコーンを夢見るほうがよっぽどよかろう――ユニコーンは少なくとも物理的に不可能ではない。人間が自然法則に支配されているのは確かだが、人間そのものは、最も深いレベルにおいて、完全に自由なのだ！

微視的なレベルにおいてさえも、私たちの脳内の意思決定の起源は、不確定性の霧のなかに極めて素早く消えてしまう。しかし、私の脳のなかの、霧のように曖昧な量子的泡が私に代わって私の意思決定をしてくれるのではない。一部の物理学者たちの主張とは逆に、私は依然として自由意志を持っているし、それゆえ私は自分の行動に対する責任を免れてはいない。[4]脳内の量子的粒子たちは私とは無関係で、ただ私のために恣意的な決断を下しているのだと言って、この責任を脳内の量子的粒子になすりつけることはできない。なぜなら、「私たち」はそこまでカオス的ではないからだ。私は、私を分解して得られる個々の部品の単なる総和ではない。私はそれらの部品どうしの相互作用であり、時間の経過のなかでのそれらの展開でもある。これらのすべてから、何か新しいもの、何か自律性のものが常に成長している――それが私、私自身だ。[5]

しかし、この自己というものが何なのかは、物理学における時間の本質と同様、哲学において曖昧である。私が確信していることの一つが、私は脳内の量子の泡だけからできているのではなく、私の過去と未来――私の地平（訳注：相対性理論における「私」を原点とする光円錐の内側に相当する因果的に結び付きのあり得る範囲を指していると思われる）が届く限りにおいての――からもできているというものだ。私の内側には、私の思考、私の記憶、私の現在、私の希望、私の信仰が集まっている。私はこれらのすべてだ。したがって、私は時間のなかを進むにつれ、変わることができる。なぜなら、私の地平は、私が一歩進むたびに移動するからだ。それは私と共に移動する。それゆえ私は、完全に誰かほかの人になってしまうことなしに、常に変化しているのである。

しかし、物理学の観点から言って、この時間の霧という、二つの方向での不確定性はどこからくるのだろう？　私たちが未来を見ることも、物事の過去をたどることも、正確にはできない理由は、私たちにはこの世界を絶対的な正確さで知ることはできないという事実にある。

一つ例を挙げると、何かを無限の正確さで知るためには、それを無限に長く測定しなければならない——しかし、年齢もサイズも有限である宇宙のなかでは、そのようなことは不可能だ。そもそも、時間のある宇宙に、正確なものなどない。何かが無限に小さい、あるいは無限に短いなら、それを無限の正確さで測定するには、無限の量のエネルギーを使わなければならない。これは数学的に証明することも可能で、(6) そこからは名高いハイゼンベルクの不確定性原理が導出される。不確定性原理は、一個の量子的粒子のすべての値を正確に知ることは決してできないとする——そして、根本的に正確に知ることができないものは、物理学の言葉を厳格に捉えれば存在しない！

この意味で、私たちが学校で習った数学的な方程式は欺きである。それらの式は、存在しない自然を記述している——正確にそのとおりの形では自然は存在しない。このため、スイスの物理学者ニコラス・ギシンは、数の不正確さを考慮した新しい直感的な数学を使うことを提案している。(7) 時が経過することだけが、数をより正確にする。誇張した言い方をすれば、「二足す二は四である」は、無限に長い時間が経ったあとにのみ、正確に真なのである。たとえば、一斤のパンが正確に二キログラムだったとすると、私はそれを確かめるには無限の時間をかけて測定しなければならないが、測定し終えるころにはパンはとっくにカビている——あるいは、食べられてしまっているだろう。

光速が無限大なら、宇宙のすべての情報は瞬時に私に届くだろう。たとえ無限に長い距離離れているところからでさえ。知ることができる宇宙には限界がなくなり、無限に大きくなるだろう。すべてのものは、すべてのほかのものと同時に結びつけられるだろう。しかし、光速は有限なので、空間にも時間にも、知ることが可能な無限は存在しない。それゆえ、絶対的に正確ということもありえない。光速の有限性は、このように、私たちに特別な自由を与えてくれる――それは、「今ここで」のことだけに意味があるという自由である。どの場所にも、それ自体の固有な現在、過去、そして未来がある。まさに今いる私には、明日の私に何が影響を及ぼすかを知ることはまだできない。実際、私はそれを見ることすらできない。私にできるのは、それを待つことだけだ。未来は明日にのみ、真に見えるようになるだろう――おそらく。

そもそも私たちの生活を可能にしているものも、この有限性だ。無限に膨張した無限に古い宇宙は、熱力学の第二法則にしたがって、限りなくランダムで永遠に退屈だろう。もしも、ほとんど永遠というぐらい長い時間のあとに、すべての恒星が燃え尽きて、すべての物質が解体して、すべてのブラックホールが蒸発してしまったなら、宇宙は空虚で構造のない放射の海となり、無限に弱い光波が満ちているだろう。

したがって、私たちの宇宙をこのように生命体が存続できる、愛すべき場所にしてくれているのは、「始まり」である。そして、ことわざにもあるように、すべての始まりにはほんの少し魔法がある。宇宙の発展のなかでは、いくつもの驚くべき展開があり、また、大いなる創造力が発揮されてきたのだから、私たちは今後もさらにこのようなものが多少は続くと期待して然るべきだ。始まりを生み出した創造力が、存続しないはずはないだろう?

この宇宙における生命は、偶然によるものと予測可能なものとのあいだで微妙なバランスを維持している。私たちは自然法則から自由ではないし、その奴隷でもない。一個の粒子を見るなら、未来は完全にランダムだ。数個の粒子を、ある特定の時間のあいだを見るなら、すべてのことはある確率と規則性に従って起こる。非常に多数の粒子を極めて長い期間にわたって観察するなら、どの一個の粒子にもほぼあらゆることが起こり得る。人間の生は中間の領域で起こる。半ば予測可能で、カオスと晴天の可能性もある。しかし、新たな意思決定を何度でも行う自由もある。私には、霧の森は人間の生の状況を非常にうまく表した比喩だと思える。

始まりには……そしてさらに先には

子どものころ私はよく夜目覚めたまま横になって、「空の向こうには何があるのかな？」と考えた。私はこう自問した。「それで、空の向こうに何かがあるなら、そのまた向こうには何があるんだろう？　そして、空の向こうのものの向こうにあるものの向こうには何があるんだろう？　神様がいるのかな？　それとも、どこまでも空っぽな空なんだろうか？」と。

このようなことを尋ねるのは子どもじみているという物理学者もいる。[8] しかし、子どものような質問をするからというだけで、その人が子どもじみているわけはない！　私は子どものように好奇心旺盛であり続け、質問をするのを絶対にやめないでいることが嬉しい。これは変えようにも変えられないことなのだ。

私は、もっと先を見ることができるようにと科学者になったが、私の科学者としての視線が、はるか先の無限にまで届くことは決してないだろう。無限は、実際にそれについて考えることも、実質的に測定することもできないものであり、だからこそ無限は、科学には把握できないのだ。無限は数学的抽象であり、形而上学的な推論である。

今日確立されている宇宙のモデルにおいては、私たちが垣間見ることのできる無限を追って行くと、ビッグバンに突き当たって、それ以上進めなくなる。このビッグバンと共に、私たちの時間と歴史は始まっている。将来あり得る物事はすべてそのなかに含まれている。ビッグバンは集中したエネルギーが過剰になったものと言える。[9] 今日私たちが見るすべてのもの――あらゆる形の物質やエネルギー[10]と、私たち自身も含めて――は、究極的にはこの原初のエネルギーにまでさかのぼることができる。

ほとんど無限に小さな空間が突然膨張し、たった10^{-35}秒のあいだに指数関数的に広がる。それは原初の、純粋なエネルギーと光の稲妻で、そこから素粒子たちが量子の糖蜜とでも呼ぶべき姿で出現する。物質の構成要素である陽子と電子が形成される。三八万年後、陽子と電子はペアとなって水素を形成し、こうしてできた水素で宇宙空間が満たされる。物質と光が突然分離し、それぞれが別の道へと進む。ダークマターが自らの重力の影響の下で凝集する。ビッグバンの残骸からダークな銀河が出現し、周囲に水素が集まる。ここから、燃焼し輝く恒星からなる銀河が形成され、これらの銀河が新しい元素を生み出し、大爆発を起こして、宇宙空間のなかにこれらの元素をまき散らす。

最初の恒星たちの残骸から、新しい恒星、惑星、衛星、そして彗星が生まれる。恒星のライフサイクルが始まり、ついに私たちの地球が形成される。水が地球に落下して、そこに集まり、星屑と協力して、菌類、単細胞動物、そして植物を形成する。この新たに登場した生命は、世界を変え、大気が形成され始める。やがて雲が晴れ、動物が進化する。その最後に現れるのが人間で、彼らは太陽、月、星の光の下で、繁殖し、ついには地球を征服する。都市を建設し、世界、時間、空間を理解し、それらについて本を書く。このすべてが、ビッグバンという宇宙的トーフー・ボーフー（旧約聖書に出てくる原初の混沌）のおかげである。

私たちの宇宙が少しでも機能するという事実は、極めて驚異的である。一つの宇宙を生み出すことは、物理学の綱渡り的曲芸だ。重力がもっと強かったなら、恒星たちは崩壊してブラックホールになっていただろう。重力がもっと弱かったなら、ダークエネルギーのせいですべてのものは散り散りになっていただろう。電磁力がもっと強かったなら、恒星は輝かなかっただろう[11]。この宇宙という機械のすべてのギアが連動して、私たちが生きることを可能にしてくれていることは、宇宙史上最大の驚異であり続ける。もしも誰かがビッグバンの瞬間、そこにいて、その全くのカオスからやがて自分自身が形成されるだろうと予測したとしたら、その人は正気じゃないと言われただろう。物理学の教科書は、突然自ら考え始め、自らの意見と個性を持ち、創造力を発揮するような物質など認めない――だがしかし、私たちはここにいる。

この謎を説明するために人々が提案したがる人気の高い答えが、実は宇宙は一つだけではなく、たくさんの宇宙が野の花のように出現しては萎れてしまうことを繰り返しているのだというものだ。これらの宇宙の一つひとつは、ほんの少しずつだけ異なっている。私たちが、この生命を育む特別な宇宙にたまたま住んでいるのは、偶然にすぎない。なにしろ、私たちが見ることができるのは、この宇宙だけだ。

だとしたら、私たちはさらにもっと大きく考えなければならないのだろうか？　もしかすると、私たちの宇宙のなかに、古い宇宙の痕跡が残っている可能性があるのだろうか？　たとえば、二つの異なる宇宙が衝突してできた大規模構造などが？　私個人としては、超々大質量ブラックホールは古い宇宙の形を最善の状態で留めている化石である可能性があるのではないかとさえ推測している。この宇宙のような宇宙ならどれでも、それが最後に残していくものは、そのようなブラックホールのはずなのだから。これまでのところ、この証拠を発見した者は誰もいない。並行宇宙が本当に存在し、私たちがそれを測定することができるという兆候は現時点では全く存在しない。

極めてありそうにない宇宙が一つ存在するという純然たる事実から、そのような宇宙が多数存在するという結論を導き出し、私たちの宇宙をありそうなものにすることが可能かどうかもはっきりしない。私の隣人がくじに当選したとしても、必ずしもその人が数百万回くじを引いたということではない[12]。せいぜい言えるのは、私は本当に幸運な人の隣にたまたま住んでいた、というだけである。もしもこれが、私たちがこれまでに経験した唯一のくじ引きで、それを支配しているルールにはあまり馴染みがなかったなら、そのくじに何人が――あるいは、何個の宇宙が――

参加したかを推測することはできないだろう。

証拠が得られるという明確な希望なしには、多宇宙という説は物理学なのか形而上学なのかという疑問が生じる。私たちは、自分たちの宇宙の始まりにあった特異点のなかを通して過去を見ることはできないし、特異点を越えて過去の側を見ることもできない。多宇宙は実在する物理的存在で、希望的観測ではないと主張するとしても、疑問は残る。その多宇宙はどこから来たのか？　私たちがこれまでに成し遂げたのは、自分たちの無知を、物理学の無人地帯へと移したことだけだ！

スティーヴン・ホーキングは、ビッグバンの前に何があったかを尋ねることは、北極の北には何があるかを尋ねるのと同じほどの意味しかないと主張した。彼は、時間座標が決してゼロでは始まらないような世界モデルを提唱した(13)。私には、それは巧妙なごまかしのようにしか見えない。なぜなら、北極は単に、ある特定の世界モデルのなかの、特定の座標系の内部での問題にすぎないからだ。一つの球の表面に限られた世界のことしか考えていない人は、確かにこの疑問には答えられないだろう。それにもかかわらず、彼は北極の上空では、あらゆる方向に外へと向かって進むことができ、また、その上や下には何があるかを自問することができる。

また、宇宙は「無」から自ずと形成されたのだという人たちもいるが、それは「無」をいかに定義するかによる。世界はいかに形成されたかという説はどれも、一組の自然法則、一組の数学的方程式で始まる——今日では、たいていの場合、そこから新たな宇宙が自ずと生まれ出る、拡散した量子の泡の海が、先発者として加わっている。どのモデルでも、宇宙が本当に無から形成されるわけではない――そして、多宇宙説の場合にしてもそれは同じだ。

「はじめに言《ことば》があった」（新共同訳、ヨハネによる福音書1章1節）と、聖書で最も有名な節の一つ、ヨハネによる福音書の最初の節は始まる。[14] 自然科学のあらゆる部門において、その初めには、それに従って世界が機能し、そこから「言葉」が構築される一組のルールがある。しかしこの、初めにあった言葉は、どこから来たのだろう？　その構築の元となったルールは、どこから来るのだろう？　そのルールの助けによって何かになるもの、それはどこから来るのだろう？

「……言《ことば》は神であった」と、この節の後半、つまり、この節の最も重要な部分は述べる。人々は、第一原因、すべての動きを開始したものは何かと何千年ものあいだ問いかけてきた。そして、ユダヤ教－キリスト教－イスラム教文化圏では、この古くからの問いへの答えは「神」である。「神」はある意味、誰もが自分で書き込むべき言葉の代用として使われているにすぎない。だとすると、次の重要な疑問が生じる。「神とは誰、あるいは何なのか？」というのがそれだ。この疑問の文章の形式そのものさえもが、これは物理学とその限界をはるかに超えた次元に触れる問題なのだと明らかにしている。

近代の宇宙物理学の展開を見れば、不可知論的な立場もまた、全く妥当である。占星術と天文学は、古代から近代に至る長いプロセスを経て、分裂し、別々の道を進むようになった。今日、占星術を行う天文学者がいたとして、その人は同僚からまともな科学者として接してもらえないだろう。偽科学者だと非難されるに違いない。

諸科学が、自らの独立を主張するに至ったプロセスは、近現代においては、宗教的、哲学的、そして神学的な疑問を自然科学から完全に排除するという事態をもたらした。これは、教会や哲学の命令から科学が自ら抜け出す、解放プロセスの一環であった。しかし、だからといって、宗教や哲学にからむ問いを徹底的に無視すべきだという意味ではない。自らを非宗教的な問いだけを扱うよう制限することを、科学者たちは選んでいる。だがそれは、普遍的な答えではない。

同様に、科学を使って、単に物理学に神の存在に関する問いを持ち込むことは認められないからという理由によって、神は存在しないという結論を導き出すこともできない。無神論はまっとうな信条だが、科学的根拠はない。科学を使って神の存在を反証しようとする試みは、科学を使って神の存在を証明しようとする試みと全く同様にばかげていると、私には思える。

私たちの世界には、さまざまな限界や制約があると教えてくれるのはブラックホールだけではない。物理学の境界を越えるような問いを敢えて投げかけるなら、神の問題を避けて通るわけにはいかないだろう。私たちが知ることができるものに、自然が根本的な限界を設けているという、まさにそのことが理由となって、私たちは何度も繰り返しそれらの限界に直面するのであり、そして、問いを投げかけるたびに、私たちは天国の門をガタガタ揺らしているのである。限界のなかにいると気づくことは、一種の慰めでもある。なぜなら、限界は人間の傲慢さを挫き、私たちが信仰し希望することを許すからだ。完全に神無しの物理学が可能だとは私には思えない、もしもあなたが真に、人間の知識の限界に迫る問いを誠実に尋ねており、しかもその問いがこれらの限界を超えてさらに続いているのなら。私たち人間は、心の深い奥底に、大きな疑問を持っている。どこから来たのか、どこへ行くのか、そしてなぜかを問うことは、原初の本能のようなもので、人間の魂の一部だ。これらの問いは、生涯を通して私たちの心を捉え続け、私たちを答えの探究に向かわせる。宗教、哲学、そして科学は、この探究において、それぞれ独自の役割を担う。しかし、そのどれか一つが、世界全体を解釈する排他的権利を主張するなら、事態は困難になりがちだ。

だとすると、科学は、自らを万物の究極の説明者の地位に昇らせる代わりに、自らの限界を受け入れ、建設的な対話のパートナーになるのが賢明だろう。さもないと、科学そのものがいともも簡単に、実行できるはずもない奇跡への期待と、救済の約束を背負わされてしまうだろう。人間の精神的必要性を満たすのに、科学と技術だけに頼るのは危険だと私は考える。それは、私たちにとって危険であるばかりか、科学の信頼性にとっても危険なのだ。

しかし、神は今日、話題にするだけの価値すらあるのだろうか？　科学の進歩は神を単なる当座の間に合わせの地位に貶めたのではなかったのか？　私たちの知識は神を、ますます小さな、ますます遠方の、隙間に追いやったのではないのか？　スティーヴン・ホーキングのように、現代物理学はすでにすべての問いに答えたので、神は無用の長物になったと主張するのは、あまりに短絡的だ。全くその逆で、私なら、神は今日、かつてなく必要性が高まっていると言う。私たちはどこから来たのかという大きな哲学的な問いへの答えに、科学は今なお一歩たりとも近づいていない。私たちはこれまでに、生物と宇宙の発展の無数の相を明らかにしたとしても。真に無限に近づくことができないように、創造の起源に真に近づくことはできない。今日私たちは、人類がこれまでに知ったよりもはるかに多くのことを知っているが、それと同時に、自分たちが絶対に知り得ないことも、より多く知っている。神が埋めるはずの、無知が穿った隙間が、かつてなく拡大し、ますます深刻になっている。そのような隙間には、宇宙全体の起源、あるいは、多宇宙版のそれ、そして、原子以下の量子論的粒子すべての起源も含まれている。これらのものはすべて、どこから来たのだろう？　そして、どこへ行くのだろう？　私たちは宇宙のゲームのルールをよりよく理解するようになったが、そのゲームはどこから来たのか、そしてそのルールはどこから来たのかについては、私たちはまだ答えていない。私たちが築いた知識のバベルの塔の頂上に登って、この小さな世界を見下ろし、科学の包括的勝利を宣言するとしても、それは決して実現しない勝利の宣言でしかないだろう。私たちは、神は死んだと宣言したとしても、遠くから私たちを見下ろしている神の顔ににこやかな微笑をもたらすようなことをしでかした最初の人間ではない[15]。

そのようなわけで、信仰と科学のあいだのディベートは、ウサギとカメの競走のようなものだと私には思える。ウサギは科学のように、敵を過小評価するが、ゴールに到達できたときに目に入るのは、とっくにそこに来ていたカメが待っている姿である。

しかし、神とは単なる抽象で、人間の投影にすぎないのではないか？　確かにそうだ。なぜなら、神の概念はすべて、常に人間の写しであり抽象なのだから。私たちの精神は、理解不能なものを理解可能にしようと努めるし、そうするために私たちは抽象的な概念を使う。しかし、だからといって、これらの概念の背後から顔を覗かせているものが存在しないというわけではない。複素数は、数学的な方程式に登場する抽象的な概念だが、それにもかかわらず、完全に実在である陽電子の予測をもたらした。

じつのところ、自然法則にしても、それが記述するプロセスは完全に実在であるとしても、やはり人間が構築した抽象的なものである。厳密に言えば、自然法則は私たちの頭のなかにしか存在しない。リンゴはニュートンの重力の法則についても、アインシュタインの相対性理論についても何も知らないが、それでもすべてのリンゴは、どの高さから落とそうが、常に下に向かって落ちる。リンゴが落ちるので、重力の法則は実在である。これと同じ理由で、第一原因としての神は実在である。なぜなら、世界は出現したのだから。

自然法則は、数学の言葉で書かれた、抽象的な実在の記述である。しかし、自然法則は実在を完全に総合的に記述するわけではない。それらは、単純な系なら驚くべき正確さで記述するが、より複雑になるほど、単純な数学で記述するのはますます困難になる。すべての数学的方程式、すべてのコンピュータ・プログラムは、常に実在の近似でしかない。実在そのものだけが、実在を完璧に記述する。宇宙だけが、宇宙の完璧な記述である。その人物だけが、その人物の完璧な記述である。しかし私たちは、この完璧な記述を利用することができない。そのため、私たちが利用できるのは、実在への、宇宙への、そして人間としての私たち自身への、多数の不完全なアクセス・ポイントでしかないのだ。

これと同じように、神だけが神の完璧な記述である。神についてのいかなる話も不明瞭でしかあり得ない。自分は神が誰であるか、あるいは、誰でないかを知っていると主張する人は、明らかに神を理解していない。聖書に私たちは神の具体的なイメージを一切作るべきではないという戒律があるということは、深遠な叡知のしるしである。神はどのようなイメージでも捉えることはできない。Deus semper maior（神はたえずさらに偉大である）というラテン語の格言のとおり、神は常に、私たちが神とはこのようなものだろうと想像するものよりも大きいのだ。これは、信者にも、無神論者にも同様に真である。自分自身の目的に神に協力してもらうためや、ただ神をからかうために、神を戯画化してしまう人がいるのを見て、私はがっかりしてしまうことがある。神は空飛ぶスパゲティーの怪物でもなければ、手入れが行き届いた髭の、年老いた白人のアメリカ人男性でもない。

しかし、神について考えることに何か意味があるのだろうか？　神は私たちが知ることのできる地平の向こう側にいるのなら、神について話して何の役に立つというのか？　宇宙の創造の瞬間を研究することができないのだとしても、そのさまざまな影響について研究できることは全く間違いない。ブラックホールの内部を測定することはできないが、物理学者たちは実際に、ブラックホールの内部に関する計算を行っているのだ。

ゴットフリート・ヴィルヘルム・ライプニッツは一八世紀に、極めて限定的な神の概念を導入した。それが、熟練した時計職人としての神というイメージである。神は第一原因だ。始めに彼が世界を働かせ始めた。そしてそれ以降、神が極めて巧みに構築した世界の完璧なメカニズムは、永遠に、そして変わることなく、働き続けている。神は非常に見事な仕事をしたので、彼はもはや宇宙について心配することは何もない。彼の世界は、あり得る世界のうちの最善のものである。ライプニッツの神は啓蒙の神であり、彼は今もなお、匿名で、気付かれもせずに、ある種の人々の心を訪れて悩ませ続けている——世界は最善だが完璧ではないと十分承知しているからだ。

じつのところ、この「時計職人としての神」という概念にしても、軽んじるべきではない。というのも、科学的思考において因果律は中心的役割を担っているからだ。神は単にすべての自然法則と、世界の始めを支配していた初期条件の総和で、人格を持たないものだと私が信じていたとしても、私たちの宇宙の形と方向を決めるのは、そして、私が測定するのは、この自然法則と初期条件である。これらのものは「初め」を反映している。したがって、熟練時計職人としての神の影響と性質は、今もなお存在しており、測定可能なのだ。だとすると天体物理学は、ある特定の側面においては、この熟練時計職人の失われてしまった痕跡を現在の光の下で探し求めることだと言えよう。

同様に、神学者たちは、神とは誰か、または何かを明らかにしようとして、何千年にもわたって懸命に考えてきたし、また今日、神のしるしを探し求めている。私個人としては、神は時計職人以上の存在だ。私の宗教では、聖書が神の、あるいは神に関する、非常に多くの名前、接触、そして物語を証言している。ほかのさまざまな宗教も、これに匹敵する神の物語を持っている。これらの神の記述は、この世界に生きる人々の嬉しい／悲しい経験、疑問、切望、そして希望から、何世代もかけて作り上げられたものだ。それらはすべて、誰かが生きた現実を描いているが、数学の言葉によってではなく、経験、詩、夢、展望、そして叡知の言葉で書かれている。

数学の言葉が、私は愛されているのだろうかとか、私にはどのような価値があるのかという問いについての洞察を私に提供してくれることはない——しかし、私自身が数学者だったならその逆なのだろう。なにしろ数学者は、数学の美だけで生きることができるように見えることがあるのだから。今自分は実在についての物理学を一〇〇年前の人々よりもよく理解しているからというだけの理由で、このような人間の経験はすべて無視すればいいのだ、あるいは、無視すべきだと考えることは、あからさまに傲慢ではないとしても、おこがましいと私には思える。

そのような次第で、神の探究は今なお古さを感じさせない、重要な取り組みである。「初め」についての私の考え方が、今日と昨日を私がいかに見るかを決める。時計職人としての神には、私は一貫性と信頼性を期待するが、人としての私やほかの誰かについて関心を持ってもらうことは期待しない。しかし、神はただ何らかの存在であるのみならず、人でもある、すなわち、一神教の神のような人格を持った存在だと信じるなら、その場合私は、神とは誰か私が交流できる相手、今日も明日も新しいことをなおもたらしてくれる相手だと期待するだろう。そのような神は、出会いを可能にする。キリスト教では、神の人間性は、信者たちの交流と創造の威光はもちろん、イエス・キリストの象徴的な受難と犠牲に表現されている。

私は、神を人間として記述するという考えを持っているので、不可知論者や無神論者の物理学者たちからは、疑いの目で見られるかもしれないが、この考え方は、それほど風変わりではない。陽子は、人間を形成することができることからして、明らかに個性を持つことができるようだ（訳注：これは著者の私見。現在物理学では、素粒子にそのような性質はあり得ないと考える）。ビッグバン、多少の物質、そして少しの自然法則から、意識を持った人間、つまり、抽象的な思考、感情、そしてユーモアが可能で、運命観と責任感を持った人間をもたらすことが物理学には可能であることは明らかだ（訳者：これも著者の私見にすぎない）。それゆえ、生命、個性、そして人間性が形成されるだろうという可能性は、ビッグバンの法則のなかに存在していた――必ずしも前もって定められていたわけではなかったとしても――はずだ。この可能性は、最低限排除されていなかったのは明らかだ、なぜなら、私たちはここにいるのだから！　デカルトの本質的な洞察「われ思う、ゆえにわれあり」を柔軟に借用すると、このようにも言えるだろう。「われあり、ゆえにそれは可能なり」と。もしも物質が考えたり感じたりできるなら、第一原因である神が、精神と感情と理性を備えた人間性を持つことも可能なはずではないだろうか？　もしも物理学者が、生命、無限の可能性、そして多宇宙に満ちた宇宙を考え出すことができるなら、人間性を持った神という概念もそれほど不合理ではないと私には思える（訳注：これも著者の私見）――いずれにせよ、私の同僚の何人かが密かにしているように、世界はプログラムされたコンピュータ・シミュレーションだと考えるよりも、はるかに合理的である。多くの人々が数千年にわたって、人間性を持った神を信じてきたから、という理由だけでは、その信仰が見当違いで時代遅れだということにはならない。

しかし、神の人間性は、物理学が使うことのできるどんな検出手段にとっても、その埒外にある。宇宙の科学的な探査が、私たちはいかに小さいかを示してくれたとしたら、神は私たちがいかに貴重かを教えてくれる。価値観は物理的に測定可能な量ではない。それは外側からやってきて、内面で感じられるものだ。もしも誰かがあなたに、あなたへの愛を打ち明けたとすると、この打ち明け行為は粒子加速器や望遠鏡では理解できない――奇跡のような宇宙を、その痛ましい側面も含めて、人間への一つの巨大な愛の告白と考えない限りは。愛の宣言は、極めて個人的なことだ。それによって満たされる人もいれば、冷ややかな気持ちになる人もいるだろう。同じ手紙を受け取った二人の人が、そのなかに全く違うことを読み取ることは珍しくない。神の人間性を問うことは、誰もが一人でやり遂げなければならない極めて人間的な経験だ——物理学が私たちに代わってそれをやってくれるというわけにはいかない。とはいえ、これらの経験は共有することができる。私たち自身の経験は、ほかの人たちのそれと似ている可能性がある。したがって、それは完全にランダムでも恣意的でもない。

科学と信仰をどうやって調和させているのですかと尋ねられるたびに、私は驚いてしまう。じつのところ私は、私たちが現在持っている知識の基盤を築いた多くの科学者たちと何ら変わらないのである。ニコラウス・コペルニクス、ヨハネス・ケプラー、マックス・プランク、アーサー・エディントン、そして科学史に登場するさらに多くの著名な科学者たちは、非常に敬虔な人物だった。今日なお、私はオランダ王立芸術科学アカデミーの廊下を歩き回りながら、量子力学における最新の驚くべき展開について誰かと議論したあとに、別の誰かと神学上の深い疑問について意見を交わすことができる。

私にとって自然法則は、私自身がそうであるように、神の創造の一部である。リンゴが一個、自然法則との調和のなかで、下へと落ちれば、それは私にとっては素晴らしい物理学だが、それと同時に、昨日も今日も、そして永遠にわたって変わらない信頼できる創造主の現れでもある。ほかの人々にとっては、それはただの一個のリンゴの落下にすぎない。

神は私にとって、ただの何かではなく、むしろ誰かである。神のこの側面を、私は自分自身の生活のなかで、私の前に現れる人々の生活のなかで、そして、私を取り巻く人々の生活のなかで経験する。私は神を、一人で祈るときに、信徒が集まる礼拝のなかで、イエスについての熟考のなかで、そして宇宙の威容と美のなかに経験する。私が宇宙を眺めるとき、私は自然、生命、そして宇宙の広大さだけを見ているのではなく、その向こう側に存在するものも見ている。物理学は、新しい驚くべきものを私に明らかにしてくれるが、私の信仰を奪い去ったりはしない。むしろ物理学は、信仰を拡張し深めてくれる。私がイエス・キリストを見つめたなら、創造と創造主の人間的な側面を見出す。このようにして、私は自分のために、初まりであり終わりである神を見出す。その神には、私は何も証明する必要がなく、何も証明することができず、そしてそのなかで常に家にいるようにくつろげる。

しかし、科学の進歩において懐疑主義が重要な役割を演じるのと同じように、私の信仰において疑いは一つの重要な要素である。信仰の実験場は人生であり、したがって私は常に自分の生活と信仰を批判にさらさなければならない。もしかすると、これほど多くの人が今日教会に疑いを抱いているのは、一部の教会が自らを十分疑わないからかもしれない。世界の特質と神の本質は常に、私たちの限られた理性が理解できるよりもはるかに複雑である。自己批判のない科学は似《え》非《せ》科学であり、疑いのない宗教は神への冒瀆である。不確実性を無視した政治は詐欺である。私たちはすべてを知ることはできない。

自然が私たちに課す限界と、私たちの知識の欠如もまた、私たちの素晴らしい特性である。なぜなら、私たちの限界が私たちを探究者にするからだ。私たちが新たな決断をくだし、新たな問いを投げかけることを可能にするのは、この世界の不確定性そのものである。新たに発見すべきことが何もなかったとしたら、科学にどれだけの魅力が残っているだろう？　疑問を抱かない人生とはどのようなものだろう？　すべてがあらかじめ計算されてしまっている人生？　神に関しても、あなたはすでにすべてを知っているので、もはや信じる必要もない神とは、どんな神だろう？　すべてを知ってはおらず、すべてを証明することはできないという状況には、良い側面がある。これもまた、自由の一つの形なのだ。もしかすると、これこそが自由の基盤なのかもしれない。

当然のことだが、神が自らをこの世界のなかで何者かに証明されるに任せ、信じる自由を私から奪うのを、私が禁じることはできない。たとえ私が神に深く失望するとしても。

そしてもちろん、一人の人間の、この世界と、それをはるかに超えたところにおける真の使命は、疑問を問いかけ続け、探究し続けることなのだろう。これが、私たちを宇宙の大多数のものから隔てているものだ。知識の限界は、祝福であると同時に困難な課題だ。地平というものは常に、それを越えて足を踏み入れることはできないが、それを広げることはできるという性質を持っている。私たちは、考え、問い、疑い、望み、愛し、信じながら、前進することによって私たちの地平を広げる。

本書の冒頭で、私は皆さんに、月を越えて、太陽系の惑星たちを越えて、そして銀河系の只中へ、燃え尽きた恒星やブラックホールたちへと、宇宙を進む旅に招待した。宇宙への旅は、何世代もの天文学者たちが知識のバトンをつなぎ続けて新たな領域を拓く、リレー競走のようなものだ。私にとってこの旅は、征服のための作戦ではない。それはむしろ、私たちの精神と魂を拡張するために行われる巡礼の旅である。最終的には、この旅は私たちを自分自身へ、そして私たちの未解決の疑問へと、連れ戻す。ならば、今や私たちは、世界の征服者であることをやめて、謙虚な探究者になるべきである。

探究する者は常に、自分は何かを見つけるだろうという希望を抱いている。どの探究者も、必然的に、希望の担い手なのだ。私の同僚でテレビ番組の司会者であるハラルト・レッシュは、ドイツ天文学協会の一〇〇周年記念を祝う集いで基調講演を行った際、講演の後で、人類と信仰の重要性について問われた。彼は使徒パウロが人間の何が残る――持続する――かについて記した言葉を引用した。「信仰と、希望と、愛、この三つは、いつまでも残る。その中で最も大いなるものは、愛である」(コリントの信徒への手紙一13章13節、新共同訳)。[16]

私たち人間は、測定不可能な宇宙の広大さのなかにある、ほんの少し大きめの塵の上に乗った、ちっぽけな埃のようなものにすぎない。私たちは恒星を爆発させることはできないし、銀河の輪の回転をスタートさせることはできないし、私たちの頭上に天空を広げているのも私たちではない。しかし、私たちは宇宙に驚嘆し、それについて疑問を投げかけることができる。私たちは、信仰、希望、そして愛をこの世のなかで持つことができる――そして、このことが私たちを非常に特殊な星屑にしているのである。

もしも今日、地球が太陽系から消えてしまうとしても、もしも太陽系が天の川銀河から消えてしまうとしても、もしも天の川銀河全体が宇宙から消えてしまうとしても、宇宙にはなんの違いも生じないだろうが、それでもやはり、宇宙は何か非常に価値のあるもの、すなわち、私たちの信仰、私たちの希望、そして私たちの愛を——さらに、繰り返し何度でも暗闇に新たな光をもたらす、私たちの疑問も——失ってしまうだろう。

謝辞

本書の構想は、二〇一九年四月のブラックホールの画像発表後、『デア・シュピーゲル』誌の科学担当記者イェルク・レーマーとの対話のなかで出現した。そもそも彼は取材のために私に接触したのだが、その後も私のいくつかの講演に同行した。あるときなどは、ハンブルクのベトナム料理店に座って、ブラックホール、神、そして宇宙について、二人で議論を交わした。彼は批判的なジャーナリストで、私は宗教心の篤い科学者だが、好奇心と、科学に魅力を感じていることでは全く同じだ。

私たち二人が懸命に努力して共に執筆した本書は、まるで読者の皆さんと私たちが会話しているかのように読めるようにと意図して書かれている。私の小さな個人史を、宇宙を発見した人間の壮大な歴史と結びつけ、それを誰にでも読めるような形で語りたいと私たちは考えた。そのため、本書では物語を私の視点から語っている。私が個人的に経験したこと、私が学んだこと、ある科学者の人生のいくつかのエピソード——好奇心旺盛な子ども時代から教授職に就くまでの——、そしてほんの何ヵ所かで、私が心動かされる短い聖句を紹介している。

本書はまた、私の家族の愛、支え、そして忍耐なしには不可能だった、私の人生の一部についても述べている。私の素晴らしい妻は、想像できる最高の校長かつパートナーであるばかりか、本書の校正もしてくれた。本書にまだ残っているかもしれない間違いがあったとすれば、それはすべて、彼女の校正の後に生じたものである。

私の同僚のフランク・フェルブント教授（ユトレヒト／ナイメーヘン）、ゲルハルト・ベルナー教授（ミュンヘン）、マルクス・ペッセル博士（ハイデルベルク）は、草稿に目を通し、重要なコメントをくださり、イェルク・レーマーと私は計り知れない助力を賜った。サラ・イッサオウンは英訳を確認してくださった。感謝申し上げる。

私たちの代理人アネッテ・ブリュッゲマンは、本が形になっていくうえで鍵となる役割を演じ、アイデアが展開するのを助けてくださった。ラインゴルト研究所のシュテファン・グリューネヴァルトは、私たちが計画を立てるためのスペースを与えてくださった。ドイツ語版のために、出版者のトム・クラウスハールと、私たちの編集者ヨハネス・チャヤが、クレットーコッタの皆さまと共に、大いなるプロ意識と献身をもって、このプロジェクトを通して私たちを見守ってくださった。

最後に、私のすべての同僚たちに、全員のお名前をここに挙げることはできないとしても、その方々のこれまでの、そして現在の仕事に対して、私は感謝の意を表さなければならない。そのお名前の多くは、巻末の注に記させていただきたいが、そこに挙げられているものにしても、やはり一部を選んだにすぎず、完全ではない。ブラックホールに関する私たちの論文の共著者はすべて、この謝辞の直後のリストに記されているが、さらに多くの名を挙げることもできたのである。

イェルクは、コロナ禍のロックダウンのあいだ、しばしば彼なしで過ごさねばならなかった彼の妻と二人の娘たちに感謝している。彼はまた、彼の雇用主の『デア・シュピーゲル』誌に、本プロジェクトの実現を可能にしてくれたことに感謝している。最後になったが、彼の親友たちと同僚たちが助力と助言で大いに支援してくださった。

本書の売上の大部分を寄付させていただくことにしている。

二〇二〇年九月　ケルン近郊のフレッヒェンにて

ハイノー・ファルケ

EHT著者一覧

秋山和徳、アンチョン・アルベルディ、ウォールター・アレフ、浅田圭一、レベッカ・アズレイ、アンヌ＝カトリン・バクツコ、ディヴィッド・ボール、ミスラフ・バルコヴィッチ、ジョン・バレット、イルーゼ・ファン・ベメル、ダン・ビントレー、リンディ・ブラックバーン、ウィルフレッド・ボランド、キャサリン・L・バウマン、ジェフリー・C・バウアー、マイケル・ブレマー、クリスティアン・D・ブリンケリンク、ロジャー・ブリッセンデン、ジルケ・ブリッツェン、エイヴリー・ブロデリック、ドミニク・ブロギェール、トーマス・ブロンズワー、ビュン・ドーヨン（변도영）、ジョン・E・カールストローム、アンドリュー・チェール、チャン・チクワン、コウシク・チャタジー、シャミ・チャタジー、チェン・ミンータン（陳明堂）、チェン・ヨンジュン（陈永军）、チョウ・イルジェ（趙壹濟）、ピエール・クリスチャン、ジョン・E・コンウェイ、ジェームズ・M・コーデス、ジェフリー・B・クルー、崔玉竹、ヨーディ・ダヴェラー、ロジャー・ディーン、ジェシカ・デンプシー、グレゴリー・デスヴィーン、ジェイソン・デクスター、シェップ・ドールマン、ラルフ・P・イータフ、ハイノ・ファルケ、ヴィンセント・L・フィッシュ、エド・フォマロント、ラケル・フラガーエンシナス、ビル・フリーマン、ペル・フリベルク、クリスチャン・M・フロム、ピーター・ガリソン、チャールズ・F・ガミー、ロベルト・ガルシア、オリヴィエ・ジョンターズ、ボリス・ゲオルギエフ、キリアコ・ゴッ

ディ、ローマン・ゴールド、ホセ・L・ゴメス、グー・ミンフェン（顾敏峰）、マーク・ガーウエル、ミヒャエル・H・ヘヒト、ロナルド・ヘスパー、ルイ・C・ホー（何子山）、ホー・ポール（賀曾樸）、本間希樹、チー-ウェイ・L・フワン（黄志煒）、フワン・レイ（黄磊）、デイヴィッド・ヒューズ、池田思朗、井上允、デイヴィッド・ジェームズ、ブエル・T・ジャヌジ、マイケル・ジャンセン、ブリットン・ジーター、ウー・ジアン（江悟）、マイケル・D・ジョンソン、スヴェトラーナ・ジョースタッド、ユン・テヒュン（정태현）、マンサワ・カラミ、ラメシュ・カラッパサミ、川島朋尚、マーク・ケッテニス、キム・ヤエ-ユン（김재영）、キム・ヨンスー、キム・ユアン（김준한）、紀基樹、コアイ・ユン・イー（郭駿毅）、パトリック・M・コッホ、小山翔子、カーステン・クラメール、マイケル・クラメール、トーマス・P・クリッヒバーム、クオ・チェン-ユー（郭政育）、ハイブ・ヤン・ファン・ランゲフェルド、トッド・R・ラウアー、リー・ヤン-ロン（李彦荣）、リー・ジーユアン（李志远）、ミハエル・リンキスト、リュウ・クオ、エリザベッタ・リウッツォ、ロー・ウェン-ピン（羅文斌）、アンドレイ・P・ロバノフ、ローラン・ロワナール、コリン・ロンズデール、ルー・ルーセン（路如森）、ニコラス・R・マクドナルド、マオ・ジロン（毛基荣）、セラ・マルコフ、ダニエル・P・マローネ、アラン・P・マーシャー、イワン・マルティ-ヴィダル、松下聡樹、リン・D・マシューズ、リア・メデイロス、カール・M・メンテン、水野いづみ、水野陽介、ジェームズ・M・モラン、森山小太郎、モニカ・モシチブロツカ、コルネリア・ムラー、永井洋、中村雅徳、ラメシュ・ナラヤン、ゴパル・ナラヤン、イニヤン・ナラヤン、ロベルト・ネリ、チュンチョン・ニー、アリス

ティディス・ノートソス、沖野大貴、ヘクトール・オリヴァレス、小山友明、ファーヤル・オゼル、ダニエル・パルンボ、ハリエット・パーソンズ、ニメシュ・パテル、ペン・ウエ－リー（彭威禮）、ドミニク・W・ペセ、ヴィンセント・プラター、ホルヘ・A・プレシアド－ロペス、ディミトリオス・サルティィス、プー・ハン－イー（卜宏毅）、ランプラサド・ラオ、マーク・G・ローリングス、アレクサンダー・W・レイモンド、ルチアノ・レッオーラ、バート・リッペルダ、フリーク・レロフス、アラン・ロジャーズ、エドゥアルド・ロス、メル・ローゼ、アラシュ・ロシャニネシャット、ダニエル・R・ファン・ロッサム、ヘルゲ・ロットマン、アラン・L・ロイ、チェット・ラスズチェク、ベンジャミン・R・ライアン、カジ・L・J・リグル、サルヴァドール・サンチェス、ディヴィッド・サンチェス－アルゲレ、笹田真人、トゥオマス・サヴォライネン、F・ペーター・シュレーブ、カール－フリードリッヒ・スアスター、シャオ・リジン（邵立晶）、シェン・ジンクィアン（沈志强）、デス・スモール、ソン・ボン・ウォン（손봉원）、ジェイソン・スーフー、田崎文得、ポール・ティエデ、マイケル・ティツ、當真賢二、パブロ・トルネ、タイラー・トレント、サシャ・トリッペ、シュウイチ・ツダ、ヤン・ヴァーグナー、ジョン・ワードル、ジョナサン・ウェイントラウブ、ノーバート・ウェクッス、ロバート・ワートン、マシエク・ウィールガス、ジョージ・N・ウォン、ウー・ウィンウェン（吴庆文）、アンドレ・ヤング、ケン・ヤング、ズィリ・ヨンシ、ユアン・フェン（袁峰）、ユアン・イエ－フェイ（袁业飞）、J・アントン・ツェンスス、ザオ・グワンギャオ、ザオ・シャン－シャン（赵杉杉）、ズー・ズィアン。

ファン＝カルロス・アルガバ、アレクサンダー・アラルディ、ロドリゴ・アメスティカ、ヤディン・アンツァルスキ、ウーヴェ・バッハ、フレデリック・K・バガノフ、クリヅトファー・ボードイン、ブラッドフォード・A・ベンソン、ライアン・バートホルド、レイ・ブランデル、サンドラ・バスタメンテ、ロジャー・カッパロ、エドガー・カスチーリョ・ドミニゲス、リチャード・チャンバリン、チャン・チー＝チェン（張志成）、チャン・シュー＝ハオ（張書豪）、チャン・ソン＝チュ（張松助）、チェン・チャン＝チェン（陳重誠）、ライアン・チルソン、ティム・シューター、ロドリゴ・コルドヴァ・ロサド、イアイン・M・クールソン、トーマス・M・クロフォード、ジョセフ・クローレイ、ジョン・ディヴィッド、マーク・デロメ、マシュー・デクスター、スヴェン・ドーンバッシュ、ケヴィン・A・デュデヴォア（故人）、セルジオ・A・ジブ、アンドレアス・エッカート、クリス・エッカート、ニール・R・エリクソン、アーロン・ファーバー、ジョセフ・R・ファラ、ヴァーノン・ファス、トーマス・W・フォーカーズ、ディヴィッド・C・フォーブス、ロベルト・フロイント、ディヴィッド・M・ゲール、ガオ・フェン（高峰）、ヘルティー・ヘルツェマ、アルトゥーロ・I・ゴメス＝ルイス、ディヴィッド・A・グレアム、クリストファー・H・グリーア、ロナルド・グロスライン、フレデリック・グエス、ダリル・ハガード、ニルス・W・ハルヴァーソン、ハン・チー＝チャン（韓之強）、ハン・クオ＝チャン（韓國璋）、ジンチー・ハオ（荊溪暠）、長谷川豊、ジェーソン・W・ヘニング、アントニオ・ヘルナンデス＝ゴメス、ルーベン・ヘレロ＝イラナ、ステファン・ヘイミンク、廣田晶彦、ジム・ホゲ、ファン・ヤエ＝デ（黄耀德）、C・M・ヴィオレッテ・イムペリッツエリ、ジャン・ホミン（江宏明）、アティシュ・カンブレ、ライアン・キースラー、木村公洋、デレク・クボ、ジョン・クロダ、リチャード・ラカッセ、ロバート・Ａ・ライン、エリック・Ｍ・ライチ、リー・チャオ＝テ（李昭德）、ルパン・Ｃ．＝Ｃ．・リン、リュー・チン＝タン（劉慶堂）、リュー・クアン＝ユー（劉冠宇）、リュー・リー＝ミン（呂理銘）、ラルフ・Ｇ・マーソン、ピエール・Ｌ・マーティン＝コッヒャー、カイル・Ｄ・マシンギル、カリー・マトゥロニス、マーティン・Ｐ・マッコール、スティーヴン・Ｒ・マクホイーター、ヒューゴ・メシアス、ツェン・メイヤー＝ツァオ、ダニエウ・ミヒャリク、アルフレッド・モンタナ、ウィリアム・モンゴメリー、マティアス・モラー＝クライン、ディルク・マダース、アンドリュー・ナドルスキー、サンティアゴ・ナヴァロ、チー・Ｈ・グエン、西岡宏朗、ティモシー・ノートン、マイケル・Ａ・ノーワーク、ジョージ・ナイストローム、小川英夫、ピーター・オシロ、スコット・Ｎ・ペイン、ハリエット・パーソンズ、ユアン・ペナルヴァー、ニール・Ｍ・フィリップス、マイケル・ポイリアー、ニコラス・プラデル、リュリク・Ａ・プリミアニ、フィリップ・Ａ・ラフィン、アレクサンドラ・Ｓ・ラーリン、ジョージ・レイランド、クリストファー・リサチャー、イグナツィオ・ルイス、アレハンドロ・Ｆ・セツ＝マダイン、レミ・サッセラ、ピム・シェラート、ポール・ショー、ケヴィン・Ｍ・シルヴァ、塩川穂高、ディヴィッド・Ｒ・スミス、ウィリアム・スノー、カメラ・ソウカー、ドン・ソウサ、ラニャーニ・シュリンヴェーサン、ウィリアム・スタム、アンソニー・Ａ・スターク、カイレ・ストーリー、シュールト・Ｔ・ティマー、ローラ・ティマー、ローラ・フェルタシッシュ、クレイグ・ワルサー、ウェイ・ター＝シュン（魏大順）、ネイサン・

ホワイトホーン、アラン・Rホイットニー、ディヴィッド・P・ウッディ、ヤン・G・A・ワウタールート、メルヴィン・ライト、ポール・ヤマグチ、ユー・チェン－ユー（游晨佑）、ミラグロス・ゼバロス、ルーシー・ジウリス。

用語解説

ISS（国際宇宙ステーション）……常時有人である唯一の宇宙ステーション。地球の上空四〇〇キロメートルを周回する。

天の川銀河（Milky Way）……私たちがそのなかに存在している、螺旋構造を持った円盤型の銀河。二〇〇〇億から四〇〇〇億個の恒星を含む。太陽は天の川銀河の中心を二億年に一回のペースで周回している。

アメリカ天文学会（AAS）……アメリカ合衆国の学会であり、天文学の重要な専門誌を二つ出版する専門家組織。

ALMA（アタカマ大型ミリ波サブミリ波干渉計、アルマ望遠鏡）……ミリ波とサブミリ波の帯域で稼働している最大の望遠鏡。海抜約五〇〇〇メートルの、チリのアタカマ砂漠に配置された六六基のパラボラアンテナを連係させたもの。

ERC（欧州研究会議）……優れた科学者による基礎研究を財政支援するEU機関。

EHT（イベント・ホライズン・テレスコープ）……複数の電波望遠鏡からなる地球規模のVLBIネットワーク。最初のブラックホールの画像を捉え、二〇一九年四月、M87*の画像を発表した。続いて二〇二二年五月、いて座A*の画像も発表し、天の川銀河の中心に存在するブラックホールを始めて視覚化することに成功。

ESA（欧州宇宙機関）……EUの宇宙機関で、宇宙望遠鏡を製作し、人工衛星を運用する。

ESO（ヨーロッパ南天天文台）……チリで、パラナル天文台の超大型望遠鏡VLTや、ラ・シャ天文台などの、可視光望遠鏡を運用する。ALMAおよびAPEXのパートナーでもある。

IRAM（ミリ波電波天文学研究所）……ドイツ、フランス、スペインの国際研究所。フランスのNEOMA望遠鏡（海抜二六〇〇メートル）とスペインのベレッタ山にあるIRAM30メートル望遠鏡（海抜二九二〇メートル）を運用する。二基ともEHTに参加。

一般相対性理論（General theory of relativity）……空間、時間、重力の関係を記述する、アルベルト・アインシュタインが構築した理論。質量は空間を湾曲させ、湾曲した空間は質量の運動と時間の経過を決定する。

いて座A*（Sgr A*）……天の川銀河の中心にあるコンパクトな電波源。地球から二万六〇〇〇光年離れた四〇〇万太陽質量の超大質量ブラックホールである可能性がある。二〇二二年五月、EHTが、M87*に続いてSgr A*に存在する超大質量ブラックホールの直接観測を行ったと発表。

宇宙ジェット（Astrophysical jet）……ある種の天体の磁場から放射される、細く絞り込まれた高温のプラズマ流。超大質量ブラックホールのジェットは、光速に近い速度で放出され、数百万光年の距離まで宇宙空間に広がる。

宇宙マイクロ波背景放射（CMB、3K放射）……初期宇宙で、宇宙が透明になったときに放射された黒体放射の名残。電波周波数とマイクロ波帯域で、宇宙の至るところで検出される。ビッグバンの約三八万年後に放射された光である。

APEX（アタカマ・パスファインダー実験機）……チリのアルマ望遠鏡の近くに設置された口径一二メートルの電波望遠鏡。

SAO（スミソニアン天体物理学観測所）……マサチューセッツ州ケンブリッジにある天体物理学研究施設。

SMA（サブミリ波干渉計）……ハワイのマウナケア火山（海抜四一一五メートル）に設置された八基のパラボラアンテナからなる干渉計。EHTネットワークに参加。

SPT（南極点望遠鏡）……南極のアムンゼン＝スコット基地にある一〇メートル電波望遠鏡。EHTネットワークに参加。海抜二八一七メートルにある。

NRAO（アメリカ国立電波天文台）……さまざまな電波望遠鏡――ALMA、VLA、VLBAなど――を運用、または共同運用しているアメリカの研究機関。

NFS（アメリカ国立科学財団）……アメリカの科学・研究を振興する目的で設立された連邦機関。研究プロジェクトに財政支援を行う。

エフェルスベルク電波望遠鏡（Radio Telescope Effelsberg）……ボンのマックス・プランク電波天文学研究所が運用する、アイフェル山地のなかに設置された口径一〇〇メートルの電波望遠鏡。

MIT（マサチューセッツ工科大学）……マサチューセッツ州ケンブリッジにある工科大学。当初理工系専門の研究機関として設立されたが、現在では人文科学系の学部もある。

M87（メシエ87）……地球から五五〇〇万光年離れた巨大な楕円銀河。その中心に存在する超大質量ブラックホールが、EHTの天文学者たちが初めて画像を捉えたブラックホールである。最初にカタログ記載したのはシャルル・メシエ。

LMT（大型ミリ波望遠鏡）……メキシコ中央部の、現在は休火山になっているシエラネグラ火山の海抜四五九三メートルの山頂にある50メートル電波望遠鏡。EHTに参加。

エントロピー（Entropy）……系の無秩序の尺度。エネルギーも物質も外界とやり取りしない孤立系では、系のエントロピーは増加する一方である。

ガイア（Gaia）……天の川銀河の恒星のうち、約一〇億個の位置を正確に測定するために打ち上げられた宇宙望遠鏡兼探査機。

核融合（Nuclear fusion）……複数の原子核を融合させることによりエネルギーが生成されるプロセス。水素の原子核が融合されてヘリウムになる過程が主。

活動銀河核（AGN）……大量の電磁波を放射している、銀河の中心領域。この現象は、超大質量ブラックホールによって説明される。

干渉法（Interferometry）……波の重ね合わせに基づく技法。電波天文学では、異なる望遠鏡で受信した電波を重ね合わせ、それらの干渉パターンから高解像度の画像が得られる（VLBI、電波干渉計も参照のこと）。

球状星団（Globular cluster）……一〇万個程度の恒星が重力によって結びつき、球形に集まって銀河のなかを周回するもので、古いものが多い。

銀河（Galaxy）……重力によって結び付けられ、中心の周りを周回する数千億個の恒星、惑星、ガス星雲からなる系。私たちが暮らしている銀河は天の川銀河である。

銀河中心（Galactic center）……銀河の中心。特に天の川銀河の中心を指して使われることが多い。天の川の銀河中心は地球から二万六〇〇〇光年離れている。

金星の太陽面通過（Venus transit）……金星が太陽の前を通過していくように見える現象。この現象を測定することにより、地球と太陽の距離（天文単位）を計算することが可能となった。

クェーサー（Quasi-stellar radio source）……非常に遠方にある銀河の活動銀河核（「ブラックホール」参照）で、大量の放射を発し、極めて明るいことで知られている。

GRAVITY干渉計……ＥＳＯが運用する干渉計で、超大型望遠鏡ＶＬＴの四基の望遠鏡と接続しており、銀河中心の恒星などの高解像度近赤外線画像撮影を行う。

原子（Atom）……物質の構成要素で、元素を作っているもの。原子は、正の電荷を持った陽子と、電気的に中性の中性子という重い粒子が原子核を構成し、その周囲を、負の電荷を持った軽い粒子である電子が、一つまたはそれ以上の数の殻を作って取り巻いてできている。

原始星（Protostar）……できたばかりの若い恒星で、まだ熱核融合を始めておらず、重力エネルギーの放出により主に遠赤外線を放っている。これから恒星としての進化をはじめる。

光子（Photon）……電磁放射のなかに存在する光の粒子。あらゆる波長の光は、波動と粒子の両方であり得る。

恒星（Star）……核融合によりエネルギーを生成する高温のガス球。大きく重い恒星ほど高温で寿命が短い。

光速（Light speed）……299,792,458m/s。常に一定。光速よりも速く伝わるような情報や物質は一切存在しない。

降着円盤（Accretion disk）……大きな質量を持つ天体の周囲を回転するガスが円盤状になったもので、渦のように磁場と物質（プラズマ、ガス、または塵）を中心へと運ぶ。

光年（Light-year）……光が真空中を一年間に進む距離。1光年＝0.307パーセク＝9.46047×10^{12}km。

黒体放射（プランク放射）……黒体（入射するすべての波長の電磁波を完全に吸収し、自らも電磁波を放射できる物体）が放射する熱放射。その黒体の温度と大きさのみに依存する。恒星の放射は黒体放射に非常に近く、これで近似されることが多い。また、宇宙マイクロ波背景放射は黒体放射と見なされている。

GRMHD（一般相対論的電磁流体力学）……ブラックホールの周辺の磁場内におけるガスの運動をシミュレーションする手法。

CNSA（中国国家航天局）……中国の政府機関で、人工衛星と宇宙探査機を管轄するが、有人宇宙飛行は管轄外。

GLT（グリーンランド望遠鏡）……グリーンランドにある口径一二メートルの望遠鏡で、EHTやグローバル・ミリ波VLBIアレイ（Global mm-VLBI Array）にも参加。

GPS（グローバル・ポジショニング・システム）……地上の位置を特定するために使われる人工衛星のネットワーク。

JCMT（ジェームズ・クラーク・マクスウェル望遠鏡）……ハワイにある電波望遠鏡でサブミリ波領域で稼働している。EHTに参加。

視差（Parallax）……二つの異なる位置から観測すると天体の位置が見かけ上変化する現象。この効果と天文単位を使うことにより、さまざまな恒星の地球からの距離を測定することができる。

事象の地平面（Event Horizon）……ブラックホールを取り巻く見えない境界で、それを越えると、物質、放射、そしてすべての情報がブラックホールに落ち込み、二度と外に出ることはできなくなる。

重力（Gravity）……質量を持つ物体どうしが及ぼし合う引力。一般相対性理論においては、時空の湾曲によって記述される。

重力レンズ（Gravitational lens）……一般相対性理論によれば、重力レンズ効果は、非常に重い物体によって光が曲げられるときに起こるという。光の波が地球に届くまでのあいだに非常に重い物体――たとえば銀河、恒星、ブラックホールなど――の近くを通過した場合、波は直線状に通過せず、曲げられてしまう。このようなことが起こると、ガラスでできたレンズが起こすのと類似した効果が現れる。この効果から逆に、それを起こした重力レンズの形と質量に関する事実を導き出すことができる。

シンクロトロン放射（Synchrotron radiation）……光速に近い速度で運動する電子が磁場によって進行方向を曲げられたときに電磁波を放射する現象。ブラックホールの電波放射を説明する。

赤色巨星（Red giant）……年老いて膨張した恒星。核融合は、コアの周囲の薄い層でしか起きない。この核融合で発生した熱により膨張を続け、赤い光を放射する。

赤方偏移（Red shift）……宇宙膨張と、銀河たちが急速に地球から遠ざかっていくことにより、光は、より長い波長の色へ、あるいは、同じことだが「より赤い」色へと変化する（「ドップラー効果」参照）。ブラックホールの縁からやってくる光も赤方偏移をするが、それはそこで時空が大きく湾曲しているためである。

SETI（地球外知的生命体探査）……一九六〇年代に始まった、遠方の宇宙に存在する生命体を発見するためのさまざまなプロジェクトの総称。

セファイド変光星（Cepheid variables）……一日から一〇〇日の周期で明るさが増減を繰り返す脈動変光星の一種。絶対等級が明るい星ほど変光周期が長く、ゆっくり脈動する。変光周期を測定することで、その星の絶対等級を突きとめることができ、これを観測された等級と比較することによって、その星までの距離を計算することができる。星が遠いほど、見かけ上の等級は暗くなる。

ダークエネルギー（Dark energy）……宇宙の膨張を速めていると思われる、まだほとんど知られていない力。現在ダークエネルギーは宇宙の総エネルギーの約七〇パーセントを占めている。

ダークマター（Dark matter）……その存在は、それが宇宙に及ぼす重力の効果から推測するほかない、未知の形の物質。天の川銀河の総質量の約八五パーセントを占めると考えられている。宇宙の総エネルギーに対しては、約二五パーセントを占めている。

太陽系外惑星（Exoplanet）……太陽以外の恒星の周りを公転している惑星。

太陽質量（Solar mass）……私たちの太陽の質量であり、また、天文学で標準的な質量の単位である。2×10^{30}kg。

中性子星（Neutron star）……大質量星の進化の最終段階で、超新星爆発を起こしたあとに崩壊して超高密度に圧縮された天体。太陽と同程度の質量を持つが、直径は約二〇〜二五キロメートルしかなく、中性子（「原子」参照）が主成分。多くの大質量星が迎える最終段階。

超新星（Supernova）……巨大な恒星が生涯の最後に起こす、非常に明るい爆発。

電磁波（Electromagnetic wave）……質量を持たない、真空中を光速で伝わる放射。光、赤外線または熱放射、マイクロ波、電波のほか、X線、ガンマ線などの例がある。

電波干渉計（Radio interferometer）……複数の電波望遠鏡からなるネットワークで、各望遠鏡で同時に同じ天体を観測し、ネットワーク内の最も遠く離れた二基の望遠鏡間の距離と同じ大きさの一基の望遠鏡に等しい高解像度を実現するもの。

天文単位（au）……地球から太陽までの平均距離で、天文学では標準的に使われる距離の単位。

特異点（Singularity）……事象の地平面の背後にある、時空の湾曲が無限大になって、質量が集中している場所。宇宙が形成される最初の段階は「ビッグバン特異点」または「初期特異点」と呼ばれる。

特殊相対性理論（Special theory of relativity）……アインシュタインの二つの相対性理論の一つで、相対的な運動によって生じる時間と距離の変動について記述するもの。一般相対性理論とは異なり、重力を考慮に入れない。光速に近い速度になると効果がはっきり現れる。

ドップラー効果（Doppler effect）……二つの物体間の相対的な動きの結果生じる光の色／振動数の変化を記述する。天文学では、これを使って、視線に沿った運動を測定することができる。

NASA（アメリカ航空宇宙局）……アメリカ合衆国の宇宙局。

パーセク（Parsec, Parallax second）……天文学で使われる、長さを表す単位。約3.26光年、または二〇万六〇〇〇天文単位。視差によって恒星の距離を測定していた当時生まれたもの。年周視差が一秒角になる長さが一パーセク。

白色矮星（White dwarf）……核融合が完全に停止したあと、たいていの恒星は、太陽程度の重さを持つ、ほぼ地球サイズのコンパクトな結晶の球になる。初めのうちは非常に高温で青白色に輝くが、長い時間をかけて徐々に冷えていく。

ハッブル宇宙望遠鏡（Hubble Space Telescope）……NASAとESAが運用する強力な人工衛星で、赤外線から可視光、紫外線領域までの、電磁スペクトルのいくつかの範囲で遠方の宇宙を観測することができる。

ハッブル－ルメートルの法則（**Hubble-Lemaitre Law**）……宇宙の膨張の結果、遠方にある銀河ほど速く私たちから遠ざかっているという法則。赤方偏移と分光学と共にこの法則を使えば、宇宙のなかで距離を測定することができる。

パルサー（**Pulsar**）……高速で回転する中性子星で、灯台のように電波を放出し、一定の間隔で明滅する（つまり、パルス状の電波を放出する）もの。

ビッグバン（**Big Bang**）……微小な一点から物質とエネルギーが突然爆発的に広がって、宇宙が始まった事象。現在宇宙論研究者たちに広く使われているモデルによれば、これが起こったのは約一三八億年前。それ以来宇宙は膨張を続けている。

秒（**Arc second**）……角度の単位。円弧は1,296,000秒に分割される。円弧は360度なので、1度は60分（角度）で、1分は60秒である。天文学では、天空における二点間の距離や、天体の見かけの大きさを表すのに使われる。

VATT（**バチカン先端技術望遠鏡**）……ローマ教皇庁が支援するバチカン天文台が運用する、グラハム山にある望遠鏡。

VLA（**超大型干渉電波望遠鏡群**）……ニューメキシコ州にある、二七基の二五メートル電波望遠鏡からなる電波干渉計。最も遠く離れた望遠鏡どうしの距離は三六キロメートル。

VLT（**超大型望遠鏡**）……チリのセロパラナルという山でESOが運用する口径八メートルの望遠鏡四基の総称。海抜二八五〇メートル。

VLBI（超長基線電波干渉法）……互いに遠く離れた電波望遠鏡どうしが連係して一つの電波源を同時に観測する電波干渉法を使った高解像度画像撮影法。実際の画像は測定後にコンピュータ上で形成される。

VLBA（超長基線アレイ）……アメリカにある一〇基の口径二五メートルのパラボラアンテナからなるVLBIネットワーク。最も遠く離れているアンテナどうしの距離は八六〇〇キロメートル。ヨーロッパにある類似のものは、ヨーロッパVLBIネットワーク、すなわちEVNである。

フーリエ変換（Fourier transformation）……波をその周波数の関数に、あるいはその逆方向に、変換する数学的操作。電波干渉法では画像の作成にフーリエ変換を使うのは、さまざまな「画像周波数」が合成されてデータができているからである。

プラズマ（Plasma）……高温の気体が、電子と陽イオンに分離して運動している状態のこと。宇宙のプラズマの陽イオンは、ほとんどが陽子であり、気体の原子が個々の構成要素にまで分解された状態とも言える。

ブラックホール（Black hole）……質量が極めて微小な一点に集中している天体。その周囲の領域では、重力が極めて強く、光でさえも逃れられない。ブラックホールは、質量が非常に大きな恒星が超新星爆発をw起こして崩壊したあとに形成される。このほか、銀河の中心で形成されるブラックホールもあり、このタイプのブラックホールは太陽の数十億倍もの質量を持ち、「超大質量」ブラックホールに相当する場合が多い。

分光法（Spectroscopy）……光を、それを構成する個々の色に分解して（そのスペクトルを）測定する手法。量子力学が記述するプロセスの結果により、異なる元素の原子は、狭い波長範囲（はっきり特定される色）の光を吸収または放出する。そのため、この色に基づいて元素を特定することができる。遠方の恒星からの光のスペクトルのドップラー偏移を測定することにより、恒星のふらつき運動の視線方向の運動成分を測定することができ、その結果から、その恒星が惑星を持つことを推測できる。

ヘイスタック観測所（**Haystack Observatory**）……マサチューセッツ州ウェストフォードにあるＭＩＴの電波天文台。

ホーキング放射（**Hawking radiation**）……量子効果の結果、ブラックホールは徐々に蒸発し得るという、物理学者スティーヴン・ホーキングによるモデル。まだ実験による検証はなされていない。

マックス・プランク協会（**Max Planck Society**）……ドイツの大規模なエリート研究機関で、傘下には多数の科学分野の研究所がある。

ミリ波（**Millimeter waves**）……約四三ギガヘルツから三〇〇ギガヘルツの周波数域の電波。波長は一から一〇ミリメートル。

ラドバウド大学（**Radboud University**）……オランダ東部のナイメーヘンにある大学。一九二三年にカトリックの大学として設立された。

量子力学（**Quantum mechanics**）……ある種の状態が、特定の（離散的な／量子化された）値しか取らないような物理系を記述する。主に最も微小な素粒子に適用される。

連星（Binary star）……お互いを周回する二個の恒星からなる系。天の川銀河では、二個に一個の恒星が、連星もしくは複数の恒星からなる系の内部に存在している。連星の一方の恒星が崩壊してブラックホールになると、もう一方の恒星はゆっくりとこのブラックホールに呑み込まれていき、その過程でX線を放射する（X線連星と呼ばれるもの）。

LOFAR（低周波アレイ）……二万基の低周波電波アンテナからなるヨーロッパの電波干渉計ネットワーク。宇宙の初期に発せられた信号の受信を目指す。運用の本部はオランダに置かれている。

ワームホール（Wormhole、アインシュタイン－ローゼン橋）……時空内の遠く離れた二つの領域を結びつけている、仮説上の時空の抜け道。ブラックホールの正反対の性質を持ち、質量を引き付けるのではなく、吐き出す。

惑星（Planet）……恒星の周囲を公転する天体のうち、比較的低質量で、核融合を起こさないものである。太陽系のみに適用される定義においては、惑星は太陽の周囲を公転し、その重力によって球形が維持できるほど大きく、その軌道近くからほかの天体を排除しているもの。核融合によって自ら光を放出することはなく、恒星の光を反射するだけである。太陽系の惑星は八個（水星、金星、地球、火星、木星、土星、天王星、海王星）。太陽以外の恒星の周囲を公転する惑星は太陽系外惑星と呼ばれる。

さらなる情報や天文学用語は、次のURLを参照されたい。
https://www.einstein-online.inf

訳者あとがき

二〇一九年四月に公開された史上初のブラックホールの画像は、世界中の人々の心を驚きと喜びで捉えた。続いて二〇二二年五月には、もう一つのブラックホールの画像が公開された。最初のブラックホールは地球から約五五〇〇万光年離れたM87という銀河の中心にあるM87*、新しいほうのブラックホールは私たちの天の川銀河の中心に存在するいて座A*（地球からの距離は約二万七〇〇〇光年）だ。どちらの画像も、二〇一七年四月の四夜にわたって行われた、地球サイズの電波望遠鏡EHT（イベント・ホライズン・テレスコープ）による観測のデータを解析して得られた。M87*もいて座A*も、超大質量ブラックホールである。

ブラックホールは、そもそも一般相対性理論の解として登場した理論的な概念だった（光も出てくることができない天体なのだから、容易く観測できないので理論から先に出てきたのは当然と言えば当然だ）。当初は、質量が大きい恒星の進化の最後に核融合が停止して自重で崩壊したあとに、あるいは、超新星爆発した残骸がさらに崩壊した結果できるものだと考えられていた。一九七〇年代に入り観測によってその存在が実証された。やがて、恒星進化の最後に形成されるいわゆる恒星ブラックホールのほかに、質量が何桁も大きな超大質量ブラックホールが、いくつかの銀河の中心に存在することが明らかになった。宇宙の巨大な電波源、クェーサーの研究が進んだ結果である。これらの超大質量ブラックホールは太陽の一〇〇万倍から数十億倍の質量を持っているという。今では、ほぼすべての銀河の中心に巨大なブラックホールが存在すると考えられている。いて座A*も、強力な電波源として一九七四年に発見されて以来観測と研究が進められ、やはり超大質量ブラックホールではないかと推測されるようになった。私たちの天の川銀河の中心に存在する巨大なブラックホールをぜひとも捉えたい。そのような、ほとんど必然ともいえそうな願いに多くの天文学者たちが駆り立てられた。そして、その姿を画像に捉えること以上に、その願いを満たすことはないだろう。

本書の著者ハイノー・ファルケは、これを実現しようというＥＨＴプロジェクトの中心人物の一人で、ＥＨＴ科学評議会の議長を務める。彼は、オランダのナイメーヘンにあるラドバウド大学の電波天文学及び宇宙物理学の教授であり、長年にわたりブラックホールの研究に取り組んできた。本書は、彼によるＥＨＴプロジェクトの回想録なのだが、四部構成になっており、第一部と第二部では、現代に至る天文学の歴史を解説、第三部ではＥＨＴプロジェクトが形になるまでの長く苦しい道のりから、観測の実施までの経緯を紹介している。そして第四部では、この科学の勝利ともいうべき成果を前に、今後人間の精神はいかに進むのかを思い巡らせている。随所で自身が少年時代にいかにして天文学に関心を持つようになったかや、科学者としての成長のエピソード、そして信仰について触れており、一大プロジェクトを成し遂げた電波天文学者による、そのプロジェクトの記録であるのみならず、彼自身の人生を振り返って総括した本になっているという印象だ。ドイツのケルンに生まれたファルケは、ラインラント福音主義教会に所属するプロテスタントのキリスト教徒で、教会内の教職位は持たず一信徒の立場のまま福音を伝道する信徒伝道者である。

ファルケは早くも二〇〇〇年に、ブラックホールの縁に「ブラックホールの影」があり、それを電波望遠鏡で検出できるという可能性を提唱していた。彼が「ブラックホールの影」という概念の提唱者とされる所以だ。しかし、その画像を捉える取り組みは一筋縄ではいかない。天の川銀河の中心に存在する強い電波源で超大質量ブラックホールが存在するかもしれないと言われてきた、いて座A*の研究は近年目覚ましく進展した。二一世紀に入ると、アメリカのアンドレア・ゲズらのグループと、ドイツのラインハルト・ゲンツェルらのグループが独立に、天の川の銀河中心を周回する恒星の観測により、そこにコンパクトな大質量の天体が潜んでいるという最良の証拠の一つを明らかにした。ゲンツェルらのグループは、四基の光学望遠鏡を連携させることにより解像度を上げ、いて座A*の画像を捉えることに成功し、それらの画像はそこにブラックホールが存在することを強く示唆していた。ゲズとゲンツェルは一連の研究で二〇二〇年にノーベル物理学賞を受賞した。とはいえ、ここまでの観測では望遠鏡の解像度が足りず、いて座Ａ*が本当にブラックホールなのかどうか確証はつかめなかった。さらに高性能の望遠鏡による観測が待たれた。

いて座Ａ*の質量の当時の推定値からファルケが計算したところ、その直径は太陽の直径の約一〇倍で、地球サイズの電波望遠鏡があったとしても、その解像度では到底観測できないと思われた。だが、やがてファルケは気づく。ブラックホールは強力な重力レンズで、自らを拡大するのだと。この効果でブラックホールは二・五倍になり、地球のサイズがあれば「ブラックホールの影」が電波望遠鏡で観測できるはずである。

そこからファルケは、多くの人にこの可能性を知ってもらうよう働きかけ、地球サイズの電波望遠鏡実現に向けて努力を続けた。二〇一三年には、彼が主導するチームが欧州研究会議（ＥＲＣ）の一四〇〇万ユーロの助成金を獲得し、研究の推進が可能になった。

ファルケと、ＥＨＴのもう一人の中心人物でのちにＥＨＴのディレクターになるシェパード・ドールマンは、一九九八年にアリゾナで開催された天文学の会議で顔を合わせていた。この会議でいて座Ａ*の画像撮影の話が出た際にファルケは、解像度が上がれば光のなかに「黒い穴《ブラックホール》」として写るはずだと発言したのである。

ドールマンが所属するＭＩＴのヘイスタック天文台はＶＬＢＩの第一級の拠点で、彼のグループは四基の電波望遠鏡をいて座Ａ*に向けて、一・三ミリ波長での測定に成功し、画像はないものの、いて座Ａ*の大きさを特定した。ドールマンはアメリカ国内の、ファルケは欧州の支援を集めるために尽力。ファルケとドールマンがタッグを組み、両大陸の支援を集め、世界各地の電波望遠鏡を連携させて地球規模の一基の仮想望遠鏡を作り、いて座A*の画像を捉えるプロジェクトがいよいよ始動する。

紆余曲折もあったが、地道な努力が実り、二〇一七年四月、ついに世界六ヵ所にある八基の電波望遠鏡からなるEHTによる観測が実施された。さて、いて座A*に魅入られた天文学者たちの観測の結果、二年後に史上初のブラックホールの画像として発表されたのがM87*のものだったので不審に思われる方もあるだろう。じつは、二〇一七年四月の観測では、この二つのブラックホールが同時に観測されていたのである。EHTのような複数の電波望遠鏡による超長基線電波干渉法（VLBI）では、参加する望遠鏡のうち二基ずつがペアを組み、干渉計を構成して天体を観測し、多数の異なるペアの観測データを集めて、観測対象が発している電波の強度分布を再現する。二〇一七年の観測では、異なるペアによってM87*といて座A*の信号をカバーした。たとえば、八基の一つ、南極点望遠鏡（SPT）からはM87*を観測することはできない。逆にいて座は、南極では沈むことがなく、観測し続けることができる。したがってSPTはいて座A*の観測では非常に重要になった。M87*の三年後、二〇二二年五月に発表されたいて座A*の画像にも、やはりブラックホールを表す光の輪があったのである。

この輪の正体は、光子球と呼ばれるものの断面だ。ブラックホールの周辺では、強力な重力に捕らえられたものの、中に落ちることを免れた光子が、それでもやはり逃げることができずにブラックホールを周回しているものである。その直径は事象の地平面の二・五倍と推定されており、ブラックホール自体はさらに小さく、画像で見える黒い穴の奥になおも潜んでいる。

同時に観測しており、しかもそもそもの観測の目標だったはずのいて座A*の画像のほうが遅れて発表されたのにはわけがある。それは、いて座A*がM87*に比べて質量が一〇〇〇分の一と、かなり小さいからだ。ブラックホールの周囲ではガスが光速に近い速度で運動しているが、このガスがブラックホールを一周するのに、M87*では数日から数週間かかるのに対し、いて座A*の場合は数分で一周するので、観測中にも文字通り時々刻々とガスの様相が変化してしまう。このため、ガスの運動を考慮した新しいデータ処理法をまず開発せねばならなかったのである。M87*の際には、異なる手法を使ったどの解析チームの画像もほぼ同じだったが、いて座A*の解析ではそうではなく、得られたさまざまな画像を平均化したものが発表されたそうである。

事象の地平面の画像を捉えることは、アインシュタインの一般相対性理論の新たな検証である。これまでの検証は、アーサー・エディントンによる日食時の観測や、水星の近日点移動、時間の遅れの測定など、比較的小さな重力についてのものだった。二〇一六年に恒星ブラックホールどうしの衝突で生じた重力波が検出されたことで、太陽の約三〇倍のブラックホールのかなり大きな重力が検証されたが、太陽の数百万倍から数十億倍の超大質量ブラックホールの事象の地平面を捉えるという形での検証に成功すれば、一般相対性理論が、重力の大きさのスケールに依存せず成り立つということができるので、非常に意義が大きい。

さて、二〇二二年五月のいて座A*の画像発表の興奮もまだ冷めやらぬ同年六月、国立天文台の三好真助教らのチームが、M87*の観測データを独自に解析した結果を発表し、EHTの史上初のブラックホールの画像は、解析手法に問題があり、誤ったものだと主張した。三好助教らの解析では、EHTの画像のような輪は現れず、中心部のコア構造と、そこから伸びるジェットが確認されたという。一〇〇年以上前から知られていたジェットの根元付近が捉えられたものと見られる。EHTの解析ではこのジェットは現れなかった。三好助教らは、EHTの観測ではまだ望遠鏡の数が少なすぎたため、ちょうど輪の大きさに当たるサイズの構造を再現するためのデータが不足していたため、画像に輪ができてしまったとしている。

EHTは観測データを公開しており、いくつもの別のチームがその再解析に取り組んでいることと、批判的な見解が出てくることを歓迎している。三好助教らの発表に対しては、ほとんど即座に、彼らの再解析は、EHTのデータと手法に関する誤解に基づくもので、その結論は間違っていると応じた。複数の研究チームが観測データを独立に検討し、批判し合うことは健全な科学にとって必要不可欠なことで、今後この議論や、さらにほかのチームの解析結果など、注目し続けたい。

同じ観測データを解析して、一方のチームでは輪が見えてジェットが見えていなかったのに対し、もう一方のチームでは輪は見えずにジェットが見えていたというのは、もしかするとこの二つの解析手法が相補的なもので、ブラックホールの異なる特徴を露わにしたということなのではないかと、妄想に近い憶測をしたくなる。
一般的には、科学実験や天体観測は別のチームによって繰り返されることで再現性が確認されて、正しいと認められるものだ。しかし、このような世界規模のプロジェクトになり、施設や人員、そして資金や時間がかかると、なかなか繰り返し実施してデータを比較することは難しい。疫病や戦争など、観測とは直接関係のない要因によっても不可能になってしまう。近い将来再び条件が整い、同じような規模の観測でブラックホールが画像として捉えられることを心から望む。

ＥＨＴでは今後さらに望遠鏡の数を増やし、観測技術を一層向上させることで、ブラックホールを動画で捉えようとしている。それによってブラックホールの時間変動を詳しく観測できるようになれば、強い重力場の理解を一層深めることができ、ひいては一般相対性理論に代わる重力理論の検証も可能になるという。

ＥＨＴの成果は、六ヵ所の天文台による地球規模のＶＬＢＩや、スーパーコンピュータを用いた高度なプログラムによる大規模な計算などの科学技術の枠と、世界各国の二〇〇名を超える科学者の協力によって実現した。その個々の技術要素自体、関与した人々の長年の努力によるものだ。今回の参加者のみならず、関与した何世代もの非常に多くの科学者たちに、本書に匹敵するような物語があるだろう。ファルケが科学プロジェクトの記録である本書で、自らの信仰を率直に語っていることは、科学読み物を執筆する態度として問題があると感じる読者もおられることだろう。歴史的にも、信仰と科学はしばしば対立関係にあったし、科学者の基本は、先入観を持たずにテーマに取り組むことだ。だが本書は、ファルケの回想録という色彩が濃く、重大な局面で彼が何を心の拠り所にしていたのかに触れればやはり信仰に言及することになるのだろう。一見対立するものでありながら、宗教と科学にはその思考体系に共通点も多く、偉大な科学者で信仰を持っていた（あるいは持っている）人は少なくない。たとえば、二〇二〇年から二〇二二年まで朝日新聞に連載された池澤夏樹の小説「また会う日まで」の主人公で実在した海軍少将、秋吉利雄も、敬虔なキリスト教徒であり、また東京帝大で博士号を取得した天文学者で、詳細な海図の製作に従事し、測量のために艦船で遠征を行った人物だ。秋吉の場合もやはり信仰がその人生を支えていたようである。ファルケにとっては生きることそのものが信仰なくては成り立たないのだろう。ならば科学を語るときにも、根底にその心があるのも不思議ではない。

神を信じようが信じまいが、人間にとって謎がなくなることはないだろう。どんなに科学が進歩しても、進歩そのものが新たな謎を生み出し続け、終点に辿り着くことはないだろう。少なくともそう考えたほうが希望が持てるように思う。

ファルケ自身の今後の目標は月だ。すでに、ファルケらがオランダで開発した低周波電波探査装置が、中国の月探査機嫦娥《じょうが》四号と地球との中継衛星鵲橋《じゃっきょう》に搭載され、地球との直接交信が困難な月の裏側から地球に信号を送っている。次は、月面に電波望遠鏡を設置することを望んでおり、NASAやESAと協力して計画を練っている。一九七一年、まだ頬がふっくらした少年だったころにアポロ一五号の宇宙飛行士たちの活躍のテレビ中継に魅了された彼は、子ども時代の夢を実現しつつある。

訳出にあたり、イベント・ホライズン・テレスコープに関する事柄を含め、天文学の専門的な詳細については、国立天文台の菊田智史特任研究員に、明解で丁寧な解説とご助言を多数いただいた。多大なお力添えをいただき、心から感謝申し上げます。

最後になりましたが、田中祥子氏、亜紀書房の皆さまには、本書をご紹介くださり、翻訳にあたってはさまざまなご支援をいただき、心から感謝しております。

本書でブラックホールや天文学のファンがさらに増えることと、疫病や戦争が終結し、国際的な研究が容易に行える状況が一日も早く回復することを切に願います。

二〇二二年七月

吉田三知世

索引

あ行

か 行

さ行

た行

な 行

は 行

ま行

や行

ら行

わ行

原注

プロローグ

(1) ブリュッセルで行われたEUの記者会見のライブストリーム：
https://youtu.be/Dr20f19czeE
ESOの記者会見：https://www.eso.org/public/germany/news/eso1907
ブラックホールにズームインする動画：https://www.eso.org/public/germany/videos/eso 1907
NSFの記者会見：https://www.youtube.com/watch?v=lnJi0Jy692w

(2) 写真の図1（321ページ）を参照のこと。

第1章

(1) 通常の空気密度が 1,204 kg/m^3 (10^{-3}g/cm^3) であるのに対し、低地球軌道の空気密度は5・× 10^{-9}g/cm^3: Kh. I. Khalil and S. W. Samwel, "Effect of Air Drag Force on Low Earth Orbit Satellites During Maximum and Minimum Solar Activity", Space Research Journal 9 (2016): 1–9, https://scialert.net/fulltext/?doi=srj.2016.1.9

(2) Ethan Siegel, "The Hubble Space Telescope Is Falling", Starts with a Bang, Forbes, October 18, 2017, https://www.forbes.com/sites/startswithabang/2017/10/18/the-hubble-space-telescope-is-falling/#71ac8b1b7f04; Mike Wall, "How Will the Hubble Space Telescope Die?", Space.com, April 24, 2015, https://www.space.com/29206-how-will-hubble-space-telescope-die.html

(3) ヨブ記26章7節（新共同訳）

(4) 詩編90章4節（新共同訳）

(5) S. M. Brewer, J.-S. Chen, A. M. Hankin, E. R. Clements, C. W. Chou, D. J. Wineland, D. B. Hume, and D. R. Leibrandt, "$^{27}Al^+$ Quantum-Logic Clock with a Systematic Uncertainty below 10–18", Physical Review Letters 123 (2019): 033201, https://ui.adsabs.harvard.edu/abs/2019PhRvL.123c3201B

(6) レーマーとホイヘンスは木星の衛星イオの軌道を時計として使い、地球が軌道を数ヵ月進むあいだに、この時計の進行が少し遅くなったことを確認した。木星からの光が予測よりも数分遅れて到着したのだ。これは、イオの時計が遅れていることを意味する。地球と木星の距離の変化によって光の到着時間が変動するのは、光速が有限である証拠である。

(7) マイケルソンはプロイセン王国に生まれ、2歳のときに両親と共にアメリカ合衆国に移住した。 https://www.nobelprize.org/prizes/physics/1907/michelson/biographical

(8) しかし、アインシュタインにマイケルソン－モーリーの実験が決定的な影響を与え

たかどうかははっきりしない。相対性理論の形成には、電磁気学が持つそれとの類似性のほうが重要だったと推測される。Jeroen van Dongen, “On the Role of the Michelson-Morley Experiment: Einstein in Chicago”, *Archive for History of Exact Sciences* 63 (2009): 655–63, https://ui.adsabs.harvard.edu/abs/2009arXiv0908.1545V

(9) “Andre and Marit's Moon bounce wedding”, YouTube, February 15, 2014, https://www.youtube.com/watch?v=RH3z8TwGwrY

(10) Adam Hadhazy, “Fact or Fiction: The Days (and Nights) Are Getting Longer”, *Scientific American*, June 14, 2010, https://www.scientificamerican.com/article/earth-rotation-summer-solstice

(11) M. P. van Haarlem, and 200 contributors, “LOFAR: The Low Frequency Array”, *Astronomy and Astrophysics* 556 (2013): A2.

第 2 章

(1) P. K. Wang and G. L. Siscoe, “Ancient Chinese Observations of Physical Phenomena Attending Solar Eclipses”, *Solar Physics* 66 (1980): 187–93, https://doi.org/10.1007/BF00150528; also see https://eclipse.gsfc.nasa.gov/SEhistory/SEhistory.html#-2136

(2) Yuta Notsu, et al., “Do Kepler Superflare Stars Really Include Slowly Rotating Sun-like Stars?: Results Using APO 3.5 m Telescope Spectroscopic Observations and Gaia-DR2 Data”, *The Astrophysical Journal* 876 (2019): 58, https://ui.adsabs.harvard.edu/abs/2019ApJ...876...58N

(3) Tweet by Mark McCaughrean, @markmccaughrean, January 5, 2020, https://twitter.com/markmccaughrean/status/1213827446514036736

(4) 石器時代の遺物の知識（フランスのラスコー洞窟の壁画、フランスのドルドーニュで発見されたワシの骨に施された線描、ストーンヘンジ、アイルランドのノウスで発見された月面マップなど）は、依然として曖昧で論争も続いている。Karenleigh A. Overmann, “The Role of Materiality in Numerical Cognition”, *Quaternary International* 405 (2016): 42–51, https://doi.org/10.1016/j.quaint.2015.05.026; P. J. Stooke, “Neolithic Lunar Maps at Knowth and Baltinglass, Ireland”, *Journal for the History of Astronomy* 25, no. 1 (1994): 39–55, https://doi.org/10.1177/002182869402500103 とはいえ、人間の好奇心から考えて、検証可能な文書記録の登場と共に人類が天空の観測を始めたという仮定には異議を唱えたい。

(5) Jörg Römer, “Als den Menschen das Mondfieber packte”, *Der Spiegel*, July 16, 2019,
https://www.spiegel.de/wissenschaft/mensch/mond-in-der-achaeologie-

zeitmesser-der-steinzeit-a-1274766.html

(6) 国際天文基準座標系（ICRS）は、クエーサーを超長基線干渉法（VLBI）により測定した結果から作成された座標系。宇宙における地球の回転の向きは国際地球回転・基準系事業（IERS）の地球回転パラメータにしたがって決定される。たとえば、国際地球基準座標系（ITRS）の座標系を人工衛星の座標系に結びつけるのに使うことができる。
https://www.iers.org/IERS/EN/Science/ICRS/ICRS.html

(7) John Steele, *A Brief Introduction to Astronomy in the Middle East* (London: Saqi, 2008). 古代オリエントの研究者たちは、当時は「偽の王」を使う慣習があったという証拠に随所で遭遇している。古代メソポタミアでは、日食または月食の際に、この凶兆を受けた王に代わって、偽王が玉座に据えられた。囚人や精神障害者がこの役目に選ばれた。この期間のあいだ、真の王は普通の農夫として暮らした。100日が経過して初めて、危険な状態は去ったと司祭たちが宣言した。

(8) マタイによる福音書2章1～13節。「東方の博士」が王であったとか、3人であったなどの記述は、実際には聖書のどこにも存在しない。この言葉の使われ方と歴史的な前後関係から、この人物たちは天文学の訓練を受けた専門家である可能性が高いのは確かだ。さらに詳しい解説は、著者がWordPressブログ・ポストにこのテーマで公開しているもの（Heino Falcke, "The Star of Bethlehem: A Mystery (Almost) Resolved?" October 28, 2014, https://hfalcke.wordpress.com/2014/10/28/the-star-of-bethlehem-a-mystery-almost-resolved）と、そこに引用した文献、とりわけ、George H. van Kooten and Peter Barthel, eds., *The Star of Bethlehem and the Magi: Interdisciplinary Perspectives from Experts on the Ancient Near East, the Greco-Roman World, and Modern Astronomy* (The Hague: Brill Academic Publishers, 2015) を参照されたい。

(9) Bede, *De Natura Rerum*; Johannes de Sacro Bosco (b. 1230 AD), Tractatus de Sphaera,
see http://www.bl.uk/manuscripts/Viewer.aspx?ref=harley_ms_3647_f024r

(10) John Freely, *Before Galileo: The Birth of Modern Science in Medieval Europe* (New York: Overlook Press, 2014).

(11) Sebastian Follmer, "Woher haben die Wochentage ihre Namen", *Online Focus*, September 11, 2018,
https://praxistipps.focus.de/woher-haben-die-wochentage-ihre-namen-alle-details_96962

(12) 古代インドの天文学者アーリャバタ（西暦476年生まれ）は、天動説を採用していたが地球の自転を認めていた。Kim Plofker, *Mathematics in India* (Princeton: Princeton University Press, 2009) を参照のこと。インドの天文学についての詳細

は、N. Podbregar, "Jantar Mantar: Bauten für den Himmel", scinexx.de,September 15, 2017, https://www.scinexx.de/dossier/jantar-mantar-bauten-fuer-den-himmel を参照されたい。

(13) ジョゼフ・ニーダム『中国の科学と文明』（東畑精一・藪内清 監修／礪波護 ほか訳、思索社）Joseph Needham, with the research assistance of Wang Ling, *Science and Civilisation in China: Vol. 2, History of Scientific Thought* (Cambridge: Cambridge University Press, 1956), cited in "The Chinese Cosmos: Basic Concepts", Asia for Educators, http://afe.easia.columbia.edu/cosmos/bgov/cosmos.htm

(14) たとえば、Peter Harrison, *The Territories of Science and Religion* (Chicago: University of Chicago Press, 2015) を参照のこと。また、著者が書いた要約が次の URL にある：https://theologie-naturwissenschaften.de/en/dialogue-between-theology-and-science/editorials/conflict-myth

(15) そのような虚構の一例に、映画（訳注：スペイン映画『アレクサンドリア』〔原題は Ágora〕）でも有名になった、暴徒化したキリスト教徒がヒュパティアを殺害しアレクサンドリア図書館に放火したという話がある。この話が「科学 vs. キリスト教」の図式を支持しないと述べることは、勇敢で賢明な女性としての彼女の重要性を損なうものではない。殺害はむしろ政治的な性格のものだった――アレクサンドリア図書館はこの逸話に述べられるような形では当時もはや存在していなかった――し、何よりも、事実に基づく証拠がほとんど存在しない。Charlotte Booth, *Hypatia: Mathematician, Philosopher, Myth* (Stroud, UK: Fonthill, 2016) を参照されたい。また、Maria Dzielska, "Hypatia wird zum Opfer des Christentums stilisiert", *Der Spiegel*, April 25, 2010, https://www.spiegel.de/wissenshaft/mensch/interview-zum-film-agora-hypatia-wird-zum-opfer-des-christentums-stilisiert-a-690078.html や、さらに、Cynthia Haven, "The Library of Alexandria—destroyed by an Angry Mob with Torches? Not Very Likely", The Book Haven (blog), March 2016, https://bookhaven.stanford.edu/2016/03/the-library-of-alexandria-destroyed-by-an-angry-mob-with-torches-not-very-likely も参照のこと。

(16) ミデルブルフのハンス・リッペルハイが望遠鏡の発明者であると広く考えられているが、発明者についてはほかにも諸説ある。

(17) Mario Livio, *Galileo and the Science Deniers* (New York, Simon & Schuster, 2020). これとは対照的な見解は、この本の評、Thony Christie, "How to Create Your Own Galileo", The Renaissance Mathematicus (blog), May 27, 2020, https://thonyc.wordpress.com/2020/05/27/how-to-create-your-own-galileo を参照のこと。クリスティは、現代のガリレオ像の大半が美化された虚構であると示し

ており、リヴィオの本について手加減なしで批判している。

(18) Ulinka Rublack, *Der Astronom und die Hexe: Johannes Kepler und seine Zeit* (Stuttgart: Klett-Cotta, 2019).

(19) ニュートンは神学教授で、同僚のあいだでは傑出した聖書研究者として知られていたが、彼は秘かに錬金術や異端的思想も探究していた。Robert Iliffe, "Newton's Religious Life and Work", The Newton Project, https://www.newtonproject.ox.ac.uk/view/contexts/CNTX00001

(20) エピソード4で、ハン・ソロが誇らしげに、ケッセルラン（訳注：惑星ケッセルへの航路）を一二パーセクで飛んだことがあると言い放っているが、これではパーセクが時間の単位のように聞こえてしまう。しかし一部のファンは、これは距離を示す言い回しなのだと主張している。https://jedipedia.fandom.com/wiki/Parsec を参照のこと。しかし天文学者は、このセリフを聞くたびに落ち着かなくなって、椅子の上でもぞもぞしてしまう。

(21) Alberto Sanna, Mark J. Reid, Thomas M. Dame, Karl M. Menten, and Andreas Brunthaler, "Mapping Spiral Structure on the Far Side of the Milky Way", *Science* 358 (2017): 227–30, https://ui.adsabs.harvard.edu/abs/2017Sci…358..227S

第 3 章

(1) これはむしろ哲学的な問題かもしれないが、完全に空虚な空間はエントロピーがゼロなので発展することがない。それゆえ、そこには測定できる時間もない。物質も真空エネルギーもない完全に空虚な空間は、真の意味で「無」であろう。したがって物理学はそれに関して何も言うことはない——数学にはあるかもしれないが。

(2) ここでは光という言葉は、より一般的な意味で使われており、主に光速で行われるすべての形態の相互作用を含む。決して相互作用することのない物質からなる仮説上の宇宙においては、空間は意味を持たない。ここでこの問い（光がなければ宇宙は存在しないか）は、「何を実在と呼ぶべきか」に関するものだったとわかる。アインシュタインの場の方程式の解は、時空内に光や物質が存在することを要求しなくても、やはり存在する。もちろん、その場合空間と時間は、無という言葉によって記述される純粋に数学的な概念と化してしまう。

(3) たとえば、Philip Ball, "Why the Many-Worlds Interpretation Has Many Problems", *Quanta Magazine*, October 18, 2018, https://www.quantamagazine.org/why-the-many-worlds-interpretation-of-quantum-mechanics-has-many-problems-20181018；Robbert Dijkgraaf, "There Are No Laws of Physics. There's Only the Landscape", *Quanta Magazine*, June 4, 2018, https://www.quantamagazine.org/there-are-no-laws-of-physics-theres-only-the-landscape-20180604 などを参照されたい。

(4) 巨視的な物体になる過程で量子状態が情報を失うプロセスは、一般に量子デコヒーレンスの概念によって記述される。量子力学について、より網羅的で広く 入手可能な解説は、たとえば、Claus Kiefer, *Der Quantenkosmos: Von der zeitlosen Welt zum expandierenden Universum* (Frankfurt: S. Fischer, 2008). を参照のこと。

(5) 物理学者たちが「光速」を不変の上限速度と言うのには歴史的な理由がある。現代の知識を踏まえた視点からは、絶対的な最高速度を重力波にちなんで「重力の速度」と呼んでもいいし、あるいは、もっといいのは、「因果関係の速度」と呼ぶことだろう。相対性理論では、時空の根本的な性質、すなわち、時間尺度に対する空間尺度の本質的な関係である。

(6) J. C. Hafele and Richard E. Keating, "Around-the-World Atomic Clocks: Predicted Relativistic Time Gains", *Science* 177 (1972): 166–68, https://ui.adsabs.harvard.edu/abs/1972Sci…177..166H 重要なのは、3つの時計はすべて、地球の中心や恒星などの、回転しない「慣性系」に相対的に動いているということだ！　赤道では、地面にある時計は約1600km/hで東に動いている。私たちが900 km/hで飛行するエアバスA330便に搭乗して東に向かっているとしたら、私たちの速度は飛行機の速度に地球のそれを足したもので、2,500 km/hとなる。逆に西に向かっているとしたら、私たちは地球の中心に対して、地球の表面よりも900 km/hだけ遅く、約700 km/hで運動していることになるが、それでもやはり東に進んでいる！東に向かって飛んだミスター・クロックは地球の中心に対して最も速く運動していたので、相対性理論にしたがい、時間は最もゆっくり進んだ。西に向かって飛んだミスター・クロックは、最もゆっくり運動したので、時間は最も速く進んだ。地上で律儀に待っていた時計も、地球の中心に対して静止してはいなかった。それは私たちに基準時間を提供し、地球の中心にある架空の時計よりもゆっくりと進み、東に飛んでいる時計よりも速く進み、西に進んでいる時計よりもゆっくり進んだ。このように、この実験は確かに、一般相対性理論のいくつかの側面と等価原理を検証する。

(7) R. Malhotra, Matthew Holman, and Takashi Ito, "Chaos and Stability of the Solar System", *Proceedings of the National Academy of Sciences* 98, no. 22 (2001): 12342–43, https://ui.adsabs.harvard.edu/abs/2001PNAS…9812342M

(8) パウル・グルートは、私たちの学科の長を長年務めた。

(9) 物理学者兼数学者のピエール－シモン・ラプラスは1799年から1825年にかけて出版した全五巻の『天体力学概論』で天体力学を一歩前進させた。数学者の ユルバン・ルヴェリエは、天王星の軌道がニュートン力学やケプラーの法則で予測されるものからずれていることから、海王星の存在を予測することに成功した。

(10) アインシュタインは二級職員として出発したが、一般相対性理論を発表するころには昇進していた。

(11) Hanoch Gutfreund and Jürgen Renn, *The Road to Relativity: The History and Meaning of Einstein's "The Foundation of General Relativity"* (Princeton: Princeton University Press, 2015).

(12) Pauline Gagnon, "The Forgotten Life of Einstein's First Wife", Scientific American, December 19, 2016, https://blogs.scientificamerican.com/guest-blog/the-forgotten-life-of-einsteins-first-wife を参照のこと。少し異なる描写をしているのが、Allen Esterson and David C. Cassidy, contribution by Ruth Lewin Sime, *Einstein's Wife: The Real Story of Mileva Einstein-Marić* (Boston: MIT Press, 2019). である。

(13) Hanoch Gutfreund and Jürgen Renn, *The Road to Relativity: The History and Meaning of Einstein's "The Foundation of General Relativity"* (Princeton: Princeton University Press, 2015), 57. に引用されている個人的な手紙から。

(14) Albert Einstein, "How I Created the Theory of Relativity", reprinted in: Y. A. Ono, *Physics Today* 35, no. 8 (1982): 45, https://physicstoday.scitation.org/doi/10.1063/1.2915203

(15) 厳密に言えば、等価原理は質点にのみ適用される。この例では、アインシュタインの足は彼の頭よりも少しだけ強い力で地球に引かれる。これは言わゆる潮汐力の結果である。地球は比較的小さいので、その影響もわずかである。しかし、小型ブラックホールの中に落ちていくあいだ、アインシュタインは間違いなく何か感じただろう。じつのところ彼は、体が引き伸ばされてスパゲティー化されるのだ。

(16) 二個の白色矮星を含む三重連星のパルサーの電波天文学的測定によって、等価原理の優れた検証が行われている：https://www.mpg.de/14921807/allgemeine-relativitaetstheorie-pulsar; G. Voisin, et al., "An Improved Test of the Strong Equivalence Principle with the Pulsar in a Triple-Star System", *Astronomy & Astrophysics* 638 (2020): A24, https://www.aanda.org/articles/aa/abs/2020/06/aa38104-20/aa38104-20.html

(17) Hanoch Gutfreund and Jürgen Renn, *The Road to Relativity: The History and Meaning of Einstein's "The Foundation of General Relativity"* (Princeton: Princeton University Press, 2015).

(18) Daniel Kennefick, "Testing Relativity from the 1919 Eclipse: A Question of Bias", *Physics Today* 62, no 3. (2009): 37, https://physicstoday.scitation.org/doi/10.1063/1.3099578

(19) 光は半ば空間の湾曲によって曲げられ、半ば時間の湾曲によって曲げられる。後者はすでにニュートンの理論で説明されており、したがってニュートンの理論は光の湾曲の値の半分を予測する。

(20) J.-F. Pascual-Sánchez, “Introducing Relativity in Global Navigation Satellite Systems”, *Annalen der Physik* 16 (2007): 258–73, https://ui.adsabs.harvard.edu/abs/2007AnP...519..258P 単純な計算により、1日当たり39マイクロ秒の誤差は約10キロメートルの位置の誤差に相当する。このことは、多くの一般市民向けの記事に記されているが、すべての衛星時計が同程度の誤差を生じている実際の系にも当てはまるかどうかははっきりしない。より正確な計算が、現在行われている最中である（M. Possel and T. Muller, in progress）。

(21) GPSに関する一般相対性理論のさまざまな効果を概観する優れた論文には、Neil Ashby, “Relativity in the Global Positioning System”, *Living Reviews in Relativity* 6 (2003): article no. 1, https://link.springer.com/article/10.12942/lrr-2003-1. がある。

(22) この情報を教えてくれた叶军《ジュンイェ》（アルファベット表記：Jun Ye）に感謝申し上げる。E. Oelker, et al., “Optical Clock Intercomparison with 6×10^{-19} Precision in One Hour,” arXiv eprints (February 2019), https://ui.adsabs.harvard.edu/abs/2019arXiv190202741O

第4章

(1) 用語解説の「分光法（Spectroscopy）」の項を参照のこと。

(2) Joshua Sokol, “Stellar Disks Reveal How Planets Get Made”, *Quanta Magazine*, May 21, 2018, https://www.quantamagazine.org/stellar-disks-reveal-how-planets-get-made-20180521

(3) 私たちの体内に存在する水素原子のごく一部は、おそらく一度も恒星の内部に存在したことはなく、ビッグバン以来宇宙を漂っていた拡散ガスだったのだろう。

(4) ディミディウムという惑星は、元は「ペガスス座51番星b」と呼ばれていた。たいていの天文学者は、こちらの名称も知っているはずだ。

(5) J. E. Enriquez, et al., “The Breakthrough Listen Initiative and the Future of the Search for Intelligent Life”, *American Astronomical Society Meeting Abstracts* 229 (2017): 116.04, https://ui.adsabs.harvard.edu/abs/2017AAS...22911604E

第5章

(1) G. W. Collins, W. P. Claspy, and J. C. Martin, “A Reinterpretation of Historical References to the Supernova of AD 1054”, *Publications of the Astronomical Society of the Pacific* 111, no. 761 (1999): 871–80, https://ui.adsabs.harvard.edu/abs/1999PASP..111..871C

(2) チャコ・キャニオンの岩絵を、1054年7月4日におうし座の東側に出現した超新星SN1054と結びつける研究者たちもいる。次のURLを参照のこと。
https://www2.hao.ucar.edu/Education/SolarAstronomy/supernova-pictograph

しかし、最近になってその解釈に疑問が投げ掛けられている：Clara Moskowitz, "'Supernova' Cave Art Myth Debunked," Scientific American, January 16, 2014, https://blogs.scientificamerican.com/observations/e28098supernovae28099-cave-art-myth-debunked

(3) Ingrid H. Stairs, "Testing General Relativity with Pulsar Timing", Living Reviews in Relativity 6 (2003): 5, https://ui.adsabs.harvard.edu/abs/2003LRR.....6....5S

(4) M. Kramer and I. H. Stairs, "The Double Pulsar", *Annual Review of Astronomy and Astrophysics* 46 (2008): 541–72, https://ui.adsabs.harvard.edu/abs/2008ARA&A..46..541K

(5) アンドレアス・ブランターラーは、自分のデータのなかに偶然 SN 2008iz を発見した。

(6) N. Kimani, et al., "Radio Evolution of Supernova SN 2008iz in M 82", *Astronomy and Astrophysics* 593 (2016): A18, https://ui.adsabs.harvard.edu/abs/2016A&A...593A..18K

(7) J. R. Oppenheimer and G. M. Volkoff, "On Massive Neutron Cores", *Physical Review* 55, no. 374 (1939): 374――しかし、中性子星を最初に提案したのはバーデとツヴィッキーである：W. Baade and F. Zwicky, "Remarks on Super-Novae and Cosmic Rays", *Physical Review* 46 (1934): 76–77, https://ui.adsabs.harvard.edu/abs/1934PhRv...46...76B

(8) シュヴァルツシルトが一般相対性理論の方程式の解を発見したのはおそらくロシアにおいてではなく、アルノルト・ゾンマーフェルトへの手紙から明らかなように、第一次世界大戦の西部戦線域のヴォージュ南部においてだったのだろう。 https://leibnizsozietaet.de/wp-content/uploads/2017/02/Kant.pdf

(9) 数ヵ月後、オランダの科学者ヨハネス・ドロステが一層エレガントな解を発見したが、それは完全に無視されてしまった。それはドロステがその解をオランダ語でしか発表しなかったからだ。当時はまだドイツ語でコミュニケーションできることが重要だったのである。

(10) Hanoch Gutfreund and Jürgen Renn, *The Road to Relativity: The History and Meaning of Einstein's "The Foundation of General Relativity"* (Princeton: Princeton University Press, 2015).

(11) "LEXIKON DER ASTRONOMIE: Schwarzschild-Lösung," https://www.spektrum.de/lexikon/astronomie/schwarzschild-loesung/431

(12) この箇所を執筆中、私はブラックホールの記述に川の比喩を使う、全く独創的な方法を思いついたと思ったのだが、じつのところ、ほかの誰かがすでに、川の比喩を使った学術論文を一件書き上げていた。Andrew J. S. Hamilton and Jason P. Lisle, "The River Model of Black Holes", *American Journal of Physics* 76 (2008):

519–32, https://ui.adsabs.harvard.edu/abs/2008AmJPHh..76..519H
一般相対性理論を説明するのに使われている各種の視覚モデルの一覧は、次の文献で参照できる：Markus Pössel, "Relatively Complicated? Using Models to Teach General Relativity at Different Levels", arXiv eprints (December 2018): 1812.11589, https://ui.adsabs.harvard.edu/abs/2018arXiv181211589P

(13) Jeremy Bernstein, "Albert Einstein und die Schwarzen Löcher", *Spektrum der Wissenschaft*, August 1, 1996, https://www.spektrum.de/magazin/albert-einstein-und-die-schwarzen-loecher/823187

(14) ここで点というのは、一般相対性理論で言う、空間のなかの一点という意味ではない。ブラックホールの中心の特異点は無限に湾曲した時空の境界を意味する。

(15) Ann Ewing, " 'Black Holes' in Space", *The Science News-Letter* 85, no. 3 (January 18, 1964): 39, https://jstor.org/stable/3947428?seq=1

(16) Roy P. Kerr, "Gravitational Field of a Spinning Mass as an Example of Algebraically Special Metrics", *Physical Review Letters* 11 (1963): 237–38, https://ui.adsabs. harvard.edu/abs/1963PhRvL..11..237K

(17) この効果は、ブラックホールの周囲におけるプラズマ・ジェットの形成における重要な因子である。ただし、必要不可欠なものではない。これは、ブランドフォード・ナエック機構と呼ばれるもので、ペンローズ過程の一つのバリエーションで、光または粒子の助けによって、ブラックホールから回転するエネルギーが引き出される効果である。

(18) アフリカミリ波望遠鏡に関する情報は次の URL と論文を参照のこと。
https://www.ru.nl/astrophysics/black-hole/africa-millimetre-telescope; M. Backes, et al., "The Africa Millimetre Telescope", *Proceedings of the 4th Annual Conference on High Energy Astrophysics in Southern Africa* (HEASA 2016): 29, https://ui.adsabs. harvard.edu/abs/2016heas.confE..29B

(19) "Mistkafer orientieren sich an der Milchstra*β*e", Spiegel Online, January 24, 2013, https://www.spiegel.de/wissenschaft/natur/mistkaefer-orientieren-sich-an-der-milchstrasse-a-879525.html

(20) Dirk Lorenzen, "Die Beobachtung der Andromeda-Galaxie", Deutschlandfunk, October 5, 2018, https://www.deutschlandfunk.de/vor-95-jahren-die-beobachtung-der-andromeda-galaxie.732. de.html?dram:article_id=429694

(21) Trimble, V., "The 1920 Shapley-Curtis Discussion: Background, Issues, and Aftermath", *Publications of the Astronomical Society of the Pacific* 107, no. 718 (1995): 1133, https://ui.adsabs.harvard.edu/abs/1995PASP..107.1133T

(22) E. P. Hubble, *The Realm of the Nebulae* (New Haven: Yale University Press, 1936). オンラインで参照可能 : https://ui.adsabs.harvard.edu/abs/1936rene.book.....H

(23) M. J. Reid and A. Brunthaler, “The Proper Motion of Sagittarius A*. III. The Case for a Supermassive Black Hole”, *The Astrophysical Journal* 892 (2020): 39, https://ui.adsabs.harvard.edu/abs/2020ApJ...616..872R

第 6 章

(1) Emilio Elizalde, “Reasons in Favor of a Hubble-Lemaître-Slipher's (HLS) Law”, *Symmetry* 11 (2019): 15, https://ui.adsabs.harvard.edu/abs/2019Symm...11...35E

(2) グリーンバンクの口径 90 メートルの望遠鏡で最後の写真を撮影したのは、リチャード・ポーカスであった。その写真はその後ボンのマックス・プランク電波天文学研究所（MPIfR）の廊下に飾ってある。

(3) Ken Kellermann, “The Road to Quasars” (lecture, Caltech Symposium: “50 Years of Quasars”, September 9, 2013), https://sites.astro.caltech.edu/q50/pdfs/Kellermann.pdf

(4) Maarten Schmidt, “The Discovery of Quasars” (lecture, Caltech Symposium: “50 Years of Quasars”, September 9, 2013), https://sites.astro.caltech.edu/q50/Program.html

第 7 章

(1) Charles H. Townes and Reinhard Genzel, “Das Zentrum der Galaxis,” *Spektrum der Wissenschaft*, June 1990, https://www.spektrum.de/magazin/das-zentrum-der-galaxis/944605

(2) 日本語では「いて座エー・スター」と読む。英語では「サッジ・エー・スター（Sadge A Star）」のように発音する。

(3) あまりに大量の物質がブラックホールに向かって落ちてくると、発生する放射も莫大な量になり、放射圧によってガスが吹き飛ばされてしまう。質量の降着限界はエディントン限界と呼ばれている。

(4) Heino Falcke and Peter L. Biermann, “The Jet-Disk Symbiosis. I. Radio to X-ray Emission Models for Quasars”, *Astronomy and Astrophysics* 293 (1995): 665–82, https://ui.adsabs.harvard.edu/abs/1995A&A...293..665F

(5) Heino Falcke and Peter L. Biermann, “The Jet/Disk Symbiosis. III. What the Radio Cores in GRS 1915+105, NGC 4258, M 81 and SGR A* Tell Us About Accreting Black Holes”, *Astronomy and Astrophysics* 342 (1999): 49–56, https://ui.adsabs.harvard.edu/abs/1999A&A...342...49F

(6) Roland Gredel, ed., *The Galactic Center, 4th ESO/CTIO Workshop*, ASPC 102 (1996), http://www.aspbooks.org/a/volumes/table_of_contents/?book_id=214

(7) A. Eckart and R. Genzel, “Observations of Stellar Proper Motions Near the Galactic

Centre", *Nature* 383 (1996): 415–17, https://ui.adsabs.harvard.edu/abs/1996Natur.383..415E
(8) B. L. Klein, A. M. Ghez, M. Morris, and E. E. Becklin, "2.2 μ m Keck Images of the Galaxy's Central Stellar Cluster at 0". 05 Resolution", The Galactic Center 102 (1996): 228, https://ui.adsabs.harvard.edu/abs/1996ASPC..102..228K
(9) A. M. Ghez, M. Morris, E. E. Becklin, A. Tanner, and T. Kremenek, "The Accelerations of Stars Orbiting the Milky Way's Central Black Hole", *Nature* 407 (2000): 349–51, https://ui.adsabs.harvard.edu/abs/2000Natur.407..349G
(10) Karl M. Menten, Mark J. Reid, Andreas Eckart, and Reinhard Genzel, "The Position of Sagittarius A*: Accurate Alignment of the Radio and Infrared Reference Frames at the Galactic Center", *The Astrophysical Journal* 475 (1997): L111–14, https://ui.adsabs.harvard.edu/abs/1997ApJ...475L.111M
(11) M. J. Reid and A. Brunthaler, "The Proper Motion of Sagittarius A*. II. The Mass of Sagittarius A*", *The Astrophysical Journal* 616 (2004): 872–84, https://ui.adsabs.harvard.edu/abs/2004ApJ...616..872R
(12) R. Schodel, et al., "A Star in a 15.2-Year Orbit Around the Supermassive Black Hole at the Centre of the Milky Way", *Nature* 419 (2002): 694–96, https://ui.adsabs.harvard.edu/abs/2002Natur.419..694S
(13) L. Meyer, et al., "The Shortest-Known-Period Star Orbiting Our Galaxy's Supermassive Black Hole", *Science* 338 (2012): 84, https://ui.adsabs.harvard.edu/abs/2012Sci...338...84M
(14) R. Genzel, et al., "Near-Infrared Flares from Accreting Gas Around the Supermassive Black Hole at the Galactic Centre", *Nature* 425 (2003): 934–37, https://ui.adsabs.harvard.edu/abs/2003Natur.425..934G
(15) F. K. Baganoff, et al., "Rapid X-Ray Flaring from the Direction of the Supermassive Black Hole at the Galactic Centre", *Nature* 413 (2001): 45–48, https://ui.adsabs.harvard.edu/abs/2001Natur.413...45B
(16) Gravity Collaboration and R. Abuter, et al., "Detection of Orbital Motions Near the Last Stable Circular Orbit of the Massive Black Hole Sgr A*", *Astronomy and Astrophysics* 618 (2018): L10, https://ui.adsabs.harvard.edu/abs/2018A&A...618L..10G
(17) Geoffrey C. Bower, Melvyn C. H. Wright, Heino Falcke, and Donald C. Backer, "Interferometric Detection of Linear Polarization from Sagittarius A* at 230 GHz", *The Astrophysical Journal* 588 (2003): 331–37, https://ui.adsabs.harvard.edu/abs/2003ApJ...588..331B
(18) H. Falcke, E. Körding, and S. Markoff, "A Scheme to Unify Low-Power Accreting

Black Holes: Jet-Dominated Accretion Flows and the Radio/X-Ray Correlation", *Astronomy and Astrophysics* 414 (2004): 895–903, https://ui.adsabs.harvard.edu/abs/2004A&A...414..895F

(19) F. Yuan, S. Markoff, and H. Falcke, "A Jet-ADAF Model for Sgr A*", *Astronomy and Astrophysics* 383 (2002): 854–63, https://ui.adsabs.harvard.edu/abs/2002A&A...383..854Y

第 8 章

(1) ヨハネによる福音書 20 章 29 節（新共同訳）

(2) 望遠鏡の解像度は、角度の単位で表現される。ここではラジアンという単位を使っている。2 π ラジアン = 360° である。この式は、2 つの異なる点が区別されるには、視線に対してそれらの点がなす角度で表したときに、どれだけ離れていなければならないか、という意味である。

(3) Alan E. E. Rogers, et al., "Small-Scale Structure and Position of Sagittarius A* from VLBI at 3 Millimeter Wavelength", *Astrophysical Journal Letters* 434 (1994): L59, https://ui.adsabs.harvard.edu/abs/1994ApJ...434L..59R

(4) T. P. Krichbaum, et al., "VLBI Observations of the Galactic Center Source SGR A* at 86 GHz and 215 GHz", *Astronomy and Astrophysics* 335 (1998): L106–10, https://ui.adsabs.harvard.edu/abs/1998A&A...335L.106K

(5) Heino Falcke, et al., "The Simultaneous Spectrum of Sagittarius A* from 20 Centimeters to 1 Millimeter and the Nature of the Millimeter Excess", *The Astrophysical Journal* 499 (1998): 731–34, https://ui.adsabs.harvard.edu/abs/1998ApJ...499..731F

(6) H. Falcke, et al., "The Central Parsecs of the Galaxy: Galactic Center Workshop" (proceedings of a meeting held at Tucson, Arizona, USA7-11, September, 1998), https://ui.adsabs.harvard.edu/abs/1999ASPC..186.....F

(7) J. A. Zensus and H. Falcke, "Can VLBI Constrain the Size and Structure of SGR A*?", *The Central Parsecs of the Galaxy*, ASP Conference Series 186 (1999): 118, https://ui.adsabs.harvard.edu/abs/1999ASPC..186..118Z

(8) 光がどのような経路で進むかを視覚化した論文とその動画がある：T. Müller and M. Pössel, "Ray tracing eines Schwarzen Lochs und dessen Schatten", Haus der Astronomie,
https://www.haus-der-astronomie.de/3906466/BlackHoleShadow

(9) Tilman Sauer and Ulrich Majer, eds., *David Hilbert's Lectures on the Foundations of Physics* 1915–1927 (Springer Verlag, 2009) を参照のこと。M. von Laue, Die Relativitätstheorie (Friedrich Vieweg & Sohn, 1921), 226. も参照されたい。

(10) C. T. Cunningham and J. M. Bardeen, "The Optical Appearance of a Star Orbiting an Extreme Kerr Black Hole", *The Astrophysical Journal* 183 (1973): 237–64, https://ui.adsabs.harvard.edu/abs/1973ApJ...183..237C; J.-P. Luminet, "Image of a Spherical Black Hole with Thin Accretion Disk", *Astronomy and Astrophysics* 75 (1979): 228–35, https://ui.adsabs.harvard.edu/abs/1979A&A....75..228L; S. U. Viergutz, "Image Generation in Kerr Geometry. I. Analytical Investigations on the Stationary Emitter-Observer Problem", *Astronomy and Astrophysics* 272 (1993:355), https://ui.adsabs.harvard.edu/abs/1993A&A…272..355V
最初に挙げた論文は、計算も作図も手作業。2件目の論文では計算はコンピュータで行われたが作図は手作業。3件目ではどちらもコンピュータで行われた。

(11) その後、当時私の研究を支援してくださっており、私をベルリン－ブランデンブルク科学アカデミーのアカデミー賞に推薦してくださって、感謝に堪えないフェルディナント・シュミットーカーラー教授が、彼の元教え子が、私たちのほんの数週間後に、私たちとは全く無関係に、やはり「ブラックホールの影」という言葉を論文に使ったと知らせてくださった。ただし、それは非常に抽象的な数学の論文だった。A. de Vries, "The Apparent Shape of a Rotating Charged Black Hole, Closed Photon Orbits and the Bifurcation Set A_4", *Classical and Quantum Gravity* 17 (2000): 123–44, https://ui.adsabs.harvard.edu/abs/2000CQGra..17..123D

(12) Heino Falcke, Fulvio Melia, and Eric Agol, "Viewing the Shadow of the Black Hole at the Galactic Center", *The Astrophysical Journal* 528 (2000): L13–16, https://ui.adsabs.harvard.edu/abs/2000ApJ...528L..13F

(13) Heino Falcke, Fulvio Melia, and Eric Agol, "The Shadow of the Black Hole at the Galactic Center", *American Institute of Physics Conference Proceedings* 522 (2000): 317–20, https://ui.adsabs.harvard.edu/abs/2000AIPC..522..317F

(14) Press release, "First Image of a Black Hole's 'Shadow' May Be Possible Soon", Max Planck Institute for Radio Astronomy, January 17, 2000, https://www.mpifr-bonn.mpg.de/pressreleases/2000/1

第9章

(1) 当時の世界の電波望遠鏡事情をまとめると、次のような状況だった。ハインリッヒヘルツ望遠鏡（HHT）はボンのマックス・プランク研究所とスチュワード天文台が共同でアリゾナ州のグレアム山に建設した口径10メートルの望遠鏡。数年後ドイツ人たちが撤退すると、サブミリ波望遠鏡（SMT）と改名され、アリゾナ州立大学が単独で維持しようと意欲的に取り組んでいた。ハワイのマウナケアには、口径一五メートルのジェームズ・クラーク・マクスウェル望遠鏡（JCMT）があ

る。現在、中国、韓国、日本、そして台北の中央研究院を初めとする世界各国の天文学者たちがJCMTと共に研究している。ミリ波電波天文学研究所（IRAM）が管轄する二基のヨーロッパの望遠鏡、すなわちスペインのベレッタ山にあるIRAM 30メートル望遠鏡）とフレンチ・アルプスのビュール高原電波干渉計は、堅実に運用されており、恒久的に稼働し続けていた。ほかにも、まだ計画段階の望遠鏡が数基あったが、その一つ、メキシコの大型ミリ波望遠鏡（LMT）は、地理的に言って、私たちに最適な立地であった。口径50メートルの超大型望遠鏡になるはずだったが、私たちのネットワークに接続される時期が2011年に延期され、実際にその時になっても、まだ完成していなかった。宇宙論研究に特化した望遠鏡が南極にも計画されていたが、これは2007年に運用が開始された。しかし、私の同僚、アリゾナ大学のダン・マローネとその同僚たちが、南極という遠隔地にある望遠鏡をVLBIネットワークに接続を完了させるまでにはさらに八年を要した。

(2) H. Falcke, et al., "Active Galactic Nuclei in Nearby Galaxies", *American Astronomical Society Meeting Abstracts* 200 (2002): 51.06, https://ui.adsabs.harvard.edu/abs/2002AAS...200.5106F

(3) P. A. Shaver, "Prospects with ALMA", in: R. Bender and A. Renzini, eds., *The Mass of Galaxies at Low and High Redshift: Proceedings of the European Southern Observatory and Universitäts-Sternwarte München Workshop Held in Venice, Italy*, 24–26 October 2001 (Springer-Verlag, 2003), 357, https://ui.adsabs.harvard.edu/abs/2003mglh.conf..357S

(4) *De Gelderlander*, April 2003.

(5) G. C. Bower, et al., "Detection of the Intrinsic Size of Sagittarius A* Through Closure Amplitude Imaging", *Science* 304 (2004): 704–8, https://ui.adsabs.harvard.edu/abs/2004Sci...304..704B

(6) S. Markoff, et al., eds., "GCNEWS–Galactic Center Newsletter", vol. 18, July 2004, http://www.aoc.nrao.edu/~gcnews/gcnews/Vol.18/editorial.shtml

(7) 記録は、私の個人的なアーカイブに保存されている。時折私のチリの同僚ニール・ナガールも参加した。

(8) Sheperd S. Doeleman, et al., "Event-Horizon-Scale Structure in the Supermassive Black Hole Candidate at the Galactic Centre", *Nature* 455 (2008): 78–80, https://ui.adsabs.harvard.edu/abs/2008Natur.455...78D

(9) *A Science Vision for European Astronomy* (Garching: ASTRONET, 2010), 27.

(10) Sheperd Doeleman, et al., "Imaging an Event Horizon: submm-VLBI of a Super Massive Black Hole", *Astro2010: The Astronomy and Astrophysics Decadal Survey 68 (2009)*, https://ui.adsabs.harvard.edu/abs/2009astro2010S..68D

(11) Monika Mościbrodzka, et al., "Radiative Models of SGR A* from GRMHD Simulations", *The Astrophysical Journal* 706 (2009): 497–507, https://ui.adsabs.harvard.edu/abs/2009ApJ...706..497M

(12) Monika Mościbrodzka, Heino Falcke, Hotaka Shiokawa, and Charles F. Gammie, "Observational Appearance of Inefficient Accretion Flows and Jets in 3D GRMHD Simulations: Application to Sagittarius A*", *Astronomy and Astrophysics* 570(2014): A7, https://ui.adsabs.harvard.edu/abs/2014A&A...570A...7M

(13) Monika Mościbrodzka, Heino Falcke, and Hotaka Shiokawa, "General Relativistic Magnetohydrodynamical Simulations of the Jet in M 87", *Astronomy and Astrophysics* 586 (2016): A38, https://ui.adsabs.harvard.edu/abs/2016A&A…586A..38M しかし、デクスターの研究も、GRMHDシミュレーションに基づき優れた予測を提供していた：Jason Dexter, Jonathan C. McKinney, and Eric Agol, "The Size of the Jet Launching Region in M87", *Monthly Notices of the Royal Astronomical Society* 421 (2012): 1517–28, https://ui.adsabs.harvard.edu/abs/2012MNRAS.421.1517D

(14) 獲得の可能性が極めて低かったため、最終的には、私たちが参加するコンペへの応募数が50パーセント低下し、実際の獲得可能性は3パーセントとなった。

(15) 私たちのERCプロジェクトの画像と動画は次のURLで閲覧可能：https://blackholecam.org. C. Goddi, et al., "BlackHoleCam: Fundamental Physics of the Galactic Center", *International Journal of Modern Physics* D 26 (2017): 1730001–239,
https://ui.adsabs.harvard.edu/abs/2017IJMPD..2630001G

(16) R. P. Eatough, et al., "A Strong Magnetic Field Around the Supermassive Black Hole at the Centre of the Galaxy", *Nature* 501 (2013): 391–94, https://ui.adsabs.harvard.edu/abs/2013Natur.501..391E

(17) 参加した大学院生たち：ミヒャエル・ヤンセン（ライン川下流域）、サラ・イッサオウン（カナダ）、フリーク・レロフス、ジョディ・ダヴェラー、トマス・ブロンズウェア、クリスティアン・ブリンケリンク（オランダ）、ラケル・フラガ－エンシナス（スペイン）、シャン・シャン（中国）、ポスドク研究員：コルネリア・ミュラー（ドイツ）、上級科学者：キリアコ・ゴッディ（イタリア）、モニカ・モシチブロツカ（ポーランド）、ダン・ファン・ロッサム（ドイツ）、プロジェクト・マネージャー：レモ・ティラヌス（オランダ）。

(18) L. D. Matthews, et al., "The ALMA Phasing System: A Beamforming Capability for Ultra-High-Resolution Science at (Sub)Millimeter Wavelengths", *Publications of the Astronomical Society of the Pacific* 130 (2018): 015002, https://ui.adsabs.harvard.edu/abs/2018PASP..130a5002M

(19) このメロディーを使おうと思いついたのは、おそらくチーフ・オペレーターのボブ・モールトンだったのだろうが、これが鳴るようにプログラムしたのは、SMT全体のオペレーティング・システムのプログラム作成者、トム・フォーカーだった。

(20) 2016年2月11日、博士論文審査会のあと、私たちがラドバウド大学の講堂でLIGO/Virgoコラボレーションの記者会見を見たときのツイートと画像は、次のURLを参照のこと：https://twitter.com/hfalcke/status/697819758562041857?s=21; https://twitter.com/hfalcke/status/697805820143276033?s=21

(21) 2016年2月12日に行われたドイチュラントラジオのカーステン・ダンツマンの取材は次を参照のこと：https://www.deutschlandfunk.de/gravitationswellen-nachweis-einstein-hatte-recht.676. de.html?dram:article_id=345433

(22) Mickey Steijaert, "The Rising Star of Sara Issaoun", *Vox: Independent Radboud University Magazine*, June 21, 2019, https://www.voxweb.nl/international/the-rising-star-of-sara-issaoun

第10章

(1) EHTの観測に参加した八基の望遠鏡については、写真ページと用語解説を参照のこと。チリのアタカマ砂漠のALMAおよびAPEX、アリゾナ州グラハム山のSMT、ハワイのマウナケアのジェームズ・クラーク・マクスウェル望遠鏡とサブミリ波干渉計、スペインのベレッタ山のIRAM 30メートル望遠鏡、メキシコのシエラネグラ休火山にある大型ミリ波望遠鏡：the Large Millimeter Telescope (LMT)、そしてアムンゼン－スコット基地の南極点望遠鏡（SPT）。SPTは、北天に位置するM87銀河を観測することはできない。

(2) ピンク・フロイド、"Comfortably Numb", アルバム *The Wall* のディスク2のトラック6。 Harvest Records, 1979.

(3) このときミヒャエル・ヤンセンはMITのコンピュータ科学者ケイティ・バウマンと共にメキシコへ行った。私のイタリア人の同僚キリアコ・ゴッディはヘイスタックのジェフ・クルーと共にチリのALMAへ向かった。レモ・ティラヌスはJCMTで本間希樹をはじめとするアジアの同僚たちと共に観測するために空路ハワイへ 赴いた。サラ・イッサオウンは今回もアリゾナの望遠鏡を担当した。クリスマスのあいだ南極点望遠鏡で準備を行っていたフリーク・レロフスとキム・ユアンもサラと共に参加した。

(4) ペーター・メッゲルはマックス・プランク電波天文学研究所でサブミリ波グループのディレクターだった。1992年に出版された彼の著書 *Blick in das kalte Weltall* には、望遠鏡、特にSMT/HHTの物語が記されている。

(5) ボンのトマス・クリッヒバウムとMPIで研究中の若手スペイン人ポスドクのレベ

ッカ・アズレイ、そして二人のスペイン人パブロ・トルネとサルヴァドール・サンチェス。トルネは天文学的観測の専門家で、サンチェスは技術的装置の専門家。ここの天文台の所長カーステン・クラメールも最初のうちは私たちと共にここに滞在していた。

(6) 実際に作成された動画は次の二つ：『ブラックホール　知識の境界線に挑む』（ピーター・ガリソン監督）https://www.blackholefilm.com、How to See a Black Hole: The Universe's Greatest Mystery by Henry Fraser, Windfall Films。どちらもハーバード・グループの主導による。

(7) M. J. Valtonen, et al., "A Massive Binary Black-Hole System in OJ 287 and a Test of General Relativity", *Nature* 452 (2008): 851–53, https://ui.adsabs.harvard.edu/abs/2008Natur.452..851V

(8) 南極点望遠鏡のもう一人のメンバーはアンドリュー・ナドルスキー。

(9) IRAM のディレクターはカール・シュスター。

(10) LMT のディレクターはディヴィッド・ヒューズ。

(11) Lizzie Wade, "Violence and Insecurity Threaten Mexican Telescopes", *Science*, February 6, 2019, https://www.sciencemag.org/news/2019/02/violence-and-insecurity-threaten-mexican-telescopes#

第 11 章

(1) 較正グループのメンバーは次のとおり。ハーバード大学のリンディ・ブラックバーンとマチエク・ヴィエルグス、アリゾナのチャン・チクワン、私が指導する大学院生サラ・イッサオウンとミヒャエル・ヤンセン、そしてデュインゲローのイルーゼ・フォン・ベメル。

(2) A. R. Thompson, J. M. Moran, and G. W. Swenson, *Interferometry and Synthesis in Radio Astronomy*, 3rd Edition, (Springer Verlag, 2017).

(3) Radboud Pipeline for the Calibration of High Angular Resolution Data: M. Jansen, et al., "rPICARD: A CASA-Based Calibration Pipeline for VLBI Data. Calibration and Imaging of 7mm VLBA Observations of the AGN Jet in M 87", *Astronomy and Astrophysics* 626 (2019): A75, https://ui.adsabs.harvard.edu/abs/2019A&A…626A..75J マーク・ケッテニスとイルーゼ・フォン・ベメルが率いる JIVE チームも、ボローニャの カジ・リーグルとエリザベッタ・リウゾと共に参加した。

(4) マイケル・ジョンソン、ケイティ・バウマン、そして秋山和徳が率いる若者たちのチームが画像グループを主導する。ハーバードの博士課程の学生アンドリュー・チェールも参加した。ヨーロッパ側では、スペインから参加のトマス・クリッヒバウムとホセ・ゴメスが主導的だった。全体としては 50 名を超える科学者たちが

参加している。サラ・イッサオウンもその一人であり、さらに、理論家のモニカ・モシチブロツカまでもが自力で画像作成を試みた。

(5) ハーバードのバウマンとジョンソンのグループがチームⅠとなる。私は、私の大学院生のフリーク・レロフス、ミヒャエル・ヤンセン、サラ・イッサオウンと共にチームⅡに参加した。トマス・クリッヒバウムとスペインのホセ・ルイス・ゴメス、そして彼らの同僚たちはチームⅢとなり、CLEAN アルゴリズムを専門に担当した。浅田圭一が率いる若手アジア人のグループがチームⅣとなった。

(6) FITS: Flexible Image Transport System の略。画像データの保存・送信・処理に使うファイル形式。科学データ用に作成されたため、特殊な規定が多数含まれる。

(7) H. Falcke, "How to Make the Invisible Visible" (lecture, TEDxRWTH Aachen, 2018), https://www.youtube.com/watch?v=ZHeBi4e9xoM

(8) 2017 年ハーバードにて行われた EHT イメージング・ワークショップ関連の画像は次の URL で閲覧可能：https://eventhorizontelescope.org/galleries/eht-imaging-workshop-october-2017

(9) 2 つの RML アルゴリズム（eht- イメージング法と SMILI 法）、そして、VLBI で広く用いられている CLEAN アルゴリズムの 3 つ。

(10) カラースケールを決めるために、チャン・チクワンがグループを率いて取り組んでくれた。

(11) Francis Reddy, "NASA Visualization Shows a Black Hole's Warped World", nasa.gov, September 26, 2019, https://www.nasa.gov/feature/goddard/2019/nasa-visualization-shows-a-black-hole-s-warped-world

(12) EHT の理論グループはイリノイのチャールズ・ガミー、ハーバードのラメシュ・ナラヤン、フランクフルトのルチアーノ・レツォーラ、ナイメーヘンのモニカ・モシチブロツカを中心に形成された。

(13) アリゾナのファーヤル・オゼルが率いる、日本の浅田圭一、ガルヒングのジェイソン・デクスター、そしてカナダのペリメーター理論物理学研究所のエイブリー・ブロデリックのチーム。一方、フランクフルトのブラックホール・キャム・チームはこの間に、画像をシミュレーションと比較してブラックホールのパラメータを推定するために、新しい「遺伝アルゴリズム」を開発した。

(14) 2018 年 11 月にナイメーヘンで行われたコラボレーション会議の写真と動画は、次の URL で参照可能：https://www.ru.nl/astrophysics/black-hole/event-horizon-telescope-collaboration-0/eht-collaboration-meeting-2018/

(15) EHT 出版委員会はメキシコのローレンツ・ロイナード、私のオランダの同僚ハイブ・ヤン・ファン・ランゲフェルド、そしてアメリカのラメシュ・ナラヤンとジョン・ワードルが主導した。

(16) Yosuke Mizuno（水野陽介）, et al., "The Current Ability to Test Theories of Gravity

with Black Hole Shadows", *Nature Astronomy* 2 (2018): 585–90, https://ui.adsabs.harvard.edu/abs/2018NatAs...2..585M
(17) "UH Hilo Professor Names Black Hole Capturing World's Attention",
News, University of Hawai'i, April 10, 2019,
https://www.hawaii.edu/news/2019/04/10/uh-hilo-professor-names-black-hole
(18) ブラックホールにズームインしていく動画：https://www.eso.org/public/germany/videos/eso1907c
(19) 携帯電話で録画された記者会見の動画とブラックホールの画像を含むニックのミュージックビデオは次のURLで閲覧可能：[Nik],"Wahrscheinlich"(music video), https:/www.youtube.com/watch?v=oaUBCDpsFCw
(20) 注意喚起してくださった宇宙論ブロガーはダニエル・フィッシャー。感謝申し上げる。https://skyweek.lima-city.de
「ターゲス・シュピーゲル」紙のラルフ・ネスラーも私たちに知らせてくださった。

第12章

(1) L. L. Christensen, et al., "An Unprecedented Global Communications Campaign for the Event Horizon Telescope First Black Hole Image", *Communicating Astronomy with the Public Journal* 26 (2019): 11, https://ui.adsabs.harvard.edu/abs/2019CAPJ...26...11C
(2) グーグルドゥードゥル：https://www.google.com/doodles/first-image-of-a-black-hole
(3) Tim Elfrink, "Trolls Hijacked a Scientist's Image to Attack Katie Bouman. They Picked the Wrong Astrophysicist", *The Washington Post*, April 12, 2019,
https://www.washingtonpost.com/nation/2019/04/12/trolls-hijacked-scientists-image-attack-katie-bouman-they-picked-wrong-astrophysicist
(4) L. L. Christensen, et al., "An Unprecedented Global Communications Campaign for the Event Horizon Telescope First Black Hole Image"
(5) Th. Rivinius, et al., "A Naked-Eye Triple System with a Nonaccreting Black Hole in the Inner Binary", *Astronomy and Astrophysics* 637 (2020): L3, https://ui.adsabs.harvard.edu/abs/2020A&A...637L...3R
(6) このブラックホールの直径は約24キロメートル。
(7) アートとしてのブラックホールの画像の歴史は、ケンブリッジ大学のエミリー・スカルバーグの博士論文のテーマである。
(8) M. Backes, et al., "The Africa Millimetre Telescope", *Proceedings of the 4th Annual Conference on High Energy Astrophysics in Southern Africa* (HEASA 2016): 29,
https://ui.adsabs.harvard.edu/abs/2016heas.confE..29B

(9) Freek Roelofs, et al., "Simulations of Imaging the Event Horizon of Sagittarius A* from Space", *Astronomy and Astrophysics* 625 (2019): A124, https://ui.adsabs.harvard.edu/abs/2019A&A . . . 625A.124R ; Daniel C. M. Palumbo, et al., "Metrics and Motivations for Earth-Space VLBI: Time-Resolving Sgr A* with the Event Horizon Telescope", *The Astrophysical Journal* 881 (2019): 62, https://ui.adsabs.harvard.edu/abs/2019ApJ...881...62P

第 1 3 章

(1) Event Horizon Telescope Collaboration, et al., "First M87 Event Horizon Telescope Results. I. The Shadow of the Supermassive Black Hole", *The Astrophysical Journal Letters* 875 (2019): L1, https://ui.adsabs.harvard.edu/abs/2019 ApJ...875L...1E

(2) 反物質は通常の物質と全く同様に落下するという仮説は、現在 CERN で検証が行われている：Michael Irving, "Does Antimatter Fall Upwards? New CERN Gravity Experiments Aim to Get to the Bottom of the Matter", *New Atlas*, November 5, 2018, https://newatlas.com/cern-antimatter-gravity-experiments/57090

(3) Dennis Overbye, "How to Peer Through a Wormhole", *The New York Times*, November 13, 2019, https://www.nytimes.com/2019/11/13/science/wormholes-physics-astronomy-cosmos.html

(4) 情報に基づく重力理論の例には次のようなものがある：Martijn Van Calmthout, "Tug of War Around Gravity", Phys.org, August 12, 2019, https://phys.org/news/2019-08-war-gravity
html ; Stephen Wolfram, "Finally We May Have a Path to the Fundamental Theory of Physics . . . and It's Beautiful",stephenwolfram.com (blog), https://writings.stephenwolfram.com/2020/04/finally-we-may-have-a-path-to-the-fundamental-theory-of-physics-and-its-beautiful ; Tom Campbell, et al., "On Testing the Simulation Theory", *International Journal of Quantum Foundations* 3 (2017): 78–99, https://ijqf.org/archives/4105 ; M. Keulemans, "Leven we eigenlijk in een hologram? Het zou zomaar kunnen", *de Volkskrant*, March 10, 2017, https://www.volkskran.nl/wetenschap/leven-we-eigenlijk-in-een-hologram-het-zou-zomaar-kunnen~bb4b0da3/

(5) じつのところ、巨大なボウルに注がれたアルファベットのスープを無限に長い時間にわたってかきまぜたとすると、そのなかからランダムに一冊の本ができあがる可能性はあるが、実際にそんな本ができたと知る方法はなく、また、その本は瞬時に消えてしまうだろう——かきまぜるのを、まさにどんぴしゃの瞬間にやめてしまわなければならない。本が一冊出現するのを待つより、自分で本を一冊書

くほうが効率がいいのである。

(6) Ethan Siegel, "Ask Ethan: What Was the Entropy of the Universe at the Big Bang?" Forbes, April 15, 2017, https://www.forbes.com/sites/startswithabang/2017/04/15/ask-ethan-what-was-the-entropy-of-the-universe-at-the-big-bang

(7) 量子力学では、ある量子系の内部の情報の保存、すなわち、その系の波動関数の発展は、「ユニタリー性」という用語で記述される。また、一個の粒子が測定されることは、「波動関数の収束」として記述する。一個の粒子、あるいはその波動関数の「状態」は、ある値が測定される確率を決めるだけである。粒子を測定する前には、最も確率の高い値――すなわち、数回の測定の平均値――しか正確に測定することはできない。しかし、ある値が測定されてしまえば、何か別の値が測定されるまで、その値はそのままである。

(8) "Hawking verliert Wette : Schwarze Löcher erinnern sich an ihre Opfer", Spiegel Online, March 9, 2004, https://www.speigel.de/wissenschaft/weltall/hawking-verliert-wette-schwarze-loecher-erinnern-sich-an-ihre-opfer-a-289599.html

(9) この論文に記述されている計算が正しかったとしたら、重力を持たない孤立した量子系においても、情報は熱化されて失われてしまう可能性がある：Maximilian Kiefer-Emmanouilidis, et al., "Evidence for Unbounded Growth of the Number Entropy in Many-Body Localized Phases", *Physical Review Letters* 124 (2020): 243601, https://journals.aps.org/prl/abstract/10.1103/PhysRevLett.124.243601

第 14 章

(1) エレミア書 33 章 22 節（新共同訳）

(2) ジョン・ホーガン『科学の終焉』（竹内薫訳、徳間書店）。原書は、John Horgan, *The End of Science : Facing the Limits of Knowledge in the Twilight of the Scientific Age* (New York: Little, Brown, 1997).

(3) Ethan Siegel, "No Galaxy Will Ever Truly Disappear, Even in a Universe with Dark Energy", *Forbes*, March 4, 2020, https://www.forbes.com/sites/startswithabang/2020/03/04/no-galaxy-will-ever-truly-disappear-even-in-a-universe-with-dark-energy

(4) Sam Harris, *Free Will* (New York: Free Press, 2012), 原書5ページより引用「自由意志があるというのは思い込みにすぎない。私たちが私たちの意志を作っているのではない。思考と意図は、私たちが気づいておらず、意識的にコントロールすることもできない、背景にある動機から生まれ出る。自分は持っていると思い込んでいる自由を、私たちはじつは持っていない。自由意志は実際、一貫性のある概念にすることはできないという点で、思い込み以上（または以下）のものである。私たちの意志は、先立つ原因によって決定されるがゆえに私たちには責任が

ないか、あるいは、偶然の産物なので私たちには責任がないかのいずれかである」

(5) 科学者たちは、この意味においても「創発」の概念を議論し始めている。

(6) 数学をご存じの読者向けに、少し具体的な解説をしておく：私は、平坦な空間内の一つの光波の振動数をフーリエ変換の助けを借りて特定しようと思う。だが、無限に正確な値が得られるのは、この波を－∞から＋∞まで積分できる場合だけだ。さて、たとえば完全な正弦関数のフーリエ変換は、デルタ関数に完全に一致する。しかし、私が持っている時間は無限ではなく、有限だとしたら、完全な正弦関数の振動数でさえ、必ず不正確になってしまう。これと同じ理由で、ある事象が起こった時間または位置を私が無限の正確さで測定できるのは、私が無限の量の振動数または波長を意のままに扱える場合だけだ。しかし、すべての事象とすべての粒子は常に空間的に、かつ時間的に、有限なので、そのような測定もじつのところ常に不正確になってしまう。

(7) Natalie Wolchover, "Does Time Really Flow? New Clues Come from a Century-Old Approach to Math", *Quanta Magazine*, April 7, 2020,
https://www.quantamagazine.org/does-time-really-flow-new-clues-come-from-a-century-old-approach-to-math-20200407

(8) ローレンス・クラウス『宇宙が始まる前には何があったのか？』（青木薫訳、文藝春秋社）。原書は、Lawrence Krauss, *A Universe from Nothing: Why There Is Something Rather than Nothing* (New York: Atria Books, 2014): Pos. 104/3284 (Kindle version).

(9) この理由から、宇宙が始まった時点でのエントロピーは、エネルギーと質量が宇宙全体に広く分布している今よりも、実際に低かった。個々の恒星、惑星、あるいは人間は、ビッグバンよりも「秩序ある」と思えるかもしれないが、宇宙全体を考えると、それはほとんど何の違いももたらさない。それはいわば、子ども部屋に置かれた、おもちゃのブロックが詰まった箱のようなものだ。ビッグバンの瞬間には、すべてが小さな箱のなかに入っていた。今は、すべてが巨大な子ども部屋のなかにある。数個のブロックを使ってあちこちに素敵な小さな家を作ったとしても、全体を見れば、それは依然として無秩序である。

(10) 空虚な空間のエネルギーの可能性がある「ダークエネルギー」は、もしかすると例外かもしれない。

(11) マーティン・リース『宇宙を支配する６つの数』（林一訳、草思社）。原書は Martin Rees, *Just Six Numbers: The Deep Forces That Shape the Universe* (New York: Basic Books, 2001).

(12) K. Landsman, "The Fine-Tuning Argument", arXiv eprints (May 2015): 1505.05359, https://ui.adsabs.harvard.edu/abs/2015arXiv150505359L

(13) このテーマについてホーキングと議論したかったが、少なくとも、彼がこれにつ

いて何を考えていたかを読むことは、まだ可能だ。スティーヴン・ホーキング『ビッグ・クエスチョン：〈人類の難問〉に答えよう』（青木薫訳、NHK出版）。原書 は、Stephen Hawking, Brief Answers to the Big Questions (London: John Murray, 2018).

(14) ヨハネによる福音書1章1節。全文は「はじめに言《ことば》があった。言《ことば》は神と共にあった。言《ことば》は神であった」（新共同訳）。

(15) 創世記11章1節から9節。バベルの塔の建設。神は、この塔を見るには、まず降ってこなければならなかった。

(16) コリントの信徒への手紙一13章13節、新共同訳。

著者プロフィール

ハイノー・ファルケ博士（教授） Prof. Dr. Heino Falcke

1966年ドイツのケルンに生まれる。オランダのナイメーヘンのラドバウド大学教授を務める、多くの勲章を授与された宇宙物理学者。2011年、オランダの科学技術者に贈られる最高の賞であるスピノザ賞を受賞。2021年には、天文学者ヘンリー・ドレイパーの名を冠したヘンリー・ドレイパー賞を全米科学アカデミーより贈られる。いずれのもブラックホールの画像を捉えようという着想に対する賞である。その画期的な取り組みは、彼が指導的な役割を果たしたイベント・ホライズン・テレスコープという国際的なプロジェクトによって達成された。

イエルク・レーマー Jörg Römer

1974年生まれ。ドイツのハンブルクで、スペイン侵略以前の中米の文明であるメソアメリカ文明、先史学及び古代史、ラテンアメリカ研究を学ぶ。現在はドイツの『デア・シュピーゲル』誌の科学記事編集者。

訳者プロフィール

吉田三知世 Michiyo Yoshida

英日・日英の翻訳者。京都府生まれ。京都大学理学部卒業後、技術系企業での勤務を経て翻訳者となる。訳書に、フランク・ウィルチェック『物質のすべては光』、ランドール・マンロー『ホワット・イフ?』（以上、早川書房）、レオン・レーダーマン『詩人のための量子力学』（白揚社）、アダム・ベッカー『実在とは何か』（筑摩書房）、ケイティ・マック『宇宙の終わりに何が起こるのか』（講談社）、ザビーネ・ホッセンフェルダー『数学に魅せられて、科学を見失う』（みすず書房）などがある。訳書のジョージ・ダイソン『チューリングの大聖堂』（早川書房）が第49回日本翻訳出版文化賞を受賞。

暗《くら》闇《やみ》のなかの光《ひかり》

ブラックホール、宇《う》宙《ちゅう》、そして私《わたし》たち

2022年9月28日　第1版第1刷発行

著者　ハイノー・ファルケ、イェルク・レーマー
訳者　吉田三知世《よしだみちよ》
発行者　株式会社亜紀書房
〒101-0051　東京都千代田区神田神保町1-32
TEL　03-5280-0261
https://www.akishobo.com/
振替　00100-9-144037
DTP・印刷・製本　株式会社トライ
https://www.try-sky.com/

ISBN 978-4-7505-1760-5 C0044

［好評既刊］

『骨は知っている　声なき死者の物語』
スー・ブラック 著
宮﨑真紀 訳

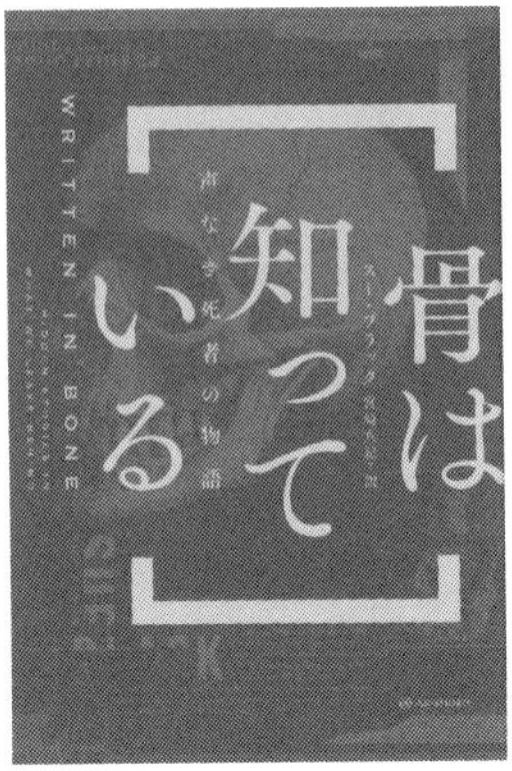

死してなお語りつづける骨たちの声に耳を澄ます――
DNA鑑定も利かないとき、「骨」の分析は最後の砦。解剖学・法人類学の世界的権威が、頭蓋骨から足先まで、あらゆる骨片から遺体の身元と人生の物語を読み解く。スリリングな知的エンターテインメント。
四六判／並製／三八四ページ／定価：本体二四〇〇円＋税

『この空のかなた』
須藤靖 著

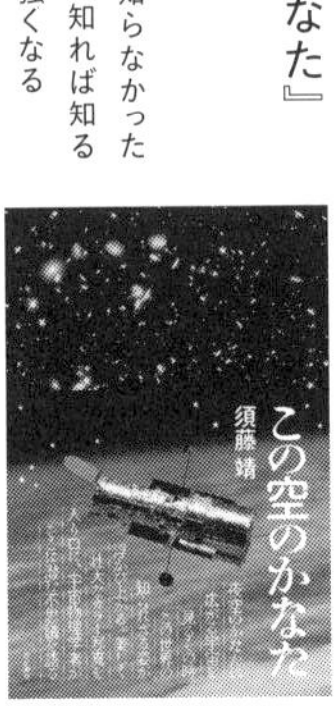

われわれは何も知らなかった
――宇宙について知れば知るほど、その思いが強くなる
ページを開けば、そこは宇宙。銀河同士の衝突、探査機がとらえた15億キロ先の景色、私たちの体は星くずからできている……!?　美しいカラー写真を入り口に、宇宙物理学者がそこに潜む不思議を語る。
四六判／並製／一八四ページ／定価：本体一七〇〇円＋税

『幻の惑星ヴァルカン　アインシュタインはいかにして惑星を破壊したのか』
トマス・レヴェンソン 著
小林由香利 訳

人々の欲望が生み出し、そして消し去られた惑星があった
時は一九世紀末。天才科学者・ルヴェリエは、太陽と水星の間にはまだ見ぬ惑星「ヴァルカン」が存在していると考えた。世界中から発見の報告が相次いだ。……問題はただ一つ。ヴァルカンは存在しなかったのである。ロマンあふれるサイエンス・ノンフィクション。
四六判変型／並製／二八〇ページ／定価：本体二二〇〇円＋税